面向对象的嵌入式系统开发

朱成果 编著

北京航空航天大学出版社

内 容 简 介

以面向对象的观点、从基于模型的计算视角全面讨论了嵌入式系统开发理论和技术方法。建模工具完全采用 UML2.0 语义，系统地讲述了面向对象的嵌入式系统分析和设计方法。主要内容包括：面向对象与 UML 建模；实时嵌入式系统基础知识；迭代和增量式的嵌入式系统开发过程；面向对象的嵌入式系统分析；面向对象的嵌入式系统设计；以框架为中心的嵌入式系统程序设计与优化；嵌入式系统的软硬件实现。

本书可作为嵌入式系统开发工程技术人员采用面向对象技术的参考书，也可作为高校计算机和机电类专业本科生、研究生教材。

图书在版编目(CIP)数据

面向对象的嵌入式系统开发／朱成果编著．—北京：
北京航空航天大学出版社，2007.9
 ISBN 978－7－81124－073－3

Ⅰ．面… Ⅱ．朱… Ⅲ．微型计算机-系统开发
Ⅳ．TP360.21

中国版本图书馆 CIP 数据核字(2007)第 103051 号

©2007，北京航空航天大学出版社，版权所有。
未经本书出版者书面许可，任何单位和个人不得以任何形式或手段复制或传播本书内容。
侵权必究。

面向对象的嵌入式系统开发
朱成果　编著
责任编辑　周　越
＊
北京航空航天大学出版社出版发行
北京市海淀区学院路 37 号(100083)　发行部电话：010－82317024　传真：010－82328026
http://www.buaapress.com.cn　E-mail：bhpress@263.net
涿州市新华印刷有限公司印装　各地书店经销
＊
开本：787 mm×960 mm　1/16　印张：17.25　字数：386 千字
2007 年 9 月第 1 版　2007 年 9 月第 1 次印刷　印数：5 000 册
ISBN 978－7－81124－073－3　　定价：28.00 元

前　言

当今的世界依靠计算机而运转,而世界上业已存在和将要投入运行的计算机绝大部分是嵌入式计算机。现代社会生活的各个领域,从家庭生活到出门旅行,从工业生产到航空航天,可以说,嵌入式计算机无处不在。

自 1996 年 UML0.9 版本发布以来,经过建模学家们 10 多年的努力,现在已经日臻完善。UML2.0 对前期版本作了全面的修改并增加了许多新的语义,它更符合对嵌入式系统语义的表达。本书的描述基于 UML2.0 版本。"奇文共欣赏,异议相与析"。几年来在研读许多名家著作的同时,通过在沈阳东软培训中心身体力行的面向对象的技术方法尝试性实践,取得了意想不到的收获。这自然要归功于同仁们的超凡智慧。本书的内容,更多的是对这些收获的总结。

依据智力劳动制品的制作过程规律,本书是通过 3 次主要迭代完成的。就本书所涉及的知识和技术内容,作者相信其迭代过程还远没有结束。希望有志推进这些知识和技术发展的同仁共同努力,使其通过更多次的迭代进化成更加完善、更加适合于行业发展和嵌入式系统开发需要的知识和技术体系。

在使用面向对象技术开发嵌入式系统的实践过程中,作者仅使用到其技术的一部分,但已经受益匪浅。对于作者使用过的内容,本书作了部分的总结,并给出了实际例子。对于许多在项目实践中没有使用到的部分,出于对面向对象技术的完整性考虑,根据作者仅有的学识,也给出了全面的论述并作了适当的讨论,其中肯定有不完善或不够准确的地方,敬请广大读者批评指正。

在本书的写作过程中,有些问题是面向对象技术的经典问题,如领域分析、问题陈述、分析模式、设计模式等,具体怎样很好地结合到实时嵌入式系统开发中,作者在项目实践和写作过程中进行了较长时间的思考,但仍不得要领。在写作中仅是把这些问题罗列出来,并试图找到解决问题的切入点。望有志在这方面研究的同仁共同研究并多多指教,以期面向对象技术在实时嵌入式系统开发中早日结出更加灿烂的果实,共同为我们国家传统制造业技术的进步贡献绵薄之力。

前言

正所谓"闻道有先后,术业有专攻"。作者虽然说在嵌入式系统领域耕耘了20多年,但由于嵌入式系统技术本身所涉及的知识面和技术细节太过庞杂,在资料整理和处理过程中难免会出现不准确甚至错误之处,敬请有志发扬光大嵌入式系统科学技术知识的同仁不吝赐教。

对于本书的完成,首先要感谢北京航空航天大学出版社的王鹏编辑,在他的多次鼓励下,才使作者有了写作这本书的欲望,也正是由于他的诸多关怀和体谅,才使作者在每次精疲力竭之际又鼓起了勇气。感谢我的夫人于淑玲老师,她是这本书的第一位读者,也是时时促进本书进步的助推者。特别要感谢的是我的女儿,她是使作者最后下决心完成此书的真正原因。需要特别感谢的还有东软培训中心(沈阳),是中心提供的良好环境和机会使我得以完成此书,感谢培训中心里所有热心敬业的同仁们。

在长期的项目开发和教学活动中,大量的参考文献为作者提供了前进的阳光和氧气,它们是作者完成此书的关键。本书对绝大部分参考文献列出了出处,个别地方可能会有所疏略,敬请谅解,并在这里对所有参考文献的作者和给予过帮助的同仁们表示忠心的感谢!

朱成果

二零零六年十二月于沈阳

目 录

第1章 面向对象与UML建模

1.1 面向对象思想及其应用简介 ……………………………………………………… 1
  1.1.1 面向对象的问题描述 ……………………………………………………… 2
  1.1.2 面向对象的基本特征 ……………………………………………………… 3
  1.1.3 面向对象技术的其他重要概念 …………………………………………… 4
1.2 UML建模的基本概念 ……………………………………………………………… 7
  1.2.1 模 型 ……………………………………………………………………… 8
  1.2.2 UML建模概念简介 ……………………………………………………… 10
  1.2.3 UML的构造事物 ………………………………………………………… 12
  1.2.4 UML的关系和图 ………………………………………………………… 17
1.3 基于模型的计算系统 ……………………………………………………………… 28
  思考练习题 ……………………………………………………………………… 31

第2章 实时嵌入式系统基础知识

2.1 嵌入式系统的基本概念 …………………………………………………………… 32
  2.1.1 通用计算与嵌入式计算 …………………………………………………… 33
  2.1.2 为什么要使用微处理器 …………………………………………………… 35
  2.1.3 嵌入式系统的组成 ………………………………………………………… 37
2.2 实时性、正确性与健壮性 ………………………………………………………… 43
  2.2.1 实时性及其他术语和概念 ………………………………………………… 44
  2.2.2 正确性与健壮性 …………………………………………………………… 48
2.3 资源受限的目标运行环境 ………………………………………………………… 52
  2.3.1 嵌入式系统的运行资源 …………………………………………………… 52
  2.3.2 嵌入式系统的制造成本 …………………………………………………… 53
  2.3.3 嵌入式系统的开发资源 …………………………………………………… 54
2.4 嵌入式操作系统 …………………………………………………………………… 55

目录

  2.4.1 硬件独立性 ……………………………………………………………… 56
  2.4.2 可伸缩的框架 …………………………………………………………… 58
  2.4.3 任务调度 ………………………………………………………………… 61
  2.4.4 内存分配 ………………………………………………………………… 63
  2.4.5 任务间的通信 …………………………………………………………… 65
  2.4.6 时间管理以及其他可选的系统服务 …………………………………… 68
  2.4.7 RTOS 的选择 …………………………………………………………… 68
 思考练习题 …………………………………………………………………………… 70

第 3 章 迭代和增量式的嵌入式系统开发过程

 3.1 智力劳动与机械劳动 ………………………………………………………… 72
 3.2 用例驱动、以框架为中心和迭代增量式过程 ……………………………… 74
  3.2.1 用例驱动 ………………………………………………………………… 75
  3.2.2 以框架为中心 …………………………………………………………… 78
  3.2.3 迭代和增量式过程 ……………………………………………………… 81
 3.3 嵌入式系统软件框架 ………………………………………………………… 89
  3.3.1 什么是系统软件框架 …………………………………………………… 89
  3.3.2 组成框架的三种模型 …………………………………………………… 90
  3.3.3 框架模型间的关系 ……………………………………………………… 93
 3.4 过程中的阶段制品 …………………………………………………………… 95
 思考练习题 …………………………………………………………………………… 97

第 4 章 面向对象的嵌入式系统分析

 4.1 嵌入式系统分析的内容与目标 ……………………………………………… 99
 4.2 用例驱动的嵌入式系统需求分析 …………………………………………… 100
  4.2.1 用 例 ………………………………………………………………… 103
  4.2.2 用例的行为描述 ………………………………………………………… 104
  4.2.3 外部事件和消息 ………………………………………………………… 107
  4.2.4 需求模型 ………………………………………………………………… 109
  4.2.5 实例：PDA 中一个模块的需求模型 ………………………………… 112
 4.3 嵌入式系统结构分析 ………………………………………………………… 117
  4.3.1 领域分析与问题陈述 …………………………………………………… 118
  4.3.2 发现对象 ………………………………………………………………… 118
  4.3.3 标识关联 ………………………………………………………………… 124

    4.3.4　标识对象属性 …………………………………………………………… 126
    4.3.5　建立系统的类模型 ……………………………………………………… 127
    4.3.6　创建类图的讨论 ………………………………………………………… 132
  4.4　嵌入式系统行为分析 …………………………………………………………… 134
    4.4.1　对象行为 …………………………………………………………………… 134
    4.4.2　状态行为 …………………………………………………………………… 135
    4.4.3　建立状态模型 ……………………………………………………………… 140
    4.4.4　建立交互模型 ……………………………………………………………… 144
    4.4.5　增加类的主要操作 ………………………………………………………… 145
  思考练习题 …………………………………………………………………………… 147

第 5 章　面向对象的嵌入式系统设计

  5.1　嵌入式系统设计的内容与目标 ………………………………………………… 148
  5.2　设计模式及其在嵌入式系统设计中的作用 …………………………………… 150
    5.2.1　什么是设计模式 …………………………………………………………… 150
    5.2.2　设计模式的基本结构 ……………………………………………………… 151
    5.2.3　在开发中使用设计模式 …………………………………………………… 152
  5.3　嵌入式系统体系结构设计 ……………………………………………………… 154
    5.3.1　物理体系结构问题 ………………………………………………………… 155
    5.3.2　软件体系结构问题 ………………………………………………………… 157
  5.4　嵌入式系统机制设计 …………………………………………………………… 160
  5.5　嵌入式系统详细设计 …………………………………………………………… 171
  思考练习题 …………………………………………………………………………… 180

第 6 章　以框架为中心的嵌入式系统程序设计

  6.1　嵌入式系统程序设计与通用计算程序设计的区别 …………………………… 181
  6.2　嵌入式系统程序设计的开发环境 ……………………………………………… 184
  6.3　有限状态机的程序实现方法 …………………………………………………… 187
    6.3.1　有限状态机的本质 ………………………………………………………… 187
    6.3.2　标准状态机的实现 ………………………………………………………… 190
  6.4　程序设计与优化 ………………………………………………………………… 201
    6.4.1　基本的 C 数据类型在目标微处理器上的映射 …………………………… 201
    6.4.2　C 循环结构的效率 ………………………………………………………… 205
    6.4.3　寄存器分配 ………………………………………………………………… 209

目 录

  6.4.4 函数调用的效率 ………………………………………… 211
  6.4.5 指针别名和冗余变量 ……………………………………… 214
  6.4.6 结构体内的变量安排 ……………………………………… 215
  6.4.7 除　法 ……………………………………………………… 217
  6.4.8 关于程序优化的讨论 ……………………………………… 219
 思考练习题 …………………………………………………………… 219

第 7 章　嵌入式系统的实现

7.1 软硬件协同设计与实现 …………………………………………… 221
7.2 嵌入式系统的硬件实现 …………………………………………… 223
  7.2.1 微处理器的选择 …………………………………………… 223
  7.2.2 外围及接口电路的确定 …………………………………… 224
  7.2.3 硬件原理图的建立 ………………………………………… 226
  7.2.4 PCB 图的建立 ……………………………………………… 227
  7.2.5 电路板的组装 ……………………………………………… 228
  7.2.6 电路板的调试 ……………………………………………… 228
7.3 嵌入式系统硬件驱动程序 ………………………………………… 229
  7.3.1 嵌入式系统硬件驱动程序 ………………………………… 229
  7.3.2 嵌入式系统的启动过程 …………………………………… 231
  7.3.3 嵌入式系统分层设备驱动 ………………………………… 234
7.4 实时操作系统在嵌入式系统实现中的应用 ……………………… 234
  7.4.1 移植的条件 ………………………………………………… 235
  7.4.2 移植的内容 ………………………………………………… 236
7.5 嵌入式系统的软件实现 …………………………………………… 241
7.6 嵌入式系统的测试与调试 ………………………………………… 245
  7.6.1 调试工具和方法 …………………………………………… 245
  7.6.2 制造测试 …………………………………………………… 249
 思考练习题 …………………………………………………………… 253

附　录 …………………………………………………………………… 255

参考文献 ………………………………………………………………… 263

第 1 章
面向对象与 UML 建模

这里假定读者对面向对象的概念和知识已经拥有了一定的基础,因此仅对其精华部分进行总结和概括。它们是全书技术应用的基本概念平台,如果读者对本章的概念在初次阅读时有不十分清晰的感觉是不会影响对后面章节的学习的,因为后面章节恰恰是对本章面向对象建模概念平台的细化和应用。

本章主要讨论以下问题:
- 面向对象的思想;
- 面向对象的问题描述;
- 面向对象的基本特征;
- 面向对象的几个重要原则;
- UML 建模的概念和方法;
- 基于模型的计算系统。

1.1 面向对象思想及其应用简介

随着数字计算技术的迅猛发展,程序计算所涉及的问题空间越来越广阔,所面临的问题也越来越复杂和难以描述。计算机软件计算的过程归根到底是描述的过程。因此如何描述程序计算所要解决的问题一直是计算机软件开发实践过程中的本质问题。在计算问题的描述方面,我们经历了机器语言、汇编语言、高级语言和面向对象语言的语言描述过程,所描述问题的复杂性几乎是按指数级增加的。然而,程序设计语言只能进行过程性描述,往往是基于算法的,而对于问题的本质逻辑和关键关系的描述它们是难以胜任的。实践证明,恰当地解决问题更需要对问题本质和问题空间的准确理解和把握。随着底层计算技术的不断进步和成熟,解决问题的关键已经不再是如何构建系统,而是如何理解系统问题的本质和如何准确地描述系统问题。因此在计算型制品的开发实践过程中,前端的分析过程就显得越来越重要,研究分析过程的理论和技术方法也正在不断进化和完善。

20 世纪 90 年代以来,面向对象技术成为计算机领域中的一种主流技术,它的出现被认为是计算技术方法学方面的一场实质性革命。在学术界,面向对象的方法与技术已经成为最受关注的研究热点之一;在产业界,越来越多的公司从传统的软件开发技术转向面向对象技术。目前我们所说的面向对象技术,不仅包括面向对象程序设计、面向对象分析,而且还包括面向对象建模和对现实世界的面向对象认识(或可称为面向对象哲学),因此我们称之为面向对象思想。按照面向对象思想,我们所面对的这个现实世界是由类(对象)及其关系所组成的。任何事物都具有结构特征和行为特征两个方面。事物的结构特征和行为特征是封装在一个实体中的,结构特征通过其行为而改变,行为通过其实体的接口被其他事物所认知。

1.1.1 面向对象的问题描述

我们知道世界是由简单到复杂的方式组织的。在面向对象的世界里,我们可以从个体、群体和系统三个层面来认识和描述它们,对于各个层面的特征描述方法如图 1.1 所示。

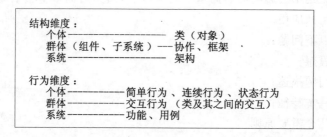

图 1.1 面向对象对现实世界的认识

类是面向对象技术对世界划分的最基本实体,是仅在设计时存在的静态逻辑实体。对象是类的实例,是在运行时存在的动态实体。每个实体都可划分为结构和行为两个方面。结构方面的描述称为属性。行为方面描述在静态逻辑层面称为操作,在动态行为层面称为方法,因此我们说方法是操作的实现。实体的行为描述也称为动态行为的规格说明。行为将实体的属性和关系绑定在一起,以便使其能够满足在群体中的职责(或角色)。实体的个体行为有三种类型[1],即简单行为、连续行为和状态行为。简单行为是没有记忆的行为,实体的输出仅由当时的输入决定,或者说仅根据当时的请求提供服务。我们以往能用简单公式表示的数学模型所建模的系统行为通常都是简单行为。具有连续行为实体的当前输出依赖于过去的历史,而且这种依赖并不会导致行为的离散化。我们以往能用微分方程建模的实体,如 PID 控制、数字滤波等都属于这种行为。模糊集合控制以及神经网络控制通常也都表现出连续行为。状态行为是实体根据某种条件在一个状态持续一段时间并在某种外部或内部事件触发下转换到另一种状态的行为。这种系统也称为反应式系统。通常嵌入式系统和用户交互系统(如 GUI)表现为这种行为。状态行为的描述通过有限状态机实现。

根据系统的规模和复杂性不同,对计算系统的群体称谓也有所不同,通常我们称为子系统或组件。其逻辑关系是介于整个系统与系统最小划分之间的所有部分,这一部分通常也要继续划分为更具逻辑意义的分层。在 UML 模型中描述事物的离散概念称为类元(classifier),

类元具有独立的标识、状态、行为、关系和可选的内部结构。群体由不同数量的多个类元组成，类元之间通过各种关系（如依赖、使用、泛化等）进行协作或交互。每个类元应提供由其他类元连接和访问的接口，类元封闭了所有行为实现的细节。类元之间的行为描述称为交互。交互(interaction)是一组类元之间为完成某一任务而进行的消息交换。协作通常反映群体内部类元之间的结构关系，交互则反映类元的实例(对象)之间的动态行为。群体的结构关系通过协作图或类图来描述，群体的行为关系则通过交互图(顺序图或通信图)进行描述。

对于整个系统通常是用功能来说明的。通过功能来说明系统，只能从黑盒或用户的视角描述系统。传统的系统需求描述方法是用文本方式形成系统规格说明。但在执行中由于客观上存在需求变更和文字描述的二意性，使系统开发过程存在着极大的不确定性。如果再加上系统开发中开发人员的主观性和系统缺陷，问题往往只有在运行测试阶段得以暴露，这样就使得计算系统成功的概率变得十分有限。面向对象技术则通过加大系统需求分析在整个项目过程中的比重来较早地理解系统，通过对问题空间而不仅仅是问题本身的研究从更广的上下文环境来认识系统本质，通过使用 UML 这种图形化工具建模系统并确立稳定的系统框架而使缺陷问题可以在早期得以发现或者在可追踪和可控的方式下进化，通过迭代增量式开发过程来兼容需求变更的客观事实，通过用例和图形化的其他 UML 手段来准确地捕获系统需求。简而言之，面向对象技术在解决计算型制品开发的固有问题方面为我们展现了一个全新的景象。

以上在结构和行为两个维度上所有的描述手段仅是相应描述的核心部分。在实际使用中，根据企业组织的内部规范和系统本身的技术领域、复杂性以及开发技术人员的兴趣习惯，各部分的企业文档会有不同的取舍或组合，也可能会增加其他形式的图形或文字说明。例如，对于数据库系统通常会更关注协作图和类图的使用，而对于反应式嵌入式系统就更可能会集中于状态图的描述以及实现方面。

1.1.2 面向对象的基本特征

面向对象的基本含义是把软件组织成一系列离散的、合并了结构和行为的对象集合。这与以往的开发方法中数据结构和行为只是松散的关联不同[8]。不管对于面向对象的讨论多么复杂和广阔，就其基本特征来说主要有抽象、继承、封装和多态四个方面。

抽象(abstraction)是人类解决复杂性问题的一种基本方法，它通过站在更高的逻辑层面来提取复杂问题的本质特征而忽略掉那些从观察者视角来说非本质的特征。在面向对象技术中，抽象表示一个对象与其他所有对象相区别的基本特征，因而提供了同观察者角度有关的且清晰定义了的概念界限[8]。在面向对象开发实践中我们把有着相同数据结构(属性)和行为(操作)的对象被分组为一个类(class)。在同一个类中抽象出对于一项应用来说很重要的和共同的特征，而忽略其余次要特征。每个类都描述了由单个对象组成的无限集合。每个对象都是该类的一个实例。对于每种属性，对象都有其自己的取值，但会和此类的其他实例共享属性名和操作[7]。面向对象的分类(classification)是其抽象方法的一种典型应用。抽象方法的更高一层面的应用在系统建模方面。在分析过程中,对系统从结构和行为两个方面建模。这时,要抽象出反映系统本质特征的主要方面而忽略掉其他次要方面,以期望模型能反映出系统更为稳定的结构和行为特征。

继承(inheritance)指的是多个类基于一种分层关系,共享类间属性和操作。继承是计算机科学中层次化方法的一种典型应用。父类(superclass)拥有子类(subclass)要精练和详细指定的通用信息。每个子类继承其父类的全部属性和操作,并增加它自己的属性和操作。把几个类的公共特征提取出来组成一个父类称为泛化(generalization)。与泛化相反方向的活动称为特化(specialization),它是使子类在继承了父类的属性和操作的同时能够增加自己特定的或更加特殊的属性或操作。这种方法可以大大减少设计和程序的内部重复,是面向对象技术的一项重要优点。

封装(encapsulation)是指把相互作用紧密的实体绑定为一个整体,而对这个整体之外的事物隐藏其必要的实现细节。例如,一个对象把其属性和方法绑定为一个运行时的实体,对其他对象隐藏了部分乃至全部属性和操作实现的细节,仅通过操作规格说明为外部对象提供服务或访问属性。在软件世界中,封装有助于减少某些不利因素的影响[10]。在一个包含许多对象的系统中,对象之间以各种方式相互关联。如果其中一个对象出现故障,软件工程师不得不修改它的时候,对其他对象隐藏这个对象的操作意味着只需修改这个对象而不需要改变其他对象。在现实世界,封装也是十分有利的。例如,计算机显示器对 CPU 隐藏了自己的操作,CPU 的程序只能通过接口命令访问显示器。当显示器出现故障的时候,只需要修理它或者把它替换掉,不大可能因为显示器故障而调整 CPU 或将整个系统推倒重来。

多态(polymorphism)是指对于不同的类来说,相同的操作会有不同的动作。由特定类实现的操作被称为方法(method)。由于面向对象操作是多态的,因而一个同名的操作可能会有多种实现方法,对于不同的具体对象来说,每一种命名的操作都可能有一种不同的实现方法。例如,同样一个打开(open)操作,你可以打开 扇门,打开 扇窗,打开 张报纸,打开 件生日礼物,打开银行账号,甚至打开一段对话。对于同一个命名的操作"打开",不同对象会执行一个不同的实现行为。多态性可以让建模设计师用客户的语言与客户交流,并可以方便地、自然地使用客户的语言命名双方都容易理解的操作名称。理解多态概念就可以让建模设计师省去发明新术语以及维护术语一致性的麻烦,仍然维持客户所采用的术语进行建模工作。

1.1.3 面向对象技术的其他重要概念

在面向对象的技术应用实践中,除了上面介绍的四个基本特征外,面向对象技术还产生了在开发过程中总结的许多技术、惯例和基本原则。如模式、复用、架构、框架、用例驱动、模型驱动、迭代式开发、职责分配原则等。

模式(pattern)是一种业已验证的通用问题的解决方案。不同模式面向软件开发周期的不同阶段。分析、架构、设计和实现过程都存在模式[7]。但通常或见到最多的是设计模式（design pattern），一般可分为结构模式（structural pattern）和行为模式（behavioral pattern）两大类。UML将模式定义为参数化协作，其中的形参列表是已定义的对象角色集[2]。模式不是对新事物的创造，而是对过去已有的所有成功解决的问题的总结。使用现有的模式可以站在巨人肩膀上展开工作。模式的优点之一是，它们已经被他人仔细思考过，并在以往的问题中得到了成功的应用。因此，与没有经过测试的定制开发方法相比，模式会更正确、更为健壮。

复用（reuse）是指对业已存在制品的使用。在系统开发中对于已有制品的重复使用，具有减少系统的开发时间，节约开发成本和增加系统的稳定性、可靠性等诸多优点。复用经常作为面向对象技术的一项优点而被引来引去，但实际上复用并不会自动发生。复用技术有两个完全不同的层面，即使用现有的制品和创建可复用的制品。使用现有制品的复用的内容可以是复用一个函数（如大多数编译器提供的库函数）、一个类、一个设计模式、一个分析模型等等。对于未来不确定的用法，复用现有的制品要比设计新的制品来得更容易。在计算系统实现过程中，大多数开发者都会复用现有的制品，只有一小部分开发者才会创建新的可复用制品。一般创建可复用制品需要大量的开发经验，因此文献[7]不建议一开始使用面向对象技术就要创建可复用制品。复用制品一般可以包括模型、类库、框架和模式等。

架构（architecture）是指对软件系统的组织；组成系统的结构实体、接口以及这些实体在协作中的行为选择；由这些结构与行为实体组合成更大的子系统的方式；用来指导将这些实体、接口、它们之间的协作以及组合等组织起来的风格问题的决策[6]。架构所关心的问题是具有全局性和策略性的，它是有关软件系统组织的重要决定的集合。例如，决定建立一个两层的系统，每一层包含一定的子系统，这些子系统以一种特殊的方式通信，而该决定即架构决定。软件架构不仅仅涉及到结构和行为，也涉及到使用、功能、实施、弹性、复用、可理解性、经济性和技术约束以及综合、美学的考虑。架构概念是面向对象技术中一个重要概念。但由于其所涉及的问题领域空间较为广泛，更多的讨论超出了本书所论及的技术内容，因此本书仅在这里对其作如上的简要介绍。本书中会使用体系结构的概念。这里所讨论的体系结构是指在嵌入式系统问题的范围内，由机械、电子和软件共同组成的系统构成。关于这个问题，在第3章中有进一步讨论。

框架（framework）是为了构建一个完整的应用而详细阐述的一种程序结构。在UML2.0中认为它是包（Package）的构造型，它为某一领域中的应用提供可扩展的模板。在框架的阐述过程中，常常需要使用特定于某项应用的行为来特化抽象类。框架可以说是一个"部分完整的应用"。框架不同于各种库，库只能提供被调用的服务，是完全被动的。而框架就是应用，它可以提供你所想要执行的特定的功能和服务[3]。在实时嵌入式系统开发中，框架具有特殊重要的地位。它为应用提供一个核心的和稳定的部分系统（甚至是整个系统）结构。如果系统的框架建立得合理、可扩展并能确实反映系统的本质特征时，整个开发工作就有了一个坚实的基础。框架是本书要讨论的核心内容，嵌入式系统的建模主要是框架的确立过程。

用例驱动(use-case driven)指的是系统开发过程主要沿着一个从用例(use case)开始的工作流程进行的。用例是反映系统外部参与者与系统之间交互顺序的规格说明[5]。用例是一个连贯的功能性单元,表示外部参与者与实体(系统、子系统或类)间消息的交换过程。用例的目标是要定义应用系统中某个实体的一个完整行为,但并不显示实体的内部结构。每个用例说明实体为外部参与者提供的一种可见的服务。由于用例仅反映所要分析实体的外部行为,因此在开发过程中用来捕获所要分析的应用系统的需求,是分析过程首先要完成的工作。用例既是系统的开始,也是系统的结束。这是因为用例不仅可以给系统捕获需求提供有力手段,而且也为系统的测试提供了直接的测试用例和验收依据。

模型驱动(model-driven)是指在软件生命周期中,系统开发是根据具有特定目标的不同模型而组织实施的[6]。整个系统的最终实现是在模型的架构基线之上经过多次迭代和增量达成的。模型(model)是从一个特定的视角对应用系统进行的完整抽象。一个应用系统可以从多个视角建模。本书根据图 1.1 的视角观点,采用结构和行为两个视角并通过类模型、交互模型和状态模型三个模型形成的框架对一个应用系统进行建模描述。在建模过程中,每一个应用系统模型除了反映其本质特征的图形化模型描述外,还可以加入任意形式和数量的其他说明,以更加全面地描述系统所代表的内容。

迭代式开发(iteration approach)给系统构建带来灵活性。首先要开发出系统的基点,即一组分析、设计、实现和交付可工作的代码。然后逐步扩大系统范围,为已有的对象增加属性和行为,以及增加新的对象。每次迭代几乎都包括一整套完整的阶段:分析、设计、实现和测试。与瀑布式开发(waterfall approach)方法的严格顺序不同,迭代式开发会交织不同的阶段,不需要采用严格的步骤来构建整个系统。有些部件可以在早期完成,而另外一些不那么重要的部件可以在后期完成。每次迭代结果都会生成一个可执行的非完整系统,该系统可以集成和测试。基于以往迭代中的反馈信息就可以准确地评估进度、调整计划。如果出现问题,就可以在早期阶段发现并及时解决,这样可以最大限度地减小系统风险。

职责分配原则是在系统设计过程中对一个多对象系统进行操作职能分配时根据不同的优化要求所采取的原则。由于这些原则很类似于我们社会生活的处事原则,因此也能进一步说明面向对象技术与现实世界互动的特点。这里仅列出几项主要的有代表性的原则,更多的内容请参见参考文献[9]。

职责分配原则之一:将职责分配给掌握了履行职责所有必需的信息的对象。这与经济学中"问题要在离它最近的地方解决"的原理是相同的。只有问题的责任和处理放在离问题最近并且具有能对该问题作出决策的全部信息的地方,我们才能得到一个效率最高的系统。这样既避免了不必要的问题信息和决策信息的传输成本,也加快了系统处理问题的实时性。在面向对象的世界里,所有对象都是"活"的或"有生机"的,它们可以承担职责并且能够履行职责。从根本上讲,它们所做的事要与它们所知道的信息相关。

职责分配原则之二:在分配职责时要保持对象的低耦合度。耦合度(coupling)是一个对象与其他对象的关联,它反映一个对象知道其他对象的信息或者依赖其他对象的强弱程度。保持低耦合度可以降低对象之间的信息传输成本,而使对象本身具有足够的自主性。也就是说,一个具有低耦合度的对象不依赖于太多的其他对象。低耦合度的设计能够减少修改设计对整个应用所带来的影响,更好地支持复用,从而提高了软件生产的效率。

职责分配原则之三:在分配职责时要保持对象的高聚合度。聚合度(cohesion)也称为内聚度,它是对一个对象中的各个相关职责之间相关度和集中程度的度量。一个聚合度高的类或对象所含的方法数量通常很少,功能之间的关联程度强,并且所承担的工作量不是太大。如果任务量太大,通常要与其他类协作完成任务。高聚合度的类效率高,容易被维护、理解和复用。根据对象分配的高聚合度的要求,一个对象的职责应该具有同一性或相似性,而不应过于复杂和庞大。但这种划分如果有利于对象间的耦合度降低,就应该是正确的。反之,则需要在聚合度与耦合度之间做出适当的取舍。

其他几个有用准则:

Liskov 替换准则(LSP):子类的实例对于其超类的实例总是可替代的,并且这种替代不会破坏模型的语义[24]。由于这个原则是 MIT 教授 Barbara Liskov 提出的,因此称它为 Liskov 替换准则。为了使 LSP 正常有效,超类与子类之间的关系只能是特化或者扩展中的一种。对于超类成立的东西对于其子类也必然成立。例如,狗是动物,所以所有动物的属性狗也都有,所有动物的行为狗也都有。但狗的叫声或嗅觉可能会与其他动物不同。因此狗的类可以替代动物的类,反之是不成立的。LSP 实质上是面向对象继承基本特性的具体说明。

开闭准则(OCP):为了实现最大的可复用性,类对于扩展是开放的,而对于修改(如属性或操作的删除)则是封闭的[23]。OCP 意味着子类可以向从它父类继承来的属性或行为中添加新的属性或行为。或者说,设计良好的类层次结构中的变化要通过子类划分来实现,而不是通过对父类的修改来完成。实现中,开发人员在层次结构中找出与所需相近的类,对其进行子类划分,然后再扩展子类以满足特殊需要。OCP 虽然也是继承基本特性的应用,但它的重点在于复用。

以上的概念和原则都是在面向对象技术发展历史中具有重要影响的,因此在这里一并列出。在面向对象的嵌入式系统的实现过程中,要根据系统性能和优化的具体要求适当取舍。严格地遵守所有原则来实现系统,既不现实,也是不可能的。

1.2 UML 建模的基本概念

统一建模语言(UML)是第三代对象建模语言的标准,属于对象管理组(OMG)所有。最初的版本 OMG UML1.1 发布于 1997 年 11 月。业内称为"三个好朋友"的 Grady Booch、James Rumbaugh 和 Ivar Jacobson 三位大师对 UML 的最初实现作出了杰出的贡献。此后较成功的版本有 1.3、1.4。2001 年,OMG 成员根据使用中发现的问题启动了较大的修订工作,增加了在最初规范中遗漏的功能。2004年OMG正式批准发布UML2.0版本,目前它是最新版本。本书的所有论述都是基于UML2.0版本的。

在美国,开发团体对引入UML的反应几乎压倒了一切[3]。事实上UML现在已经成为软件建模的标准。UML成功的原因如下:

第一,UML有一个良定义的基本语义模型,叫做UML元模型。这个语义模型既有宽度(可以覆盖进行系统规范和设计时所必须的多种情态),又有深度(可以用它创建可执行模型或用于编译生成目的层代码)。开发者可以十分容易地建模系统的任何情态,而这正是描述一个软件系统所必需的。

第二,UML表示法易于掌握,它的大部分表示法都易于理解。尤其对于像中国这样以象形文字语言描述事物的国度更是如此。但是要想确实掌握好并能自如应用UML原模型和扩展模型,对于习惯于过程思维的大多数程序开发人员,仍需一段适当的时间来转变观念。开始使用UML的人员总觉得它的图太多,不知用哪个或哪些图来描述自己的系统。事实上,根据图1.1所列出的在两个维度和三个层级上描述各级类元(实体)的主要图例来描述系统,基本就能够满足各类嵌入式计算系统实现的需要。而当这些主要图例不能满足所要描述的类元需要时,再配合任何UML手段甚至是非UML手段。

第三,UML是标准的,不像许多建模语言那样专用和来源单一[3]。既然是标准的,就意味着开发者可以从许多不同的来源选择工具和服务。开发者可以容易地找到适合自己的开发方法和重量级别的开发工具。目前至少有二十种以上不同的UML建模工具,如IBM Rational Rose XDE, I-Logix Rhapsody, Magic Draw, Microsoft Visio等。笔者确信还会有更出色、更优秀的UML建模工具陆续面世。

最后,UML是可应用的。有了第三代面向对象建模语言,现在可以把人们对面向对象方法的体验运用到实际系统。尤其在嵌入式系统的开发中,它的语义更适合用UML描述。这是由于实时嵌入式系统在问题确定性、问题复杂性和软硬件协调性等方面都有着其他通用大型软件系统不可比拟的优势,因此在使用面向对象技术开发系统方面有着更为广阔和多姿多彩的应用空间。当今已经可以在非常广的范围内使用UML模型去建造系统,它可以是一两个人的项目,也可以是好几百名开发人员参与的大型系统。UML能支持为实时嵌入式系统的各种特征建模,例如,实时性和资源紧缺管理约束等所有必须面对的绝大部分状况。也就是说,无论这些事物有多么复杂或玄秘,开发者都不需要在UML之外去设计这些系统的各个方面。

1.2.1 模 型

UML的主旨是让用户能确切地定义他所开发系统的模型。模型(model)是集成的、相互关联的抽象集合,它准确地描述了要实现的系统。模型由语义和这些语义的用户视图两部分组成。模型语义(semantics)是对模型所代表的含义的正式说明。视图(view)则是模型语义在某个特定视角的可见表示法中的投影。用户模型的最重要的部分是系统的语义,这些语义的两个主要方面即结构和行为。

模型的结构主要是识别建立系统的各个"事物(或曰概念)"以及它们之间的关系。例如,一组对象以及它们的关系,表示了系统运行在某个时间点上的状态或条件,也就是系统的一个"快照"视图。然而,类的集合及其关系则定义了系统存在时可能的对象集合以及运行时对象间可能存在的瞬时关系的映射。其差别在于对象仅存在于运行时,而类则是作为对象的规格说明仅存在于设计时。系统规模一大,子系统和组件就形成了较为复杂系统中的较大事物或概念的抽象,这样也就形成了系统的层级概念。这些概念使我们可以在不同的抽象层次上研究所面对的系统,因此就可以在可控和可操作的原则下按不同粒度(上层较大而下层则更细小)分别处理各层。需要说明的是,层级往往是逻辑上的,并不意味着系统的实现也一定是层次化的。事实上,嵌入式系统的物理实现通常是平板式(flat)的。

模型的行为定义了在系统执行时结构类元是如何工作和交互的。这要通过从整体上描述可观察到的外部功能、从结构类元内部观察其组成元素是通过怎样的协作完成其外部功能这样两个视角才能完成。单个的结构类元(类或对象)或从更高层次级别抽象的组合结构类元(用例、子系统、组件、模式等)的行为均可被建模并观察到。无论是哪种类元,如果是描述其外部可见的行为,则可以使用 UML 提供用例图、状态图或活动图来指明它们的功能、动作和允许的行为顺序。如果是描述组合类元内部元素之间如何通过协作完成可见或不可见的外部行为,则可以使用 UML 提供的顺序图、协作图或活动图。根据这样的层次化行为描述原则,任何级别的复杂系统都可以从整个组件到构成该组件的组成元素的两个视角,从外部可见的整体行为到内部元素协作的交互行为这样无限级地细化描述下去,直到描述到系统最小划分(类或对象)。这也正是 UML 支持迭代式增量开发的根本原因。

当然,对于不同类型的软件制品,描述手段的选择会有所侧重。例如,在开发数据库类通用软件时,经常使用协作图。而对于同类问题的描述,实时嵌入式系统则经常使用顺序图,尤其在各种级别的场景(scenario)描述中。但事实上,在 UML 语义中这两种图是可以互相转换的[4]。

通常一个应用项目总是从提出和确定系统功能开始的。功能属于行为语义,它通常是只提出所要求的行为而不关注行为是怎样实现的。在系统分析中首先要从功能入手,把系统功能转化成用例图来对系统行为建模。这时的系统结构细节是不被考虑的,通常把系统看成一个整体,只关心系统作为整体如何与其外部的参与者交互。系统作为整体的行为全景用状态图来建模,而作为某个具体功能侧面的交互过程则用可称为场景的顺序图来建模。

系统在子系统级别的结构描述就可以称为框架。在子系统级别,系统由多个类元(视系统规模可以是子系统、组件或类)通过协作构成系统并完成系统所要求的功能。结构维度由类图或协作图来建模。目前所能看到的结构模式大都是这个级别的。行为维度则主要通过顺序图建模。当以上两种建模工具不能满足系统描述要求时,还可以附加任何 UML 或非 UML 手段以达到全面准确地描述系统在这一级别的结构和行为两个方面的要求。

面向对象建模的最底层级别是作为组成系统的个体的类和对象,类的结构维度主要是通过属性描述,通常是与数据结构和关联的处理相关。而行为维度则是通过操作来确定类所具有的功能。操作的实现称为方法,方法的描述主要是算法问题和服务调用关系策略的确立问题。在这个级别上可通过状态图对整个类或对象行为建模,通过活动图或其他惯用的方法对算法建模。

通过使用 UML 就可以创建应用模型。创建应用模型的目标是完整、一致和精确。模型的正确性可以通过走查、评审甚至通过执行原模型(有些工具如 Rhapsody 可以运行原模型)等方法在系统建立的早期进行。但面向对象思想不打算像瀑布方法那样在开始就得到一个严格的、完全准确无瑕疵的模型,因为这往往是不可能的。在模型的初步确立时期,一般通过领域分析来理解问题空间,再根据系统功能或需求建立第一次迭代的系统模型。对系统完全的、准确的理解是通过迭代过程逐步完成的。系统描述的一致性则通过 UML 来保证。这种迭代增量式开发过程既符合人类对复杂、陌生事物的认识规律,也给计算系统不可避免的需求变更问题找到了解决办法。

如前所述,应用模型是由语义和所有视图组成的。视图反映了在某个特定的抽象层次上系统语义的某些特定集合。系统语义是多个视图表示的语义总和,所以没有必要把所有的语义表示在一张视图上。视图是非常有用的,它能提供非常有效的途径使语义信息进入模型。

1.2.2 UML 建模概念简介

UML 是一门博大、多变的建模语言,适用于许多层次和开发生命周期的不同阶段。UML 不属于以形式语言的方式给出的精确规范。尽管计算机世界很赞成形式化,但是很少有主流编程语言是精确定义的[5]。UML 的概念和模型可以分为如下几个概念范围。

静态事物。任何一个精确的模型必须首先定义其所涉及的范围,即确定有关的应用系统的关键概念、其内部特性及其相互关系。这一组元素在 UML 中称为静态视图。静态视图(static view)是用类来表达应用系统中的概念。每个类(class)由一组包含该类所表示的实际信息和具体实现该类所声称行为的离散对象组成。对象(object)包含的信息类型被作为类的属性,它们执行的行为的规格说明被作为类的操作。相对于面向对象的抽象和泛化特性,UML 中的多个类通过泛化可以共享一些共同的结构。子类在继承共同父类的结构和行为的基础上可以增加新的结构和行为。对象与其他对象之间也会发生运行时的联系,这种对象与对象之间的关系称为类之间的关联。一些元素之间的关系可以被归纳为依赖关系。这些依赖包括在抽象的不同层级之间,可以是模板参数的绑定、授予对象的某种许可以及一个元素使用另一个元素等。类也许会有接口,类的接口描述了它们对外可见的行为。另一类关系是用例的包含和扩展关系。静态视图主要使用类图以及类图的变体。静态视图可用于生成程序中用到的大多数数据结构声明。在 UML 视图中还要用到其他类型的元素,比如接口、数据类型、用例和信号等。

设计构造。UML 模型既可用于逻辑分析，又可用于以实现为目的的设计。某些构造提供了设计单位。结构化类元扩展了类，它表现为一组通过关系连接在一起的类（甚至是部件）的集合。从整体上看，结构化类元也可以像单个类一样具有外部功能表现和内部结构划分，或者可以像类一样在外部可见的端口之后封装其内部结构。协作模拟的是一组在短暂的环境中相互作用的对象集合。协作描述了相关元素相互作用的结构，它是一种典型的结构化类元。参数化的协作代表了一种可以在不同的设计中复用的设计构造。这种参数化的协作捕捉了模式（pattern）的结构。组件（component）是系统中可替换的部分。它按照一组接口来设计并实现，因此可以方便地被一个遵照同样规格说明的组件所替换。组件是另一种典型的结构化类元。

布置构造。节点（node）是运行时的计算资源。它定义了一个物理位置，通常具有存储空间和计算能力。工件（artifact）是计算机系统中表现信息或行为的物理单元。工件可以是一个模型、文档或软件。工件被布置在节点上。布置视图描述了运行系统中的节点配置和节点上工件的布置。

动态行为。对行为进行建模的方式有三种。一种是根据一个对象与外界发生交互的生存周期；另一种是一系列相关对象之间当它们相互作用实现行为时的通信方式；第三种是经过不同活动时执行进程的演变。

孤立对象（或视为一个对象的类元）的视图是状态机（state machine）。状态机描述对象基于当前状态对事件作出的响应，作为响应的一部分执行的动作，并从一种状态转换到另一种状态的视图。状态机模型用状态图来描述。

一个交互（interaction）包括一个结构化类元或者一个协作，连同各部分之间传递的消息流。交互用序列图或通信图表示。序列图强调的是时间顺序，而通信图强调的是对象之间的关系。

活动（activity）表示的是一段计算过程的执行，用一组活动节点表示，各节点用控制流和数据流连接起来。活动既可以模拟顺序的行为也可以模拟并发的行为。事实上，并发行为加入到活动图是 UML 的优点，它突破了以往算法仅能进行流程描述的局限。活动图可以用来展示计算过程，也可以展示人类组织中的工作流。

对所有行为视图起指导作用的是一组用例（use case），每一个用例描述了一个用例参与者或系统外部用户可见的一个功能。用例视图包括用例的静态结构和用例的参与者，连同在参与者和系统之间传递的动态消息序列，通常用序列图或者文本表示。

模型组织。计算机能够处理大型的复杂的模型，但人力却难以做到。对于一个大型系统，建模信息必须被划分成连贯的部分，以便团队能够同时在不同的部分上工作。即使是一个小系统，人的理解能力也要求将整个模型的内容组织成一个个大小适当的包（package），包括 UML 模型通用的层次组织单元。它们可以用于存储、访问控制、配置管理以及构造包含可复用的模型片段的库。包之间的依赖是对包的组成部分之间的依赖的归纳。系统的整个架构可以决定包之间的依赖。因此,包的内容必须符合包的依赖关系和有关架构的要求。

特性描述。无论一种语言能够提供多么完善的机制,人们总是想扩展它的功能。UML为使用者提供了可扩展的手段,它可以满足大多数对 UML 扩充的需求而不需改变语言的基础部分。构造型(stereotype)是一种新的模型元素,与现有的模型元素具有相同的结构,但是加上了一些附加约束,具有新的解释和图标。构造型定义了一组标记值。标记值(tagged value)是一个用户定义的属性,能够应用到模型元素上,而不是系统运行时的对象上。例如,标记值可以表示项目管理信息、代码生成指示信息以及与应用领域相关的特殊信息。约束(constraint)是用某种特定约束语言(如程序设计语言、特殊的约束语言或者自然语言)的文本字符串表达的条件。特性描述是一组有针对性的构造型和约束,可以被应用到用户模型上。可以为了特定目的开发特性描述,并将其存储到开发工具库中供用户模型使用。

1.2.3 UML 的构造事物

统一建模语言 UML 是一种通用的可视化建模语言,用于对软件进行描述、可视化处理、构造和建立软件系统工程文档。通过 UML 可以记录与被构建系统有关的决策,这些用 UML 表示的记录可以用于对该系统的理解、分析、设计、浏览、配置、维护以及信息控制。UML 具有较为丰富的实体集合,并为它们相关的集合提供了图形视图。UML 的实体词汇表包含 3 种构造块:事物、关系和图。事物是模型中最具代表性的成分的抽象;关系则把事物结合在一起;图则是相关事物的集合。

UML 中有 4 种事物:结构事物、行为事物、分组事物和注释事物。

1. 结构事物

结构事物(structural thing)是 UML 模型中的名词元素,它们等价于各类语言中的名词。结构事物通常是模型的静态部分,描述所识别的概念或物理实体。UML 的 7 种结构事物分别是类、接口、协作、用例、主动类、组件和接点。它们是 UML 模型中可以包含的基本结构事物。它们也可以有变体,如参与者、信号、实用程序、进程和线程、应用、文档、文件、库、页和表等。这里仅介绍这 7 种基本结构事物的语义,而其他变体的语义请参见参考文献[5]。

类(class)是对一组具有相同属性、相同操作、相同关系和相同语义的对象的描述。一个类可以实现一个或多个接口。一个类代表了被建模系统中的一个概念或可识别的事物。根据模型的种类不同,类概念可能是现实世界中的事物,也可能是包含算法和计算机实现的纯软件概念。在图形上,把类画成一个矩形,它被分成 3 个区域。最上面的区域中是类名,中间区域用于列出类的属性,最下面区域用于列出类的操作。通常根据所要描述的模型主题需要,属性域和操作域可以显示或隐藏。类的表示法如图 1.2 所示。

接口(interface)是描述一个类元的一组服务的操作集合。接口描述的是类元的外部可见

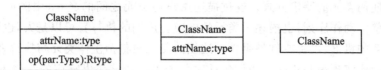

图 1.2 类表示法

行为,它代表了对匿名类元所需要的或者需要从匿名类元那里获得的服务的声明。接口的目的是希望将对实现行为的具体类元的依赖从系统中分离出来。接口也可以认为是服务的提供者和服务消费者之间一份服务的契约,实现该接口的类元的实列必须履行它。如果接口描述了一个提供给其他未指定的类元来使用的行为,则称为供给接口。如果接口描述了一个向其他未指定的类元所请求的行为,则称为需求接口。在表示法上,接口可以通过带有《interface》的构造型表示,也可以根据模型要表达的主题内容的需要表示为简单的图标,如图 1.3 所示。

协作(collaboration)定义了一个完整行为的交互,它是由一组共同工作并提供某些行为角色的类元构成的一个群体。协作描述了结构,它是结构化类元的一种表现形式。使对象和链共同工作以实现某种目标而对它们的安排就称为协作。在协作

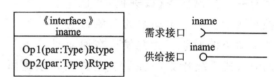

图 1.3 接口表示法

中实现行为的消息序列称为交互。协作是对"对象的社会群体"的一种描述,它是对类模型的一个片段的一种说明,解释了在特定情况下一组对象是如何一起以独特的方式工作以实现特定的目的的。协作用带有两个分栏的虚线椭圆形表示。上面的分栏显示了协作的名字,下面的分栏显示了通过链连接的协作角色对象的结构。当不需要表现内部细节时,协作也可以只表示为包含协作名字的虚线椭圆。协作的表示法如图 1.4 所示。

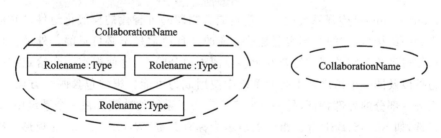

图 1.4 协作的表示法

用例(use case)是对一组动作序列的描述。系统执行这些动作将产生一个对特定的参与者有意义的且可观察的结果。用例是类元提供的一个内聚的功能性单元,表明系统与一个或多个执行者之间交互的顺序,也表明了系统执行的功能。用例的目标是要定义类元的一个行为,但并不揭示它的内部结构。每个用例规定了一个类元提供给它的使用者的一种服务,即一

种外部可见的使用类元的特定方式。通过描述用户与类元之间的交互,用例描述了由执行者发起的一个完整的动作序列,也描述了类元的响应。用例的执行者可以是人,也可以是使用或与主体类元交互的机器、设备或软件组件。这里的交互只包括主体类元与执行者之间的通信,主体类元的行为或实现是隐藏的。用例包括对一个用户请求作出响应的常规主线行为,以及对常规顺序可能的变化,比如可选顺序、异常行为处理和错误处理。一个类元的全套用例说明了使用该类元的所有可能的方式。用例用一个包含用例名的实线椭圆来表示,如果用例的属性和操作必须显示出来,可以将用例绘制成带有关键词《use case》的矩形表示,这是因为用例本身也是一个类元。用例的表示法如图 1.5 所示。

主动类(active class)表示系统的一个进程或线程(在嵌入式系统中也称为任务)。它能够启动控制活动。主动类的对象拥有一个控制任务(或进程)并且能发起控制活动。一个主动类的对象行为与其他主动类的对象行为并发。在面向对

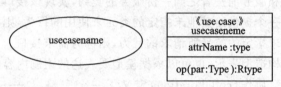

图 1.5　用例的表示法

象的嵌入式系统开发中,主动类是嵌入式系统面向对象技术与传统惯用开发技术的交叉点。UML2.0 改变了主动对象的表示方法,由粗线外框矩形改变为左右边为双竖线的矩形。类的表示法如图 1.6 所示。

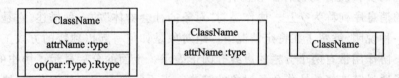

图 1.6　主动类表示法

组件(component)是构建系统的一个逻辑或者物理的可替代的模块化组件。它的外部可见行为表现为一组接口,它的内部实现是被分离的并且通常是不必可见的。外部接口和内部实现的分离使得系统和它的部件的开发能够被清晰地分隔开,这使得在一个给定的系统上替换不同的组件以及同一个组件在不同的系统中使用成为可能。组件包含两个方面,一方面它们定义了系统一部分的外部特征,另一方面它们实现了系统的功能。在一个系统中,会遇到不同类型的组件,如 RTOS、BSP 等。组件被表示为标有关键字《component》的矩形。在它的右上角可以包含一个组件图标。图标是一个小矩形,一侧有两个突出的更小的矩形。组件的表示法如图 1.7 所示。

节点(node)是在运行时存在的物理实体。它表示了一种可计算的资源,它通常至少有一些记忆能力和处理能力。如微处理器、存储器和显示器等都是典型的节点。节点包括计算设备和人力资源或者手工处理资源。尤其是在系统早期的业务模型中非机器处理资源往往会成

图 1.7　组件的两种表示法

为模型的组成部分。一个组件集合可以驻留在一个节点内,也可以从一个节点迁移到另一个节点上。节点一般在布置图中出现,与系统实现相关。在嵌入式系统的实施过程中一般有其他惯用的实现节点表示方法。UML 不排除用其他惯用方法描述系统实施。在 UML 中,节点表示成一个立方体,通常在立方体中写出它的名称,如图 1.8 所示。

这 7 种元素,即类、接口、协作、用例、主动类、组件和节点,是 UML 模型中可以包含的基本结构事物。它们也有变体,如参与者、信号、实用程序(一种类)、任务、进程或线程(主动类)、应用、文档、文件、库、页和表(一种组件)等。这些变体就不在这里一一介绍了,如想进一步了解这些变体的更详细知识,请参阅参考文献[5]。

2. 行为事物

行为事物(behavioral thing)是 UML 模型的动态部分。它们是模型中的动词。行为事物的描述跨越了时间和空间的行为。UML 观点认为有两类主要的行为事物:交互和状态。

交互(interaction)描述了在上下文中为了执行一个任务,消息在一组对象之间是如何交换的。或者说,为完成一个特定的目的而进行的信息交换的模式称为交互。交互描述了行为的模式,上下文由类元或协作提供。一个对象群体的行为或某个操作的行为可以用一个交互来描述。交互涉及一些其他元素,包括消息、动作序列和链。交互必须在两个或以上对象间进行。一个对象到另一个对象的交互是通过消息(message)进行的。消息可以是信号(signal)或调用(call)操作。在图形上,把一个消息画成一条有向的直线,通常在表示消息的线段上总有操作名。消息又可以具体分为异步消息,同步调用消息和返回消息。在消息类型方面目前应该说还在讨论和完善之中,除了以上三种类型的消息外,参考文献[2]还讨论了实时嵌入式系统建模所需要的其他消息类型,请参见第 4 章消息 QoS 特性。UML2 所支持的三种消息方式如图 1.9 所示。

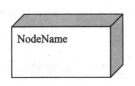

图 1.8　节点表示法

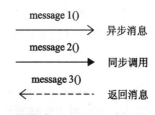

图 1.9　UML2 消息表示法

状态(state)是单一对象(类元)的生命期过程中满足某一特定条件,执行某些活动或者等待某事件发生的一种行为状况。一个对象在它的生命期中有一系列的状态。当对象满足一个状态的条件时,该状态就称为激活的。状态包含在状态机里,该状态机描述对象响应事件而演化的全景历史。状态可以是简单状态、复合状态或子状态机状态。简单状态是没有嵌套的子状态;复合状态包含一个或多个区域,每个区域有一个或多个嵌套的子状态;子状态机状态包含对一个状态机定义的引用,它在子状态机的位置上进行概念的展开。UML 的状态表示成一个圆角矩形。UML2 的状态图标如图 1.10 所示。

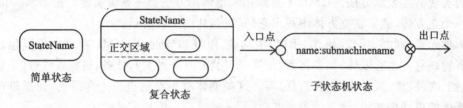

图 1.10 UML2 的状态表示法

3. 分组事物

分组事物(grouping thing)是 UML 模型的组织部分。它们是一些由模型分解的"盒子"。在所有的分组事物中,最主要的分组事物是包。

包(package)是组合和组织实体的常规工具,它拥有自己的内容并可定义命名空间[11]。包类似于计算机中的文件、文件夹和子目录。包也是一种模型元素和图。如果此模型元素不是其他模型元素的一部分,它就必须被声明在同一个名称空间。包含元素声明的名称空间被称为拥有该元素。包是一种通用的名称空间,它可以拥有任何类型的模型元素,而不限于特定类型的模型元素。包可以包含内嵌的包和普通的模型元素。模型中的每个元素,要么属于其他模型元素,要么属于一个包。结构事物、行为事物甚至其他的分组事物都可以放进包内。一个包可以通过依赖关系使用其他包内的模型元素。包不像组件(在设计时和运行时均存在),它纯粹是概念上的(即仅在设计开发时存在)。包表示为一个大的矩形,并在一角(通常是左上角)附有一个标签(tab)。如果没有显示包的内容,则包的名称将放在大矩形中。如果显示了包的内容,那么包的名称可以放在标签中。包的表示法如图 1.11 所示。

在使用 UML 建模的时,可以使用包的变体。包的变体有框架、模型和子系统等。

4. 注释事物

注释事物(annotational thing)是 UML 模型的解释部分。这些注释事物用来描述、说明和标注任何事物。有一种主要注释事物,称为注解。

注解(note)是依附于一个实体或一组实体之上,对它或它们进行约束或解释的简单符号。注解可以为不同实体提供附加信息。UML 注解的语义不同于各类编程语言的注解,编程语

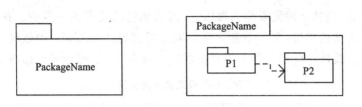

图1.11 包的表示法

言的注解除了增加程序的可读性外对程序的运行没有任何影响。而UML注解是在模型级对模型实体的说明，这种说明对系统的具体实现是有重要影响的，如对实体的约束。

约束（constraint）是用文本语言陈述句表达的语义条件或限制。通常，约束可以附属于任何一个或者一组模型元素上。它代表了附加在模型元素上而不只是附加在模型元素的某一个视图上的语义信息。每个约束有一个约束体和一种解释语言。约束体是约束语言中关于条件的用布尔表达式表达的字符串。约束语言可以是形式化语言，也可以是自然语言。UML提供了OCL（Object Constraint Language）作为对象约束语言。UML规定约束对于模型来说不是可执行的机制，而是一种断言。它的表示必须由系统的正确设计来实施限制[5]。也就是说，约束是与设计或系统实现相关的。在嵌入式系统实现过程中，约束起着非常重要的作用。系统的非功能性（如实时性、资源紧缺限制等）建模主要通过约束来实现。注解的表示法如图1.12所示。

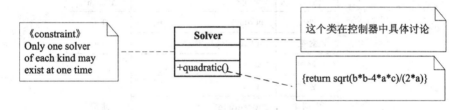

图1.12 注解的表示法

1.2.4 UML的关系和图

UML构造事物是孤立的单词，孤立的单词要组成句子才能表达特定的语义[11]。UML模型元素之间的语义连接称为关系。模型元素加上关系就构成了UML的句子。一个以上的句子在一起就构成了UML图。各种有意义的UML图就是我们所说的模型。

1. UML中的关系

在UML中有4种类型的关系：依赖、关联、泛化和实现。

依赖（dependency）是两个元素之间的一种关系，其中一个元素（服务提供者）的变化会影响另一个元素（客户）。依赖是一个或几个模型中两个元素间的关系说明。如果说依赖代表了一种知识的不对称，则独立的元素称为提供者，而依赖它的元素称为客户。在图形上，把一个依赖画成一条有方向的虚线，箭头由客户指向服务提供者。在 UML 中依赖关系是多种建模关系的统一表示。具体可以表示的关系种类和应用见表 1.1。图形表示如图 1.13 所示。

表 1.1 UML 中依赖关系中的关键字及应用

关系种类	变化	关键字	应用
依赖	派生	《derive》	抽象
	显现	《manifest》	
	精化	《refine》	
	跟踪	《trace》	
	绑定	《bind》(parameter$_{list}$)	绑定
	布置	《deploy》	布置
	扩展	《extend》(extension point$_{list}$)	扩展
	导入	《access》	私有导入
	导入	《import》	公有导入
	包含	《include》	包含
	信息	《flow》	信息流
	合并	《merge》	包合并
	许可	《permit》	许可
	替换	《substitute》	替换
	调用	《call》	使用
	创建	《create》	
	实例化	《instantiate》	
	职责	《responsibility》	
	发送	《send》	

关联(assosiation)是两个或多个类元之间的关系，它描述了这些类元的实例间的联系。如果两个或更多类元的实例之间有连接，那么这几个类元之间的语义即关联。关联的实例称为链(link)。链是对象之间的连接。关联是设计时存在于类之间的关系，而链则是运行时存在于对象之间某个瞬间的联系。关联的每个实例是对象引用的一个有序表。关联的外延(extent)表示一组链，这组链可以没有重复项(集合)或者允许出现重复项(袋)。UML2.0 在关联的外延语义方面有所调整，即允许包含重复的链。在图形上，把关联画成一条实线，它可能有方向，可以在关联上加一个名称，在关联的两端还可以含有诸如多重性和角色名等修饰。聚合(aggregation)和组合(composition)是一种特殊的关联，反映两种类型的实体间"整体—部件"

关系。关联的图形表示如图 1.13 所示。

泛化(generalization)是一个较普通的元素和一个较特殊元素之间的类元关系。较特殊的元素完整地包含了较普通的元素,并含有更多信息。这符合 Liskov 替换准则。用这种方法特殊元素共享了普通元素的结构和行为。泛化是两个相同种类的类元之间的直接关系,其中一个元素称为父,另一个称为子。泛化也

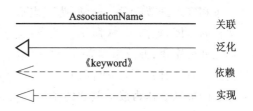

图 1.13 UML 中的关系表示法

反映了一种传递的、反对称关系。一直向着父类元的方向可以到达祖先,反之,可以到达其后代。与泛化相反方向的行为称为专化。泛化的名词语义代表以上所描述的关系。泛化也可以是动词,其语义为抽象,是指把几个具有共同特征的元素抽化出一个超类的行为过程。泛化功能可以大大减少设计和程序的内部重复,是面向对象技术的一项主要优点[7]。泛化的主要目的是支持继承和多态性,另外在结构化描述对象和支持代码复用方面也起重要作用。在图示上把一个泛化关系画成一条带空心箭头的实线,箭头指向一般实体。泛化的图形表示如图 1.13 所示。

实现(realization)是规格说明和其实现之间的关系。它表示不继承结构而只继承行为。规格说明描述了某种事物的行为和结构,但不确定这些行为如何实现。而实现则提供了如何以高效和可计算的方式来实现这些行为的细节。规格行为的元素和实现行为的元素之间的关系称为实现关系。在实现关系中,实现元素必须支持说明元素的所有行为。例如,一个类必须支持它实现的接口的所有操作和语义。也就是说,只要按照接口的规格说明就可以使用该类,而不必担心它达不到接口所规定的要求。类可以实现额外的操作,而操作的实现也可以做额外的事情,只要没有违反接口操作的规格说明就是正确的。UML 中主要在两种地方遇到实现关系:一种是在接口和实现它们的类或组件之间;另一种是在用例和实现它们的协作之间。在图示上把一个实现关系画成一条带空心箭头的虚线,箭头指向规格说明元素。实现的图形表示如图 1.13 所示。

2. UML 中的图

图(diagram)是模型元素集的图形表示,通常是由顶点(UML 中的事物)和弧(UML 中的关系)相互连接构成的。UML2.0 支持视图、图以及图中涉及的主要概念,请参见表 1.2。

类图(class diagram)是系统静态视图的图形化表现。它是面向对象系统建模中最常见的图。类图显示了一组类、接口、协作以及它们之间的关系。类图用于对系统静态设计视图建模。类图中的类包含一些具体的行为元素,如操作,但是它们的动态特征在其他视图中表示,如状态图或通信图。类图是反应系统结构方面的最主要的视图。在分析过程中对于系统概念的建模、在设计过程中对协作的建模以及各类模式都是通过类图实现的。类图用图形化方式表示所建模系统的静态视图。在类图中,类可以用不同的精度和粒度来描述。往往在早期分

析阶段，模型捕获的主要问题是逻辑方面的内容；而在后期的设计阶段，模型还要进一步捕获设计决策和实现细节问题。通常，为了表示一个完整的静态视图，需要几个类图。一个公司的基本架构的类图，如图 1.14 所示。该类图说明，一个公司类由 1 到多个办公室和部门组成；部门坐落在办公室里；办公室类有领导办公室子类；部门内部还可以由 1 到多个子部门组成；部门与员工类有两种关联，一个部门中可以有 1 到多个成员，但只能有 1 个成员作为主管出现，作为主管的关联是作为成员关联的子集；员工类通过需求接口访问人事记录；人事记录类通过供给接口提供安全的访问服务。

表 1.2 UML2 中视图、图及图中所涉及的主要概念

领域	视图	图	图中所涉及的主要概念
结构	静态视图	类图	类、关联、泛化、依赖、实现、接口
	设计视图	内部结构图	连接器、接口、部件、端口、供给接口、角色、需求接口
		协作图	连接器、协作、协作使用、角色
		组件图	组件、依赖、端口、供给接口、实现、需求接口、子系统
	用例视图	用例图	用例、执行者、关联、扩展、包含、用例泛化
动态	状态视图	状态机图	状态、事件、转换、完成转换、效果、执行活动、区域、触发
	活动视图	活动图	动作、活动、控制流、控制节点、数据流、分叉、结合、异常、对象节点、扩展区域、引脚
	交互视图	顺序图	交互、消息、信号、生命线、发生说明、执行说明、交互片段、交互操作域、约束
		通信图	协作、消息、角色、序号、监护条件
物理	布置视图	布置图	节点、工件、显现、依赖
模型管理	模型管理视图	包图	导入、包、模型
	特性描述	包图	约束、构造型、标记值、特性描述

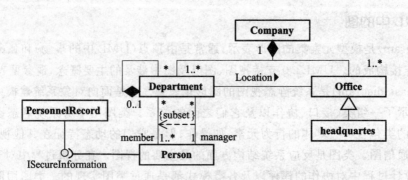

图 1.14 类图的例子

对象图(object diagram)对包含在类图中的类元的实例建模。它反映图示类元在系统运行中某一特定时刻的快照(或者说样本),显示对象与对象之间的瞬间关系。对象图表达了交互的静态部分,它由协作的对象组成,但不包含在对象之间传递的任何消息。如果想跟踪一个运行系统的控制流(运行过程的有意义的片段)就要通过对象图进行。对象图可以作为系统运行中的一个样本,用来说明复杂的数据结构或者通过一段时间内有顺序的一组快照来展示系统行为。需要说明的是,所有快照都是系统的样本,而并非系统的定义。定义系统的结构和行为是建模和设计的目的。样本可以帮助人们阐明含义,但是它们并不是定义。在嵌入式系统的开发中,对象图是可选的模型。一般情况下很少使用,除非要分析系统运行中的对象之间的错误连接而产生的系统故障。通常通过顺序图就可以达到目的。一个三角形类在某一 CAD 系统内的运行快照如图 1.15 所示。

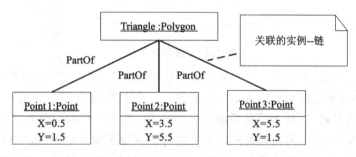

图 1.15 对象图的例子

内部结构图(internal structure diagram)是描述一个结构化类元内部互相连接的部分、端口和连接器结构关系的图形化表示,它是结构化类元的内部分解。一旦设计过程开始,在分析过程得到的较大粒度的结构化类元就必须被分解成相互关联的一组部件,而这些部件也许还会被进一步分解。内部结构是对一个结构化类元的组成部件和它们之间在上下文中的连接器建模。通过所声明的接口,一个结构化类元可以强制外部通信端口的输入,而在内部遵从接口的声明对输入信息进行处理,这样就实现了结构化类元的封装。图 1.16 是一个编译器类元的内部结构图。类被分解成词法分析器、语法解析器和优化器三个部件。

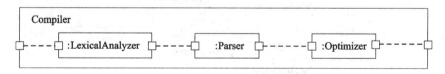

图 1.16 内部结构图的例子

协作图(collaborrtion diagram)是描述协作定义的一种图。协作是一组为实现某个目的而共同工作的对象之间在上下文中的相互关系。协作的概念在 UML2.0 中有了很大调整。在本质上,协作被当作一种结构化类元,其中的组成部分代表实现访问目的的角色。协作的动作可以由交互来描述,显示在不同的时间点上协作的消息流。协作为操作、用例或者其他类型的行为描述了上下文。它描述了操作或者用例的实现在执行时所处的上下文。或者说,当执行开始时,对于存在的对象和链的安排,以及在执行过程中实例的创建与销毁,协作可以在不同粒度水平上表示。一个粗粒度的协作可以通过进一步细化成为另一个粒度更细的协作。图1.17为一教学协作图,在教学活动中有两个角色,一个是教师,另一个是学生。他们的类型都是 Person。

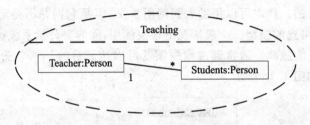

图 1.17 教学协作图

组件图(component diagram)用于表示组件类型的定义、内部结构和依赖。组件是一种结构化类元,因此其内部结构可以用内部结构图定义。实际上,组件图主要用来描述系统中的组件以及组件之间的依赖,以便于评估系统变更所造成的影响。作为一个紧密封装的单元,组件的重点已经从 UML1.x 中的物理视图转向了组件的更加逻辑化的概念。组件已经从工件的物理概念中分离出来,这样它们就能够在概念模型中使用。结构化类元和组件之间的区别有点模糊,更多时候它们的区别在于其用途而不是语义上的不同。图 1.18 是实时操作系统 RTOS 在嵌入式系统中应用的组件图。为了提供通常的操作系统服务,RTOS 组件为用户提供 RTOSAPI 接口。RTOS 还需要两个需求接口 driveInterface 和 plantInterface。driveInterface 依赖于板级支持包 BSP 组件提供的同名供给接口,而 plantInterface 则依赖于移植器 Planter 组件提供的同名供给接口。

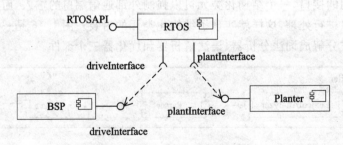

图 1.18 组件图

用例图(use case diagram)是包括参与者、由系统边界(一个实线矩形)封闭的一组用例、参与者和用例之间的关联、用例间的关系以及参与者的泛化所组成的模型视图。它主要用于在所处理的层级上对系统、子系统或类的行为建模。对于系统层级来说,用例来源于系统功能。一个系统的分析通常总是从功能开始,因此面向对象系统开发过程称为用例驱动。每个用例实际上代表着一部分量化了的、对用户有意义的功能。在实现系统的规格说明时,不仅要先开发出用例图,还要对用例图中的每一个用例作出行为规定。用例和它的外部交互序列之间的关系通常由一个指向序列图的超链接来代表。此超链接是不可见的,但可以在支持建模的编译器中跳转。行为规定也可以用一个状态机或者用附属于用例的程序设计语言文本来说明。自然语言文本也可以当作一种非正式的行为规定来使用。因为顺序图更形式化,而且也可以加进各种约束,所以在嵌入式系统开发中通常采用顺序图。文献[2]对于使用顺序图开发实时嵌入式系统用例行为规定有较深入的讨论。图 1.19 为某一电话号码子系统的用例图,该系统内有一个录入用户和一个查询用户作为执行者,4 个用例之间具有包含关系。

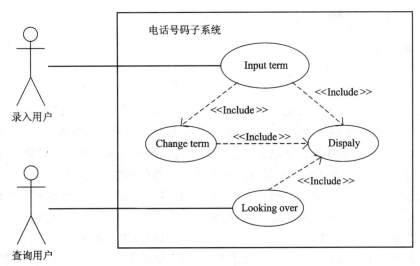

图 1.19 用例图例子

状态图(statechart diagram)也称为状态机。状态机是由类元的各个状态和连接这些状态的转换所组成。每个状态对一个类元在生命期中满足某种条件的一个时间段建模。当一个事件发生时,它通常会触发状态间的转换,导致类元从一种状态转化到另一新的状态。当转换开始时,会发生与转换关联的动作或活动。状态机是类元或者交互在其生命期中为响应事件而经历的状态顺序的规格说明。一般来说状态机用来描述一个类元在其全部生命过程的全景行为。UML 对状态机在多类元协作和嵌套状态方面进行了扩展,但就其状态本质仍然是一个个体行为的描述。状态图对实时嵌入式系统的活动对象(任务、进程或线程)行为的全景建模是非常有效的,并且状态图是可以直接翻译成面向对象语言或非面向对象语言的源代码[22]。图 1.20 是一个说明性状态图。状态图中除了简单状态(StateA、StateB)、复合状态(StateC)外,还可以有初始状态、结束状态和历史状态等的伪状态。一个状态内部可以有入口动作、出

第1章 面向对象与 UML 建模

口动作、内部转换和执行活动等。

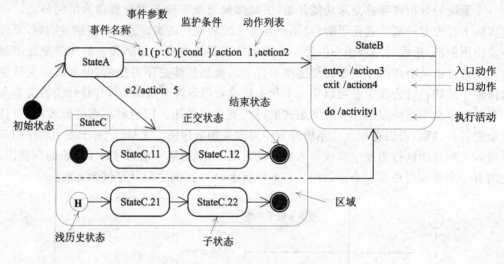

图 1.20 状态图

活动图（activity diagram）展现了在事物内从一个活动到另一个活动的流程。活动图专注于事物的动态视图，它强调活动间的流程过程。活动是对可执行行为的说明，它描述了次级单元计算过程顺序和并发的步骤。活动关注于计算的过程而不是执行计算的对象或者涉及的数据值，尽管它们可以表示为活动的一部分。状态机和活动有相似之处，它们都描述了一段时间内出现的状态序列以及引起状态之间改变的条件。两者的不同点之一是在所关注的粒度上，状态机关注类元在整个生命期的状态变化，而活动则关注计算本身的状态变化；不同点之二是关注的对象数量，状态机只关注于一个对象，而活动可以跨越多个对象；其不同点之三，也许是最本质的不同是图中节点和弧各自所表现的意义，状态图的节点代表某个对象的特征数据值，弧代表动作或活动，而活动图的节点代表的是动作或活动，弧代表的却是数据或控制的流。关于不同点三参考文献[22]有更为详尽的讨论，有兴趣的读者可以参考。使用中可能会把活动图与通常惯用算法描述的流程图进行类比，应该说这种类比是有道理的。所谓道理，主要表现在以上所说的状态机与活动图的第三个区别方面。其实 UML 活动图有着比传统流程图更强大的功能，它不仅可以替代流程图为算法建模，还可以为多对象的数据交互、分析业务时的业务工作流程建模。UML2.0 对活动建模作了很大的扩展，增加了许多附加的构造和许多可以带来便利的选项。状态机和活动的元模型被分离开，并且活动的语义主要基于 Petri 网的语义。图 1.21 是说明性活动图，表达了活动图的主要表现能力。

顺序图（sequence diagram）是按时间顺序显示参与交互的对象交换消息的一种 UML 图。顺序图和通信图是交互图（interaction diagram）的两种主要形式（UML2.0 把时间图也归类为交互图，见图 1.26）。它们都展现了一组对象和它们之间传递的消息序列过程。交

第 1 章 面向对象与 UML 建模

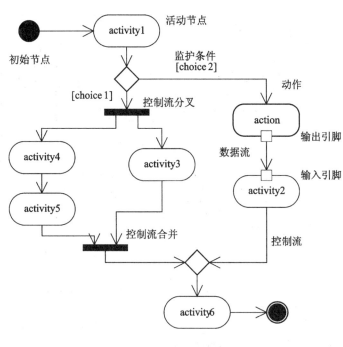

图 1.21 活动图

互图是系统的动态视图。顺序图主要强调消息的时间顺序,而通信图则主要强调收发消息的对象的结构组织。在 UML 语义中,顺序图和通信图是同构的,也就是说它们可以互相转换。通信图在建模系统群体结构时非常有用。顺序图是各级别建模的场景描述方面的主要手段。顺序图的生命线上还可以加入状态,因此顺序图也可以同状态图相关联。顺序图显示在一个矩形框内,在左上角的小五边形中有字符串"sd 名称",其中名称为该交互图的名称。如果交互图带有参数,它们表示为逗号分隔的列表,跟在名称后面的括号里。顺序图是两维的,竖直维度代表时间,水平维度代表参与交互的对象。通常只有消息的顺序是重要的,对象的水平次序没有特别意义。图 1.22 是一个客户对象与一个代理对象的一次作业的顺序交互图。

通信图(communication diagram)显示了围绕着组织结构各部件或协作中的各种角色进行的交互。不同于顺序图,通信图明确地显示了元素之间的关系。另一方面,通信图没有将时间作为一个独立的维度,因此消息的顺序和并发的线程必须通过序列号来决定。通信图中的节点代表了结构化类的组件或者协作的角色,对应于顺序图中的生命线。各节点之间的连线表示组成通信路径的连接器。图 1.23 是图 1.22 的通信图表示。

布置图(depoloyment diagram)展现了运行时处理节点以及其中的工件的配置。它给出了系统体系结构的静态布置视图。布置图主要用来描述构成物理系统的各组成部分的分布、

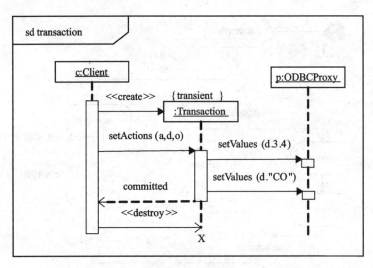

图 1.22 顺序图

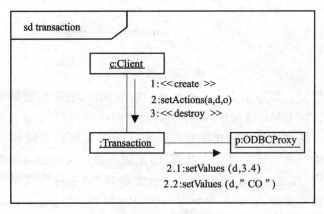

图 1.23 通信图

提交和安装。在嵌入式系统开发中主要用来表示各类软件,如控制设备的软件,由外部激励(如传感器、运行开关等)所启动的软件在硬件上的布置。它也可以为系统的设备和处理器关系建模。在实际系统设计中,也可以使用惯用的表示法(如硬件原理图)替代 UML 中的布置图。图 1.24 是一个应用系统与键盘控制软件的布置图。

包图(package diagram)是 UML 中的一种结构图,其内容主要是包及其关系。不同类型的结构图之间并没有严格的界限,图的名称只是资源组织上的一种方便,而没有结构或行为语义上的任何意义。包的主要目的是作为一种访问和配置控制机制,从而让开发者,特别是较大的开发团队能有效地组织庞大的开发模型。图 1.25 是 OSI 通信协议分层体系结构包图。

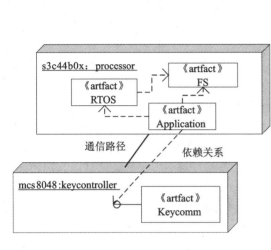
图 1.24 布置图

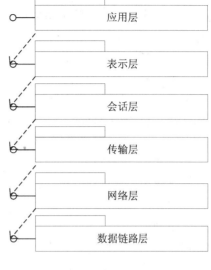
图 1.25 OSI 通信协议分层体系结构包图

时间图(timing diagram)是另一种顺序图表示法,是 UML2.0 为实时系统应用所增加的。它与通常的顺序图的不同之处主要有:坐标轴交换了位置,由顺序图的从上到下改作由左到右;不同对象的生命线显示在各自的分栏中而不是一条竖直的虚线上;生命线的不同高度代表不同的状态,状态的时间顺序可以有意义,也可以没有意义;可以显示一个标度时间值,刻度表示时间间隔;不同生命线上的时间是同步的。图 1.26 是一个门控系统的时间图。

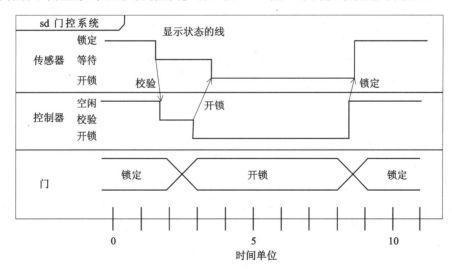
图 1.26 门控系统时间图

第1章 面向对象与 UML 建模

UML 既然是一种语言,那它就应该与任何其他语言(如自然语言、程序设计语言等)具有共同的性质。这些共同性质主要包括提供词、句子以及语法规则甚至成语词典(如程序设计语言的保留字、函数库等)。但至于如何运用这些要素写作文(或编程序),那要根据作者的写作目的、用词习惯和所熟悉的语言要素来决定。UML 提供的单词就是它的事物和关系。它的句子则是由事物和关系组成的任何有意义的组合。它的段落由一到多个句子组成,称为图。每一种图构成所要描述事物的一个侧面视图。UML 的文章就是所描述事物的模型,它由多个视图组成。也就是说,UML 所要建模的事物是用多个视图完成的。

在 UML 建模实践中,它曾经受到过许多不公正的批评,说它的图种类太多[3]。实际上,作为一种语言的应用总是多方面的,它的任何实际应用总是选择其有意义的一个子集。试图在一个具体应用中使用到该语言提供的所有元素和行为能力是不现实的。这就像我们使用汉语写一篇散文或诗歌而想应用所有汉字和语法规则一样不可思议。在 UML 中,其实各种图都可以归结到结构和行为或静态和动态两个方面。在实现不同类别的系统时应各有所侧重。如开发数据库系统可能要重视类图和协作图,而开发嵌入式系统则更重视状态图和顺序图。而且根据实际需要,各种图也不一定全部都使用,甚至还可以根据自己的惯用方法替换其中的某些图(如布置图或活动图)。UML 是灵活的、与方法无关的,在系统实现过程中可以使用重量级过程,也可以使用轻量级过程;可以使用面向对象语言实现,也可以使用非面向对象语言实现。关于这方面的讨论可参见参考文献[22]和[25]。根据笔者的实践,在开发嵌入式系统软件过程中,使用用例图加顺序图捕获各级别的需求;使用类图和协作图确定系统和子系统级别的静态结构和交互结构;使用顺序图捕获系统和子系统级别的交互行为;使用状态图确立每一个活动对象(任务、进程或线程)的全景行为;使用活动图设计状态内部或对象方法的算法就可以全方位多视角地反映嵌入式系统的各个层级的结构和行为。至于布置图,在开发单一微处理器系统时可以不使用,而系统硬件体系结构完全可以使用惯用的电路原理图。对于开发大型多微处理器的复杂嵌入式系统,一般要使用布置图来布置在每个微处理器上运行的软件工件。具体各种图的使用方法是本书第 4、5 章的主要讨论内容。

1.3 基于模型的计算系统

Grady Booch 在参考文献[4]的开篇就用形象和幽默的语言阐述了模型对于复杂系统的重要性,笔者在这里将原文抄录如下,以表示对这位大师的敬意。

"如果你想搭一个狗窝,你准备好木料、钉子和一些基本工具(如锤子、锯和卷尺),就可以开始工作。从制定一点初步计划到完成一个满足适当功能的狗窝,你可以不用别人帮助,在几个小时内就能够实现。只要狗窝够大且不太漏水,你的狗就可以安居。如果不制定一个计划,你总是需要返工,或是让你的狗受些委屈。"

"如果你想为你的家庭建造一所房子,你备好了木料、钉子和一些基本工具,也能开始工作,但这将需要较多的时间,并且你的家庭对于房子的需求肯定比狗对于狗窝的需求要多。在这种情况下,除非你曾经多次建造过房子,否则就需要事先制定出一些详细的计划,再开始动工,才能够成功。至少应该绘制一些表明房子是什么样子的简图。如果想建造一所能满足家庭需要并符合当地的建筑规范的合格房屋,就需要画一些建筑图,使你能想清楚房间的使用目的以及照明、取暖和水管装置等实际细节问题。作出这些计划后,就能对这项工作所需的时间和物料作出合理的估计。你自己也可能建造出这样的房屋,但若有其他人协作(可能将工程中的许多关键部分转包出去或购买预制的材料),效率就会高得多。只要按计划行事,不超出时间和财务的预算,新房就可能非常令人满意。如果不制定计划,新房就不会完全令人满意。因此,最好在早期就制定计划,并谨慎地处理好所发生的变化。"

"如果你要建造一座高层办公大厦,若还是先准备好木料、钉子和一些基本工具就开始工作,那将是非常愚蠢的。因为你所使用的资金可能是别人的,他们会对建筑物的规模、形状和风格作出要求。同时,他们经常会改变想法,甚至是在工程已经开工之后。由于失败的代价太高了,因此你必须作出大量的计划。负责建筑物设计和施工的组织机构是庞大的,你只是其中的一个组成部分。这个组织将需要各种各样的设计图和模型,以供各方相互沟通。只要你得到了合适的人员和工具,并对把建筑概念转换为实际建筑的过程进行积极的管理,你将会建成这座满足使用要求的大厦。如果你想继续从事建筑工作,那么一定要在使用要求和实际建筑技术之间做好平衡,并且处理好组员们的休息问题,既不能把他们置于风险之中,也不能驱使他们过份辛苦地工作以至于筋疲力尽。"

我们不难从以上精彩描述中找到计算制品开发的对应词,如狗窝代表简单系统,房子代表中等难度系统,大厦代表复杂系统,改变想法代表需求变更,预制的材料代表组件,设计图和模型代表模型等等。说明开发不同难度级别的系统需要不同的方法、不同的工具技术、不同量度的计划和不同程度的管理组织。

建模是人类认识复杂事物的基本方法。建模过程就是对所要认识的事物进行抽象的过程,就是我们通常所说的透过现象看本质的过程。例如,我们认识在电阻中流动的电流、电压和电阻之间的相互关系时,通过多次实验,去掉对反应本质问题不紧要的干扰和测量误差,最后通过一个简单的欧姆定律公式建立了电阻这个对象的简单行为的模型;对于具有象 PID 控制、数字滤波和 FFT 等连续行为的对象的行为,我们用微分方程或差分方程建立其本质行为的数学模型;对于具有离散状态行为的对象,我们只有用状态机对其行为建模才能反应此类事物的最本质特征。至于在某一状态内部的活动或行为,也可能又表现为简单、连续或状态行为,我们可以通过算法或子状态机再进行更深层次的建模活动。对于业已存在的模型,我们在认识新事物时就可以套用、微调或再进一步组合已有模型建立新模型。我们通常说这个人像袁绍,那个人像曹操,其实是我们大脑中事先有一个袁绍和曹操的行为模型,然后把所要分析的人往那个模型里套,如果大部分主要行为相吻合,这种认识就是合理的。这种方式就是面向对象技术中的模式应用。就笔者的认识所限,对人的行为建模的最著名模型莫过于马斯洛的需求层次模型。

由于各类计算系统本质上是一个复杂系统,因此对于它的准确认识也只有通过不同级别的抽象建模来完成。对系统建模使得模型建立者和模型使用者对于复杂事物的理解有了共同语言。开发复杂的计算系统也完全可以像建造大楼一样由分析师、设计师、建筑师和建筑工人分开独立地工作。这种方式与以往的将所有程序从框架(如果有框架的话)到细节都装在技术工程师头脑中的开发方法有不可比拟的优点,无论是从实践、管理还是系统维护方面,其优点都是不言而喻的。

基于模型的计算系统有如下优点:

早期发现问题。在构建系统的初期就可以进行测试以规避系统初期的缺陷滞留到系统开发的后期带来的巨大成本风险。由于先期的分析模型和设计模型是可运行和可测试的,因此可以通过对先期模型的测试及早地发现前期问题。前期的测试可以通过走查、评审或采用模型可运行开发工具(如 Rhapsody)开发而实际运行模型。

与用户交流的共同基点。在用例驱动的模型化开发中,用例视图加顺序图或状态图场景描述可以准确地捕获系统需求。通过在这些场景上的模拟运行可以同用户在可视化的模型上达成一致意见。因此可以避免以往自然语言文档所带来的模糊或模棱两可的描述,使需求问题可以在早期尽可能多地得到落实。

标准化开发。标准的可视化模型使系统开发人员准确、规范地理解和开发系统成为可能。一般来说,开发人员同用户一样,对于所开发系统的正确理解是在多次反复迭代过程中完成的。当然,迭代的快慢取决于他们(包括用户和开发人员)之前在同类或相似系统开发中经验的多寡。这也正是开发计算制品所必须要面临的需求变更的真正原因。

降低复杂度。这可能是建模的最主要理由。模型在不同层级上将每次要处理的少量重要概念分离出来,从而降低了所处理问题的复杂度。Brooks 说过:"软件的复杂性是一个基本性质,而不是偶然性质"。事实上我们当前所遇到的软件系统的复杂性已经超出了人类的智力负荷[8]。人类的大脑每次只能处理有限的信息,因此对于这样超出智力负荷的复杂系统只能采用分层抽象方法来处理。

使所建造的系统更加稳定。由于模型的核心部分是在大量的需求分析基础上建立起来的系统运行框架,框架建立的好坏直接影响系统开发时迭代过程和需求变更时的系统稳定。面向对象分析不仅强调对问题本身的准确理解,而且也非常强调对问题空间的研究与理解。其原因就在于此。通过对问题空间的理解可以更准确地把握所处理问题的实质,因此有助于确定更为稳定且灵活的框架。这也正是所谓以框架为核心的道理。

开发人员可以从容面对开发过程中的需求变更问题。面向对象技术能够兼容需求变更的问题主要是通过稳定灵活的系统框架、变动影响的可追踪和迭代开发过程三方面技术综合来实现。稳定框架问题前文已经论及,这里仅就后两个问题作简要说明。由于面向对象技术在对象的职责分配时遵循高聚合度和低耦合度的原则,而项目后期的需求变更往往是局部的或调整性的,因此其影响最多的总是存在于个别对象内部或个别状态内部,由于对象间的低耦合度,因此其对其他对象的影响很容易确定。如果是服务方式的调整,当接口设计得足够好时,这种调整总是局部的。面向对象技术主张迭代式增量开发过程,在每个迭代中都允许处理需求问题,也就是说项目的后期仍然要处理需求问题,这从原理上就兼容了需求变更的问题。关于迭代式增量开发技术是本书方法学方面的主要内容,后边还会有更多的论述。若要研读这方面的大师级论述,请参见参考文献[6]。

思考练习题

1.1 在过去参加开发的计算系统项目当中,你遇到了哪些重要的问题尤其是需求变更问题?你是怎么解决的?

1.2 评估一下你过去的计算系统项目在分析、设计、编码和调试(包括测试、修改)方面所花费时间的百分比。总结一个根据你已有经验计算出的预估项目工作量需求的算法,并与标准软件工程算法做一个比较,并找出各部分差距产生的原因。

1.3 你读过《易经》吗?如果读过的话,请你总结一下,它都提出了哪些模型,对认识事物的发展变化规律有哪些作用?

1.4 通过模型来理解和认识问题有哪些好处?列举出你所知道的模型。

1.5 UML实际上是集计算机科学发展多项技术之大成的产物,你知道它都集成了哪些技术?

1.6 面向对象思想可以应用到计算科学之外的世界吗? 有了面向对象思想你对计算科学之外的知识(如社会科学)有更新或更深层次的认识吗?

1.7 你认为要做好计算制品项目,学习和了解计算机科学之外的学科知识是否会有帮助? 请说出你的或你知道的真实例子。

1.8 通过本章的学习,试述面向对象技术是怎样兼容需求变更的?

1.9 基于模型的计算系统都具有哪些优点?除了本章所给出的,你还有补充吗?

1.10 在用面向对象观点描述事物时,发现事物的结构维度描述与行为维度描述具有许多对称性特点,请你举出你所观察到的对称性。

1.11 什么是面向对象技术的基本特征?请分别说明各个特征。

1.12 在职责分配方面,有哪些基本原则?你是如何理解这些原则的?

1.13 Liskov替换准则属于面向对象技术的哪个特征?

1.14 什么是语言?UML语言能描述哪类问题?

1.15 什么是模型?通过模型来理解事物有哪些特点?

1.16 UML中都有哪些结构事物?各自用来描述事物的什么特征?

1.17 UML中都有哪些行为事物?各自用来描述事物的什么特征?

1.18 UML中都有哪些关系?各自用来描述什么样的关系特征?

1.19 UML中都有哪些图?各自是从什么视角来描述问题的?

第 2 章
实时嵌入式系统基础知识

嵌入式系统是嵌入到目标应用系统中的计算机系统,是当今世界装备制造机器的灵魂。嵌入式系统将是后 PC 时代计算技术的最主要的研究课题之一。本章介绍实时嵌入式系统基本知识,以便为嵌入式系统分析设计建立一个一致的概念平台。

本章主要讨论以下问题:
➢ 通用计算与嵌入式计算。
➢ 为什么要使用微处理器建立嵌入式系统。
➢ 嵌入式系统的组成。
➢ 实时性、正确性、健壮性等嵌入式系统的相关概念。
➢ 嵌入式系统的运行资源。
➢ 嵌入式系统的开发资源。
➢ 嵌入式操作系统。

2.1 嵌入式系统的基本概念

当今的世界依靠计算机而运转。而目前世界上所生产的计算机芯片的绝大部分均被应用到了嵌入式系统。不仅越来越多的事情可以通过嵌入式计算设备来处理,而且事情被处理的范围、复杂性以及关键性均呈几何规律增长。用一句耳熟能详的话说那就是"嵌入式系统无处不在"。

嵌入式系统存在于各种常见的电子设备、家用电器制品、办公自动化设备、商用设备以及汽车、轮船、火箭、航天飞机等运载设备中,不作为独立的计算设备而存在。嵌入式系统将是或已经是制造业的灵魂。事实上,嵌入式系统的历史几乎与通用计算机的历史一样长[19]。在早期它主要是应用在工业控制和通用计算机外部设备(如键盘、打印机、扫描仪等)中,而现在几乎所有需要智能执行的机械动力设备和电子装备内部都嵌入有计算系统。

本节作为嵌入式系统知识的概念平台,从面向对象的抽象视角讨论一些常见的嵌入式系统概念。

2.1.1 通用计算与嵌入式计算

本质上,当今的计算系统可以分成两类:通用计算系统和嵌入式计算系统。

通用计算系统是指提供字处理、表格、图形、图像、视频、网络计算和数据服务等通用计算服务的系统,这类系统就是通常大家所说的包括台式机和笔记本电脑在内的计算机。它所提供的计算服务方式通常是随用随投入运行,用完就关闭或退出运行。基于这种目的,这类系统上一般都具有较为丰富的系统资源(计算资源、存储资源、计算处理能力资源等)。在通用计算系统上设计软件系统考虑更多的是如何提供丰富的功能而使系统适用的范围更广泛,而很少考虑资源是否满足的问题。在实时性能方面,由于当前最快的微处理器通常都应用在通用计算系统上,除非涉及流媒体实时处理软件,一般是不会在实时性方面花费太多工夫的。即使是流媒体处理,考虑的也是平均处理的实时问题,而错过个别一帧或几帧对整个系统是不会有决定性影响的。例如足球实况转播中画面出现瞬间的闪烁或马赛克,球迷是不会介意的。

嵌入式计算系统是另一类基于程序的系统。可以说除了通用计算系统之外的所有基于微处理器和程序的系统都是嵌入式计算系统。何立民教授在 2004 年全国高校嵌入式系统教学研讨会上提出:"嵌入式系统是嵌入到对象系统中的专用计算机系统(智能电子系统)",从嵌入性、智能性、专用性、系统性几个方面讨论了嵌入式系统的实质性问题。国内普遍认同的对嵌入式计算系统的认识是:以应用为中心、以计算机技术为基础、软件硬件可裁剪、符合应用系统对功能、可靠性、成本、体积、功耗严格要求的专用计算机系统[15][19]。在嵌入式计算系统上设计的软件系统除了系统功能之外考虑更多的是如何在有限的资源(处理器速度、存储器容量、外设性能与类型等)使用上达到系统要求的性能。在实时性能方面,通常处理的是错过任何一次时限要求就会给系统带来致命影响的事件,如核电、汽车、航天飞机、导弹、机器人、工厂制造生产线控制等。当然,嵌入式计算也会面对非实时和软实时的要求。典型的非实时系统如个人数字助理、商务通等,而典型的软实时系统如数字音频或数字视频处理设备等。

现在国内见到的关于系统的称谓有嵌入式计算系统、嵌入式计算机系统和嵌入式系统三种。如果严格区分,它们还是有些许差别的。一般嵌入式计算系统主要关注于嵌入式计算的建模和算法的设计,而嵌入式计算机系统则是从原理的视角来观察和反映系统特性的。若不加严格区别可统称为嵌入式系统。本书在这些方面不作进一步深入讨论,统一以嵌入式系统来称谓所讨论的系统。

目前,世界上生产的微处理器绝大部分都应用于嵌入式计算系统,期刊 *Embedded Systems Programming*,1999 年 5 月的统计是 96%,现在有的人说是 99%[22]。当今一部普通汽车内部平均有 15 枚以上微处理器,Mercedes S-class 内部有 65 枚微处理器,而更现代的汽车内部的微处理器数量已经超过了 100 枚[13]。因此美国通用汽车公司理直气壮地宣称它所出售的汽车的计算能力已经大大超过了 IBM。

嵌入式系统常常不提供通常的计算机显示屏或标准键盘设备,而是嵌入到外观上非计算

第2章 实时嵌入式系统基础知识

机的设备中。这些设备的用户可能根本不会意识到是嵌入式计算机对系统的运作方式和时机做出的决策。用户与本质上作为计算机的嵌入式部件并没有密切的关系,但是与作为服务提供者的电子或机械设备紧密相关。这些系统通常要在极为恶劣的环境中进行全天候甚至全年的操作而不能发生错误,它们所提供的服务和控制必须是自动的和及时的。当这些系统失效时,经常会造成危害或损失。嵌入式系统造成危害的最典型例子莫过于 Therac-25 辐射治疗仪的故事了[31]。与通用计算系统开发不同,嵌入式计算系统开发需要考虑如下几方面的因素:

① 复杂的计算。微处理器进行的操作通常是十分精密的。比如控制汽车发动机的微处理器必须执行十分复杂的过滤操作,以达到降低污染和减少油耗的目的。多任务系统必须并发地处理不同事件等。由于现代计算服务要求越来越普遍和越来越复杂,嵌入式计算所面临的问题复杂性也越来越高。因此以往几百行汇编程序就能解决问题的系统已不能满足日益增长的计算需求,这也是目前高端嵌入式系统市场越来越大的原因。

② 紧缺的资源。嵌入式系统往往是嵌入到特定系统内部用于完成特定的计算任务的。因此在资源配置上就不会像通用计算系统那样能配则配,而是采用能省则省的原则。这主要是从成品的成本考虑的。因为一个成功的嵌入式系统,如汽车、手机等,要生产百万甚至更多,因此每个成品的硬件成本会影响到生产企业的效益;另一方面从体积上和功耗上也都会产生同样的要求。

③ 多样性的用户界面。微处理器经常被用于控制复杂的用户界面,这些界面通常包含多个菜单和许多事项。如个人事务助理 PDA 上的人机界面处理,全球定位系统 GPS 上的移动地图等等。从计算系统所使用的外部设备来看,应该说嵌入式系统对外部设备的需求是全方位和多视角的。就显示设备本身,大的可以是几十平方米的大型显示屏,小的可以是仅有几个甚至一个数码管或发光二极管的小型显示系统。嵌入式系统的输入界面同样是多样性的,常用的输入设备可能是按钮、电位器、任意数目的键盘、触摸屏甚至根本就没有输入设备。

④ 实时性。所谓实时性是指系统对事件响应的实效性,它对于保证系统正确性是至关重要的[2]。许多嵌入式系统(如工业控制系统、智能机器人系统等)不得不在实时方式下工作。有时如果数据在某段时限内不能到达,系统将不能继续工作。在一些情况下,超过时限会引发危险甚至对生命造成伤害。在另外的情况下,超过时限虽然不会造成伤害,但也会引发一些不愉快的结果,比如如果超过打印机的数据等待时间,就会使打印页发生混乱等等。

⑤ 多速率。不仅操作要在时限内完成,许多嵌入式系统上还同时运行多个实时动作,它必须同时控制这些动作,虽然这些动作有些速度慢,有些速度快。多媒体应用程序就是多速率行为的典型例子。多媒体数据流的音频和视频部分以不同的速率播放,但是它们必须保持同步。

⑥ 连续运行。许多嵌入式系统必须经常地连续运行,如航空控制系统、航天飞机控制系统、铝电解生产控制系统等等。这与提供通用计算的桌面系统是有很大不同的。桌面系统可

以每天启动一次甚至几次。

⑦ 需要针对特定目标优化。当嵌入式系统开发完成后，往往不能马上投入运行，常常会因为某项或某些项性能指标达不到要求而进行专门优化。优化通常是针对软件代码进行的（极少数也可能通过硬件或软硬件共同优化），优化代码一般需要花费大量时间，而且也会降低源代码的可读性。

⑧ 干扰。嵌入式系统运行环境常常是不利的甚至可以说是计算机不友好的。如铝电解控制系统要工作在 75 000 A 大电流的强磁场中，配电控制系统要工作在电流、电磁场的大幅波动（浪涌）中，军事或航天系统可能在太阳及其他天体突变的电磁辐射中运行等等。

⑨ 制造成本。建造系统的成本在许多情况下都是十分重要的。制造成本由许多因素决定，其中包含所应用的微处理器的类型、所需要的内存容量、输入和输出设备等。

⑩ 功率。大耗电量直接影响到硬件的费用，因为它需要大功率的电源。尤其在当今手持设备越来越发达的状况下，功耗大小可能就是系统成败的决定性要素。耗电量也影响到电池的寿命，在许多应用中，电池的寿命和散热量都是十分重要的。

⑪ 不同类型的微处理器。用于建造嵌入式系统的微处理器从位数上可以是 4 位、8 位、16 位、32 位甚至是 64 位微处理器；指令系统类型可能是 CISC 或 RISC；指令结构可能是 x86、AVR 或 ARM 等等。这与通用机上全部是 x86 的情况是有极大不同的。

⑫ 成品的体积。在有些特定的系统上，如航天系统、军用系统等，对所嵌入到其内部控制部分的体积和重量是有特殊要求的。

⑬ 开发工具。嵌入式系统的开发通常要使用开发工具，包括运行在宿主机上的开发环境、各种类型的调试环境和工具、数字示波器和逻辑分析仪等硬件分析测试工具等。

⑭ 编程开发环境。嵌入式系统的开发需要在开发主机提供的开发环境下进行。目前尽管各类开发环境大都具有 GUI 界面支持的 C 和 C++ 高级语言开发能力，但对于不同制造商家的不同类型的微处理器还是有些区别的。因此在开发基于不同型号微处理器系统时还是需要先熟悉开发环境，有时甚至要清楚编译器对不同语句的编译实现方法（详细说明请参见 6.4 节）。另外，需要指出的是，嵌入式系统开发环境的编译器必须能支持交叉编译，也就是说，在一种微处理器环境下开发的源代码要能在另一种微处理器环境下运行。关于开发环境的进一步介绍请参见 7.5 节。

2.1.2 为什么要使用微处理器

现在国内通常对嵌入式处理器分为嵌入式微控制器（MCU）、嵌入式 DSP 处理器、嵌入式微处理器（MPU）和嵌入式片上系统（SOC）四种类型[15][21]。关于这四种处理器的区别将在 2.1.3 节讨论，这里不加区分地统称为微处理器。目前实现嵌入式系统除了使用微处理器之外，也有用定制逻辑（ASIC）或现场可编程门阵列（FPGA）实现的例子。对于这两类用不同（主要是软件在系统中所起的作用）技术实现的系统，通常可能会产生误解。因此，在此对于是用定制逻辑、现场可编程门阵列还是用微处理器开发嵌入式系统的问题作一些讨论。对于这些问题的讨论有助于对嵌入式计算技术的深入理解。

在数字电路设计方面存在一些看起来矛盾的地方,即在现实中,使用预设计指令的处理器实现嵌入式系统的处理速度往往比定制逻辑电路还要快[13]。这听起来与俗成的观念有些不大对头。人们总认为,微处理器在取指、译码以及执行指令的开销如此之大以致于根本不可能得到补偿。但是在有以下几个因素一起作用时会使基于微处理器的设计更快。

第一,微处理器能十分高效地执行程序。现代 RISC 处理器通过流水线和超标量技术,在大多数情况下可以在每个时钟周期执行一条指令。虽然解释指令必须有开销,但是通过指令预取和 CPU 内部并行处理能使这些开销不十分明显。

第二,微处理器制造商们都投入了相当大的财力以使其 CPU 高速运行。这些制造商雇佣大量人员对微处理器进行各方面的剪裁,以使 CPU 的运行速度尽可能地提高。通过时钟频率的提高,每个时钟周期的时间越来越接近于一次模拟计算的时间。

第三,新型的微处理器都使用了最先进的制造工艺。单是使用新一代的超大规模集成电路制造工艺代替前一代制造工艺就可以极大地提高微处理器的性能。而制造 ASIC 和 FPGA 的技术往往是过时的技术和过时的工艺。

另外,让人们感到惊奇但却是事实的是微处理器是非常高效的逻辑电路的利用者。通常,微处理器的通用性以及对独立存储器的需要(事实上 SOC、MCU 等可以不独立),常会使人们认为基于微处理器的系统天生要比定制逻辑面积大。然而,实际上在许多系统实现情况下就所使用的逻辑门电路而言,微处理器的尺寸反而是比较小的。

使用微处理器实现嵌入式系统的另一个优点是不言而喻的,那就是基于微处理器的系统的灵活性。一块设计好的定制逻辑电路不能用于执行其他的功能,但微处理器却只要更换程序就可以让它们执行不同的算法。由于许多现代系统利用了复杂的算法和用户界面,因此如果是使用定制逻辑电路,就不得不设计多个执行不同任务的逻辑电路。

制造成本也是使用定制逻辑设计的一个不能与基于微处理器设计的系统相比拟的方面。这里的制造成本包括设计成本、开发工具成本和制作成本等。因为开发定制逻辑系统或可编程门阵列系统都需要十分昂贵的开发设备。

开发时间是另一个问题。往往基于定制逻辑的系统要比基于微处理器的系统有更长的开发周期。这对于飞速变化的市场需求显然是十分不利的。

综上所述,通常不使用微处理器设计的嵌入式系统很少或基本上没有优势,微处理器提供了明显优势的事实使它在广泛的领域中成了设计的首选。微处理器的可编程能力在系统开发的过程中是最宝贵的,它使程序设计可以独立于要运行的硬件系统的设计。当一个团队在设计包括微处理器、输入/输出设备、存储器等的电路板时,另一个团队可以同时编写程序。同样重要的是嵌入式系统开发企业可以很容易地使自己的产品系列化。在许多情况下,高端的产品设计可以在不改变原来硬件的情况下,仅仅通过升级软件就能够实现。这些实践都大大地降低了生产成本。即使当硬件必须为下一代产品重新设计时,那些原来的软件的大部分仍然可以重用,从而大大节约了时间和降低了成本。

本书所讨论的嵌入式系统是指用微处理器实现的系统。自然,这类系统必须要有程序(这是计算的本义)。从程序的视角来观察嵌入式系统,可以有高端系统和低端系统之分。本书所说的高端系统是指带有实时操作系统 RTOS 的嵌入式系统,当系统仅由通常应用软件设计而不加入 RTOS 时,这里就称其为低端嵌入式系统。需要说明的是,无论是高端还是低端嵌入式系统,本书所讨论的面向对象实现方法都是适用的。

2.1.3 嵌入式系统的组成

嵌入式系统是面向特定应用的。因此,每一个具体的系统与另外一个系统通常是不会完全相同的。这与通用计算机具有较大的差别。通用计算机的操作系统、微处理器类型、内存类型、硬盘类型格式、外设类型等都是标准化的,仅有的差别主要是参数上的,如速度、容量等等。尽管嵌入式系统具有每一个产品独有一个专门组成体系的问题,但就所有系统或从嵌入式系统知识及技术的视角来看,它所涉及的是一个所有计算机软/硬件技术和设备制品的完全集合。从这个意义上说,通用计算机系统的软/硬件知识是嵌入式系统技术知识的一个子集。嵌入式系统常用的软/硬件组成结构如图 2.1 所示。

1. 嵌入式系统硬件组成

嵌入式系统硬件组成如图 2.1 下半部分所示。逻辑上,硬件由计算核心、I/O 接口、外部设备和电源管理及监控四个部分组成。

(1) 计算核心

计算核心由微处理器和内存两部分组成。这部分是系统能够运行程序的基本硬件系统。前文已经提及,可用于嵌入式系统的微处理器分为嵌入式微处理器(MPU)、嵌入式 DSP 处理器、嵌入式微控制器(MCU)和嵌入式片上系统(SOC)四种类型。目前,嵌入式系统内存中所使用的只读存储器 ROM 主要是 Flash ROM 和 EEPROM,可读写存储器 RAM 主要是 SRAM 和 SDRAM。

嵌入式微处理器(MPU)通常是由现在用于通用计算的微处理器经过专门针对嵌入式计算裁剪而成的,比如 Intel486DX、Power PC、68000、ARM、MIPS 等。逻辑上,嵌入式微处理器在核心芯片内部拥有较强计算能力的 CPU 和部分高速缓存,但如果能运行程序,则需要外接内存。微处理器仍然被应用于嵌入式系统的主要原因是开发人员对于其指令系统和中断控制等技术比较熟悉,另外系统也容易做到与现有的通用计算系统的兼容。

嵌入式 DSP 处理器是专门用于信号处理方面的处理器。本质上来说,它也是微处理器,不过是在系统结构和指令算法方面针对数字信号处理进行了特殊的设计,这样可以大大加快数字信号处理的速度。随着嵌入式系统应用的深入和拓展,像数码相机、数码摄相机、工业矿

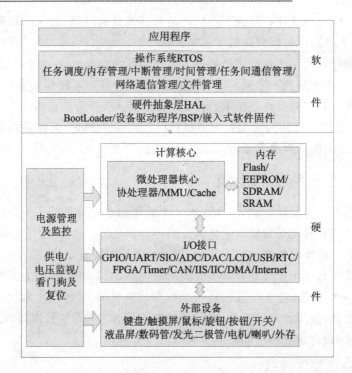

图 2.1 嵌入式系统组成

山和交通运输等无人值守位置的数据采集和处理、机器人视觉数据处理等常常需要进行大量的信号数据处理操作。这些处理一般都表现为大量数据和大量集合数据运算的特点,通用微处理器被用于进行这样的计算往往不是高效的甚至根本满足不了其实时数据处理的要求。因此针对数据处理的特殊要求,产生了专门用于数据处理的 DSP 处理器。在嵌入式系统实现中,DSP 既可以作为独立的计算处理单元而存在,也可以作为核心计算控制处理器的协处理器而被挂接在整个系统上。目前最为广泛应用的 DSP 是 TI 公司的 TMS320C2000、C5000、C6000 和 C8000 系列,另外 Philips 也推出了基于可重置嵌入式低成本、低功耗的 REAL DSP 处理器。

嵌入式微控制器(MCU)通常称为单片机。MCU 一般以某一种微处理器内核为核心,在芯片内部集成 ROM/EPROM、Flash ROM、EEPROM、RAM、定时/计数器、WatchDog、PWM、GPIO、UART、SIO、A/D、D/A、LCD 控制器等各种必要的功能和 I/O 接口电路。为了适应不同的应用需要,一般一个系列的单片机具有多种衍生产品,每种衍生产品的处理器内核都是一样的,不同的是存储器以及外部 I/O 接口电路的配置和芯片的封装,如专门用于手持的、网络的、控制的等等。与 MPU 相比,MCU 的最大特点是单片化,这样可以使制品的体积大大减小,从而使功耗和成本下降,可靠性提高。MCU 是目前嵌入式系统工业的主流。它的数量和品种也最多，比较有代表性的包括 Intel MCS8051 及其兼容系列、ATMEL AVR 系列、M68K 系列、68HC05/11/12/16 系列、Intel MCS96/196/296 系列、MSP430 系列、ARM 系列和 MIPS 系列等。

  随着计算机技术、微电子技术、应用技术的不断发展和纳米芯片加工工艺技术的发展，嵌入式系统设计从以嵌入式微处理器/DSP 为核心的集成电路级设计转向"系统集成"设计，从而提出了 SOC 的概念。SOC 概念的出现，表明了微电子设计由以往的 IC(电路集成)向 IS(系统集成)的方向发展。SOC 设计的基本思想是从整个系统的性能要求出发，把微处理器、模型算法、芯片结构、外围器件、各层次电路直至器件的设计紧密结合起来，并通过建立在全新理念上的系统软件和硬件的协同设计，在单个芯片上实现整个系统的功能[19]。未来以微处理器为核心的集成多种功能的 SOC 系统芯片将成为嵌入式系统的主流。目前进入使用的 SOC 系统还属于简单的系统，如智能 IC 卡等。除了片上系统 SOC 外，目前还有可编程片上系统 SOPC 的概念。可编程片上系统 SOPC (System On Programmable Chip)结合了 SOC 和 PLD、FPGA 各自的技术优点，使得系统硬件实现部分也具有可编程的功能，是可编程逻辑器件在嵌入式应用中的完美体现，极大地提高了系统的在线升级、换代能力。以 SOC/SOPC 为核心，可以用最少的外围部件和连接部件构成一个应用系统，满足系统的功能需求，目前被认为是嵌入式系统发展的一个方向。因此，未来的嵌入式系统是以 SOC/SOPC 为核心，由外围接口包括存储设备、通信接口设备、扩展设备接口和辅助的机电设备(电源、连接器、传感器等)构成的硬件系统。

  通常认为，由于嵌入式系统规模较小，因此所采用的内存技术相对简单。但就目前嵌入式系统的实际实施情况来看，这种认识是错误的。目前的嵌入式系统中几乎用到了所有通用计算系统中所使用的存储技术，包括读/写缓存、高速缓存 CACHE、内存映射和内存保护等的内存管理 MMU、动态内存、静态内存、虚拟内存等等。目前的可固化内存主要采用 NOR Flash ROM，这主要是由于它烧写速度快、容量大等特点所决定的。以往所使用的 EPROM 已经不多见。当程序运行需要保留运行参数或重要数据时(这一般与系统的保险性相关)，一般使用 EEPROM。EEPROM 可以在线读写，并且不需要类似文件系统那样的复杂管理是其被应用于此类目的的主要原因。当程序在运行中需要产生大量的结果数据时，如各类抄表系统、手持 PDA 系统等，一般需要用文件系统甚至是数据库系统并以文件形式保存这些数据。用于建立文件系统的存储介质通常采用 NAND Flash ROM，这是由于它的数据管理方式通常是以 512 或 528 字节为一个基本单位，非常类似于普通磁盘的数据组织方式。另外还可以通过 USB 驱动接口实现 U 盘功能。如果嵌入式系统的可读写内存需求容量不大，则一般采用静态 SRAM。这类存储器与 CPU 之间的接口简单，有时甚至与 CPU 集成在同一个芯片上。当需要可读写内存容量较大时(如需要 RTOS)，通常选择动态 SDRAM。因为动态存储器需定时刷新，因此其与 CPU 的接口较为复杂。动态存储器的优点是在同等面积的芯片上可以获得较大的存储容量。

第 2 章 实时嵌入式系统基础知识

(2) I/O 接口

嵌入式系统硬件的第二个部分是 I/O 接口部分。I/O 接口是距离基本计算核心最近的硬件电路部分,它是主机和外围设备之间交换信息的连接部件(电路),它在主机和外围设备之间的信息交换中起着桥梁和纽带作用。它的存在主要是为了:

➢ 解决 CPU 和外围设备之间的通信联络问题;
➢ 解决 CPU 和外围设备之间的时序配合和数据格式转换问题;
➢ 解决 CPU 和外围设备之间的电气特性匹配问题。

从逻辑关系上看,如果站在 CPU(程序设计)的视角上,程序员看到的是某一功能电路的各类功能寄存器并能对其直接编程,那么这个功能电路就是该 CPU 的 I/O 接口电路。如果看到的不是电路的寄存器而是各种具体功能的命令字或协议,则应该认为该电路为 CPU 的外部设备。目前,嵌入式系统中计算核心部分与 I/O 接口电路的连接方式有两种:

➢ 通过单片机芯片内部接口电路。这种方式不需要占用微处理器外部数据总线和地址总线,软件能通过固定地址访问接口寄存器。
➢ 通过外挂接口电路。这种方式需要占用微处理器外部数据总线和地址总线(还可能需要译码器电路),软件能通过固定地址访问接口寄存器。

目前几乎所有计算机技术中出现的接口电路在嵌入式系统中都有所应用。它们主要包括通用并行输入输出 GPIO、通用异步输入输出 UART、通用同步输入输出 SIO、模拟量输入 ADC、模拟量输出 DAC、脉冲宽度调制输出 PWM、存储器直接存取控制 DMA、中断控制器、存储器管理控制器、液晶显示控制器 LCD、定时器 Timer、实时时钟 RTC、USB、CAN、IIC 和 IIS 控制器等等。

(3) 外部设备

嵌入式系统硬件的第三个部分是外围设备部分。从程序设计的视角来观察外部设备,首先需要定位用哪个设备完成所需要的功能,然后选择相应的设备驱动程序。也就是说,在设备层面,程序员只能看到设备和设备所具有的功能,如显示、刷新、移位、输入等,而不必看到 I/O 接口层的寄存器。嵌入式系统所应用的外围设备同 I/O 接口一样,是所有计算机技术所能用到的外围设备的全集。常用的输入设备包括按钮、电位器、任意数目的键盘、触摸屏、鼠标、麦克风等等。常用的输出设备包括发光二极管显示、LED 数码管显示、LCD 数码显示、LCD 点阵图形显示、打印机、各类电机、电磁阀、电磁开关、喇叭等等。

(4) 电源管理及监控

嵌入式系统硬件的第四个部分是电源管理及监控部分。这部分在整个系统硬件中具有基础性和服务性地位,它与系统的整体能耗、安全和保险策略相关。在嵌入式系统中,电源部分绝不仅仅是给系统运行提供能源那么简单。2.2 节所提到的环境问题,绝大部分都是通过电源处理来完成的。目前的嵌入式系统电源监控和管理技术主要包括数字电源与模拟电源单独供电技术、电源滤波技术、电源走线电路板布局技术、电源监视与系统监视技术、DC/DC 电源转换技术、锁相环PLL时钟管理技术、CPU工作模式(如ARM具有正常模式、低速模式、空闲模式、停止模式等)管理技术、看门狗WatchDog技术等。讨论这些技术的具体细节超出了本书的范围,有兴趣的读者请参阅相关的文献。如,参考文献[55]、[18]和[19]中有部分论述可供参考。

2. 嵌入式系统的软件组成

嵌入式系统的软件组成如图2.1的上半部分所示。逻辑上,嵌入式系统软件具有层次化结构。最贴近硬件的一层称为硬件抽象层HAL。在这一层中根据系统规模和实际需要会有很大的不同。一般包括小型监控系统、BootLoader程序、嵌入式软件固件、设备驱动程序或板级支持包BSP。中间层为操作系统层。最上层为应用程序。

需要说明的是,首先,所谓的分层,仅是逻辑上的。这有助于对所处理的问题进行不同粒度的思考和处理。实际运行时,所有软件往往是平板(flat)式的,并分不出哪里是操作系统代码,哪里是应用程序代码。其次,嵌入式系统软件的层次结构是开放式层次结构,对上层软件是访问邻接下层还是其他间接下层并不进行严格限制,这有利于实现系统构建的灵活性,并能提高系统运行效率。最后,嵌入式计算系统软件层次规划与通用计算系统不同,嵌入式计算系统通常不把设备驱动程序看成是操作系统的组成部分(买到的操作系统通常不具备驱动程序)。这是因为嵌入式系统的操作系统要针对特定硬件移植,并且所面临的硬件系统会千差万别,像微软的Windows那样把所有硬件(至少是大部分常见硬件)驱动程序都带在操作系统里是不现实的。关于层次驱动的更进一步讨论请参见7.3.3小节。

在开发一个实际的嵌入式系统时,如果设计的是一个简单系统应用程序,也可以不使用操作系统。这样的系统通常称为前后台系统。软件结构表现为一个应用程序(任务)的闭合循环,当有外部事件发生时激发中断服务程序,中断服务结束后再回到应用程序循环中。在前文已经指出,这种系统属于低端嵌入式系统。这类低端系统中的软件就只有两层,即硬件抽象层和应用程序层。当设计较复杂的系统程序时,一般就需要一个操作系统RTOS来管理多任务调度、任务间通信、内存分配、周边资源配置等。在开发中,依据操作系统所提供的程序界面来编写应用程序,可以大大的减轻应用程序员的负担。

(1) 硬件抽象层HAL

硬件抽象层HAL(Hardware Abstraction Layer)是系统硬件为系统中运行的软件提供的公共接口,或者说操作系统为硬件驱动提出的接口规格说明。在这一层中主要包含的功能有系统硬件的初始化、数据的输入/输出操作、硬件设备的配置、操作系统或应用程序的引导等。这一层的实际实施会根据实际系统的不同而存在较大差异。在具有大型操作系统的系统实现中,这一层中所包含的内容称为板级支持包BSP(Board Supported Package)。BSP主要是实现对操作系统的支持,为上层的驱动程序提供访问硬件设备寄存器的函数包,使之能够更好地运行于硬件主板。BSP一般是相对于操作系统而言的,不同的操作系统对应于不同格式的

BSP[19]。或者说,一种嵌入式操作系统的 BSP 不可能用于其他嵌入式操作系统。例如,VxWorks 的 BSP 和 Linux 的 BSP 相对于某一 CPU 来说,尽管实现的功能可能完全一样,但写法和接口定义却完全不同。因此,BSP 一定要按照该系统所选用的操作系统的规格说明来编写,这样才能使整个系统正确运行。

当系统规模较小或根本不使用操作系统时,HAL 层就仅有系统硬件的驱动程序。在这种情况下,接口标准比较灵活,可以遵照某种标准实施这一层,也可以自定义标准。硬件驱动程序在通常逻辑上是属于操作系统的,但在嵌入式系统开发中却要在操作系统之外单独实现。一般操作系统会提出驱动程序的接口标准,开发中按照规格说明要求专门实现。

在硬件抽象层的实现中,也有通过软件固件完成该层功能的。固件(Firmware)存储在系统 ROM 里,嵌入式系统一上电就立即执行。在完成系统初始化以后,固件可以继续保持活动状态,以提供某些基本的系统操作。例如,ARM 公司专门为基于 ARM 处理器的嵌入式系统开发固件 AFS(ARM Firmware Suite),它支持包括 Intel 公司的 XScale 和 StrongARM 处理器在内的很多 ARM 处理器和平台。该固件主要包括微硬件抽象层 μHAL 和调试监控 Angel。

在 HAL 层中,有一项功能通常是不能缺少的,那就是系统引导功能 BootLoader。BootLoader 是系统加电后,在操作系统内核或用户应用程序运行之前,首先必须运行的一段程序代码。通过这段程序,为最终调用操作系统内核、运行用户应用程序准备好正确的环境。对于嵌入式系统来说,有的使用操作系统,也有的不使用操作系统,但在系统启动时都必须运行BootLoader。系统启动代码完成基本软/硬件环境初始化后,在有操作系统的情况下,启动操作系统,再由操作系统启动任务调度、内存管理、加载驱动程序等,最后执行应用程序或等待用户命令;在没有操作系统的情况下,系统直接执行应用程序或等待用户命令。

系统的启动通常有两种方式,一种是直接从 Flash 启动,另一种是可以将压缩的内存映像文件从 Flash(为节省 Flash 资源、提高速度)中复制、解压到 RAM,再从 RAM 启动。当电源打开时,一般的系统会去执行 ROM(应用较多的是 Flash)里面的启动代码。这些代码是用汇编语言编写的,其主要作用在于初始化 CPU 和电路板上的必备硬件如显示、内存、中断控制器等,即初始化计算核心。有时候用户必须根据自己板子的硬件资源情况做适当的调整与修改。

(2) 操作系统

嵌入式操作系统是嵌入式系统软件的第二个层次。嵌入式操作系统主要完成多任务调度、系统中断管理、系统时间管理、任务间的通信管理、内存管理、文件管理、网络通信管理等操作系统的基本功能。这一层又可细分为操作系统内核层、系统功能层和应用程序接口 API (Application Programming Interface)层。但由于实际运行的操作系统在规模、功能、应用目的上具有相当大的不同,最终运行的操作系统功能会有较大差别。另外,嵌入式系统中普遍采用裁剪技术,因此无论是处于哪一层的软件,都会根据实际需要选择出现或不出现在系统中。嵌入式软件裁剪的粒度通常是很细的,它不仅仅是按系统功能裁剪,而是一个数据结构中的变量、一个高级语言语句甚至一个同名表格的元素数目都可以根据实际需要选择出现或不出现在目标代码中。有关裁剪的例子请参见 2.3 节。

关于操作系统的 API,实际情况也是很不统一的。从逻辑上,嵌入式操作系统 API 同通用计算操作系统 API 在功能、含义以及知识体系方面没有本质区别。但是,由于嵌入式系统软件普遍采用开放式分层体系结构,实际程序设计时并不能像通用计算程序设计那样,程序员只能通过 API 访问系统。实际情况是,嵌入式系统程序员可以直接访问任何下层(包括操作系统层和 HAL 层)的函数,不过要在运行效率与系统的可移植性两者间进行取舍和优化。直接访问硬件的效率高但移植性差,间接访问硬件的移植性好却效率较低。操作系统所提供的 API 有时往往是不明显的,甚至操作系统程序都不是作为一个主动对象在系统中运行,如 $\mu C/OS-II$。关于操作系统的更进一步讨论请参见 2.4 节。在嵌入式系统中使用操作系统的主要优点是简化了复杂多任务程序的结构,使程序员把主要精力集中在功能划分和功能实现上,而不必为多任务的并发在程序结构上大伤脑筋。

(3) 应用程序

嵌入式系统软件的第三个层次是应用程序。这一层的作用就是实现目标系统的功能。在具有操作系统的情况下,应用软件是建立在任务功能划分和事件中断服务基础上的。目前嵌入式系统程序设计普遍采用 C 语言。这主要是因为 C 语言不但具有高级语言可读性好、容易移植的特点,而且还具有可以与汇编语言无缝连接和直接访问硬件寄存器的优点。C 语言直接访问硬件寄存器主要是通过系统统一编址实现的。当系统采用单独编址时,可以通过正确的映射或者直接使用汇编语言来访问硬件。应用程序的编程难点主要在中断事件处理、多任务间通信和软件优化上。嵌入式系统程序员不仅需要熟悉高级语言本身的功能特点,而且更主要的是要熟悉硬件寄存器定义、编译器对高级语言语句的处理方法和高级语言与汇编语言连接的具体过程。另外,对于面向对象分析和设计的制品,也需要程序员能准确无误地理解 UML 描述的结构和行为与不同种类语言实现之间的转换关系。关于嵌入式系统编程与通用计算编程的区别请参见 6.1 节。

2.2 实时性、正确性与健壮性

除了本章 2.1.1 小节讨论的嵌入式系统与通用计算系统之间的主要区别之外,嵌入式系统的运行环境也具有大多数通用系统不可比拟的特点。事实上,运行环境问题是嵌入式系统专用性问题的另一个主要方面。通常我们就开发某一个系统而言,所遇到的运行环境、计算复杂性要求、资源限制、输入输出能力等应该是具体的和明确的。但就所有嵌入式系统开发而言,则会遇到各种各样不同的具体情况。或者说,就嵌入式系统开发技术而言,所遇到的是所有以上复杂状况的全集。嵌入式系统运行主要会面临如下四种环境情况[55]。

① 恶劣的供电环境。供电干扰主要来自于供电电网的浪涌和尖峰脉冲两个方面。由于工业现场运行的大功率设备众多,特别是大感性负载设备的启动或停止都会造成整个电网的

严重污染。工业电网电压的欠压或过压常常达到额定电压的±15%以上,这种状况有时会长达几分钟、几个小时、甚至几天。另外,由于大功率开关的通断,电机的启停,电焊机的焊接或停止等原因,电网上常常会出现几百伏、甚至几千伏的尖峰脉冲干扰。

② 有限的供电能源。在手持计算系统和自主运行系统中,供电能源限制有时会成为系统能力拓展的主要瓶颈。例如在自主机器人的制作中,通常要在独立的电池供电情况下工作。如果一个家用服务机器人只能充电后工作40 min,那无论其性能怎样优越,恐怕也难以满足要求。因此在自主系统和手持系统中如何在最大可能情况下节约能源,将会是今后嵌入式系统研究的一个十分重要的课题。

③ 严重的噪声环境。噪声干扰主要表现为共模干扰、差模干扰和串扰三个方面。为了达到数据采集或实时控制的目的,开关量输入输出,模拟量输入输出是必不可少的。在工业现场,这些输入输出的信号线和控制线多至几百条甚至几千条,其长度往往达几百米或几千米,因此不可避免地要将干扰引入到控制计算部分。当有大的电气设备漏电,接地系统不完善,或者测量部件绝缘不好,都会使通道中直接串入很高的共模电压或差模电压。另外,如果线路处理得不好,各线路间也会产生相互间的彼此感应干扰,这种感应仍然会在通道中形成共模或差模电压。这类干扰,轻者会使测量的信号发生误差,重者会使有用信号完全被淹没。

④ 不友好的自然环境。在自然环境方面,嵌入式系统运行可能会遇到盛夏时节的超高温、北方冬天野外情况下的超低温、高湿度、大量灰尘、腐蚀性气体、鼠咬虫蛀等。此外航空航天系统可能会遇到空中雷电、太阳黑子爆炸、广播电台或通信发射的电磁波等的干扰。在家电运行环境中可能遇到中频炉、可控硅逆变电源等发出的电干扰和磁干扰等。

以上所列出的运行环境问题,处理得不好,就可能造成系统不能正常工作甚至根本不能工作。在面向对象嵌入式系统开发中,以上所讨论的特性都可以被建模并在系统实施过程中进行综合处理(当然这种处理不会是自动进行的)。

本书之所以把系统正确性与健壮性提到概念和基础的位置,主要是基于:首先,这些问题确实对于构建嵌入式系统具有基础性意义,如果在构建系统的开始没有注意到这些问题,那么极有可能它就是造成系统失败的原因;其次,在嵌入式系统的开发实现过程中,任何一个复杂问题的解决,都不是靠单独一项技术就能完成的,必须整体地、综合地溶解到系统实现的每一个环节才会得到最佳结果。

本节以下内容讨论在建模中如何保证系统正确性的有关概念。

2.2.1 实时性及其他术语和概念

1. 实时系统

实时系统(real-time system)是指其计算和动作的实现具有性能方面约束的系统[1]。这类系统其事件处理的实效性对于保证其正确性是至关重要的。也就是说,如果这类系统响应事件并做出处理的时间超过该事件所规定的时限,将造成致命的且不可挽回的后果。实时系统通常是嵌入式的,其目的是帮助所嵌入的系统完成整体职责。从系统时限(missed deadline)要求方面,嵌入式系统可以分为硬期限、软期限和非实时期限三种类型。

(1) 硬实时系统

硬期限(hard deadline)是指对每一个事件或时间限制都必须绝对满足的性能需求。守时性对于这类系统的正确性是关键性的。错失一次期限就会造成系统失效。通常像工业生产控制系统、核电运行控制系统、医疗器械控制系统、航天航空控制系统和机器人控制系统等大多都具有这样的时限性要求。具有硬实时期限约束的系统也可称为硬实时系统,其任务处理时间同期限的约束关系如图2.2所示。

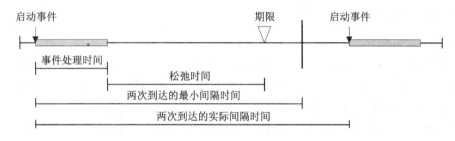

图 2.2　事件驱动与硬实时期限

(2) 软实时系统

软期限(soft deadline)一般具有以下时间约束特征的性能需求:偶尔错过、错过一小段时间或偶尔完全跳过。具有软实时期限约束的系统称为软实时系统。软实时系统可以认为是只受平均时间限制约束的系统。这样的约束实际上指的是吞吐量的需求而不是特定动作的时效性要求。各类分组交换式网络流量传递及控制系统、音视频流媒体处理系统等都是软实时系统的最典型例子。

2. 非实时系统

非实时系统一般不太关心时效性,如日常事务处理系统、表格或字处理系统等,早或晚几百微秒(甚至毫秒)处理一个输入动作或一个功能计算对整体功能需求并没有多大分别。这是通用计算系统比较常见的情形。但由于目前嵌入式系统广泛深入到手持计算领域,因此非实时计算系统也是嵌入式系统的一个重要类型。

目前,在实践中所遇到的大多数嵌入式系统都是综合性系统,在同一个系统中同时具有硬实时、软实时和一些没有时效性要求的混合计算系统。一般来说,只要系统中存在至少一项硬实时要求,通常就认为该系统是硬实时系统或者不加区别地称为实时系统。

3. 反应式系统或事件驱动系统

反应式系统(reactive system)或事件驱动系统(event-driven system)是指其行为并非自

行产生,而是通过外部事件产生特定反应的系统[1]。系统对事件的响应及其处理的关系请参见图2.2。实时嵌入式系统通常表现为反应式行为(如微波炉、洗衣机等)。这并不是说反应式系统是实时嵌入式系统所独有,在通用计算中所使用的 GUI 也具有典型的反应式行为。开发反应式系统时,开发人员将应用程序过程附加在事件上,当发生了某一事件时,调度系统就会调用相应过程。事件产生部分向调度系统发送输入数据或者从那里获得输出数据,但不必在线等待。事件处理完成后,所有的过程都会把控制权返回给调度系统。反应式系统是实时嵌入式系统的主要形式,通常这类系统的核心行为模型是有限状态机。状态机的节点(状态)对应于系统处于该状态所进行的活动,状态机的弧(转换)与事件及其反应相对应。在拥有 RTOS 的多任务系统中,一般每个任务对应一个状态机,任务间的通信关系通过发送信号动作和接收信号动作建模。

4. 时间驱动系统

时间驱动系统(time-driven system)是指主要根据时间长短或者事件到达时刻来产生动作的系统。它主要是通过周期性的任务分配,而不是通过非周期性(或异步)事件的发生来驱动。时间驱动的调度基础是定时器,定时到来时调度器根据优先级确定哪个任务开始运行。时间驱动系统主要应用在连续控制或流处理系统中。时间驱动系统自然是多任务系统,时间驱动的本质是任务调度策略。实际构造系统时,通常是时间驱动和事件驱动结合的综合调度系统。时间驱动调度时序如图2.3所示。

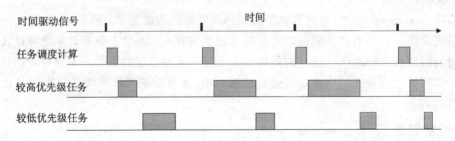

图 2.3　时间驱动系统

5. 过程驱动系统

过程驱动系统(procedure-driven system)也称为顺序控制系统。过程请求外部输入,然后等待输入;当输入到达时,控制就会在请求调用的过程中继续。过程驱动型控制的最大好处是用常规程序设计语言很容易实现它。不利之处是它需要将对象内部的并发性映射成顺序的控制流,这样会减弱系统的实时性。当系统所处理的事件较少或系统中不存在并发的事务处理时,过程驱动控制是一个较好的选择。这种系统通常出现在低端嵌入式系统中。过程驱动系统也是 UML 状态机建模的最好例子。图2.4为一个变频调速系统的状态机[25]。

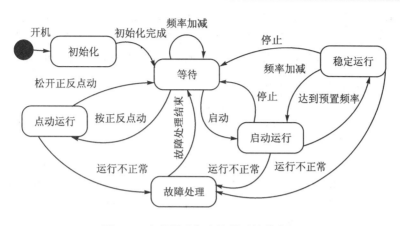

图 2.4 变频调速顺序控制系统状态机

6. 任 务

任务(task)是一个被封装的操作序列,独立于其他任务执行。在通常的嵌入式系统建模的层次上,可将任务、进程和线程看成是同义词。任务在 UML 建模中表示为一个活动对象,它也是开发过程中使用面向对象语言和非面向对象语言进一步实现系统的分叉点。当系统中同时存在多于一个独立的任务运行时,就称为多任务系统。系统中的多个独立的任务并发运行。多任务系统为每个任务确定优先级,并通过优先级进行任务调度。多任务之间的调度一般要通过实时操作系统 RTOS 来进行。随着嵌入式系统处理问题复杂性的增加,多任务系统越来越成为嵌入式系统开发的主要领域,因此 RTOS 在嵌入式系统开发中的地位也显得越来越重要了。

7. 并 发

并发(concurrency)是指多个动作序列(任务)的同时执行。这些动作链可以在同一个微处理器上(称为伪并发)或者多个微处理器(真实并发)同时执行。并发可以通过 UML 顺序图精确地建模,也可以通过状态机复合状态的与状态或活动图的泳道对局部并发建模。处理并发的难点主要在共享资源的处理上,一般要通过使用实时多任务内核,并在程序设计上遵守一定原则(如函数的可重入性、互斥等)来保证多任务并发的正确运行。并发的控制策略通常有:先入先出且运行至完成的事件处理;非占先式任务调度;时间片轮转;周期性执行和基于优先级的占先等。

8. 可靠性

可靠性(reliability)是系统正常运行时间或者可用性的度量。特别地,它指的是一次计算在系统失效之前能完成的概率。可靠性通常是用平均故障时间 MTBF 来估计的。MTBF (Mean Time Between Failure)是两次失效之间所能正常运行时间的平均值。

嵌入式系统的可靠性不但与软件有关,而且更主要的是与硬件失效相关。关于硬件失效问题,在长期电子制品的生产实践中已有成例,比如电子器件的"浴缸"曲线,器件出厂前要经过高温处理等等。这里仅就可靠性概念作介绍,对硬件失效感兴趣的读者可参阅参考文献[55]。

2.2.2 正确性与健壮性

实时性已经在前小节进行了讨论,本小节再对嵌入式系统最基本和最有代表性的其他两个特性作进一步讨论。

如果系统在任何时候都能正确地完成功能,我们才能说这个系统是正确(correct)的。在出现新情况甚至在系统某些部分出现不可预知故障的情况下,系统能够正确地完成任务,则称为系统是健壮(robust)的。正确性和健壮性一般被认为是好的特性,但是在复杂的设计当中要达到这些标准并非易事。开发人员必须防止死锁,满足互斥条件,以及避免其他异常状况的发生[1]。

1. 死 锁

死锁(deadlock)是指2个任务无限期地互相等待对方控制着的资源的状况[14]。死锁相当于一种没有退出转换的状态,或者是退出转换本身建立在不可出现的事件之上。死锁产生必须具备4个必要条件:

① 任务要求对共享资源进行互斥控制;
② 任务在等待其他资源被释放的同时,保持着某些资源的所有权;
③ 任务不会强制释放资源;
④ 存在循环等待条件。

如设任务T1正独享资源R1,任务T2正独享资源R2,此时任务T1又要使用资源R2,任务T2也要使用资源R1,于是这两个任务都在循环结构中等待对方所控制的资源而无法继续执行了。其死锁过程的时间图如图2.5所示。

解决办法。因为以上所列4种条件是出现死锁的必要条件,所以只要它们中任何一个条件失效就可以完全避免死锁。在实现嵌入式系统时使用如下任何策略之一就可以防止死锁的发生:

① 先得到全部需要的资源,再做下一步的资源处理工作;
② 用同样的顺序申请多个资源,释放资源时使用相反的顺序;
③ 在申请资源时使用等待超时。

2. 互斥条件

互斥(mutual exclusion)是指在实现任务间通信而使用共享数据结构方法时,如全局的变量、指针、缓冲区、链表以及循环缓冲区等,这时必须保证每个任务在处理共享数据时的排它性,以避免竞争中数据遭到破坏。在多任务系统中,实现任务间通信最简便的办法是使用共享

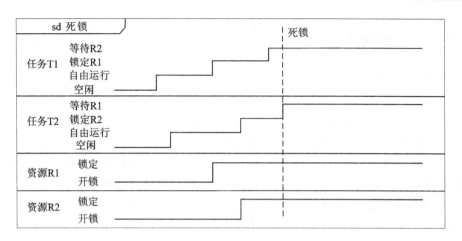

图 2.5 死锁时间图

的数据结构。特别是当所有任务都在一个单一线性地址空间下时,这种处理会特别简便。虽然共享数据结构方法简化了任务间信息交换的过程,但是必须保证每个任务在处理共享数据时的排它性,以免竞争和数据被破坏。在实际实施过程中,与共享资源打交道时,满足互斥条件的一般方法有:禁止中断,使用测试并置位指令,禁止任务切换和用信号量锁定资源。

禁止中断方法是关闭 CPU 的中断进入总开关,它将系统的计算核心与外部世界的触发联系完全隔断开来。因此,在使用这种方法时,如果对共享资源的访问指令执行时间较长,则会使系统较长时间被隔离,从而增加系统的中断延迟时间(因为只有当再一次打开中断时,系统才能再一次响应中断)。因此,在使用中,当处理共享数据时间较短时比较适合选择这种方法,例如,复位或复制某几个变量,或在中断服务子程序中处理共享数据时。

测试并置位方法是当两个任务共享一个资源时,事先约定好,先测试一个全局变量,如果该变量为 0,则允许该任务访问共享资源,否则说明资源被别的任务使用。得到共享资源的任务只需要简单地将该全局变量设置为 1,就可以放心地使用共享资源。这被称为 TAS(Test-and-Set)。如果 TAS 是一条汇编指令(如 Motorola 68000 系列),则在执行 TAS 时不必考虑中断问题;如果系统不能用一条汇编指令完成 TAS,则需要在程序中关闭中断,然后进行 TAS 操作,操作完成再开中断。TAS 的伪代码算法如程序清单 2.1 所示。

程序清单 2.1　TAS 的伪代码算法

```
Disable interrupts;
if(´Access Variable´ is 0){
    Set variable to 1;
    Reenable interrupts;
    Access the resource;           /*这里可以处理共享资源*/
    Disable interrupts;
```

```
        Set the ´Access variable´ to 0;
        Reenable interrupts;
    }else{
        Reenable interrupts;              /*资源不可使用*/
    }
```

禁止任务切换是通过系统控制方式,在某一任务访问共享资源时关闭进行任务切换的机制,而使其他任务代码没有机会运行,当然也就不能使用该任务所占用的共享资源。在禁止任务切换的时间内,系统的中断是开着的,因此这期间的外部事件还能得到响应,系统可以照常通过中断服务程序满足实时性要求。但是,由于这种方法不加选择地阻止所有其他任务的执行,包括与运行任务所占用资源无关的高优先级任务,在任务切换被锁定的时间内,尽管具有更高优先级的任务已经进入到就绪状态,但仍不能得到 CPU 的使用权。禁止任务切换时间图如图 2.6 所示。

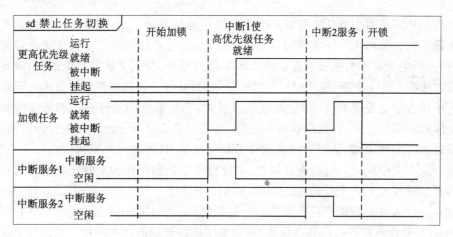

图 2.6 禁止任务切换时间图

在所有互斥机制中,互斥信号量是最完备的。在这种机制中,信号量就像一把钥匙,使用公共资源的任务要想使用该资源就必须拿到这把钥匙。如果信号量已被别的任务占用,那么该任务只得挂起,直到信号量被当前使用者释放。互斥信号量是一个二值信号量,其他类型的信号量(如同时有多个资源可供使用)也可以是计数式的。这里说信号量机制完备是因为在这种机制下既不需要关闭中断使系统处于瘫痪状态,也不需要像禁止任务切换那样不必要地阻止无关的高优先级任务运行。然而,世界上从来就没有"免费的午餐",使用信号量需要在建立、申请和释放信号量的过程中花费较长时间。如果处理公共数据的时间很短,选择信号量机制恐怕并不是最好的选择。使用信号量机制的时间图如图 2.7 所示,很容易把它与图 2.6 进行比较。

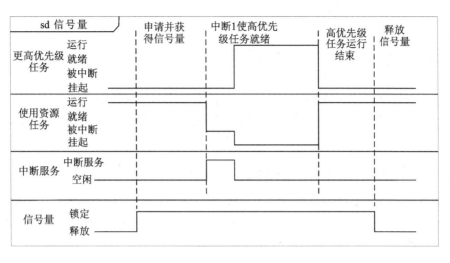

图 2.7　信号量时间图

3. 异常条件

健壮的系统是一个即使出现系统失效时也能够正确完成工作的系统。失效可能是故障（也就是以前正常运行的工作却出现了不正常），或者错误（一种因设计所带来的失误）。一个健壮的系统必须能：

① 辨识出这种失效；

② 采取逃离行动。如修复故障后继续处理，重复原来的计算使其恢复正确的系统状态，进入失效-保险状态等。

使用异常处理来提高系统的正确性，需要提供主动识别失效发生的方法。这种需要通常意味着计算的前置条件不变量必须在系统执行过程中得到精确的验证。如果这些不变量得到满足，那么将会继续执行正常处理。如果前置不变量条件失败，则采取上述的逃离行动。在健壮的系统中，只要操作依赖于这些不变量，即使软件的正确性已经得到形式化证明，在运行中还是要对不变量进行检查。这种检查之所以重要是因为存在许多破坏前置条件不变量的情况：

① 软件错误；

② 硬件错误；

③ 硬件故障（瞬时的或永久的）。

例如，卫星系统所遭受的高强度离子射线经常会改变内存中的位。因此，仅仅因为写入内存一个正确的值，并不能确保该值在等待读取的过程中能保持其正确。这可以通过冗余存储方式得到解决。例如，同时存储一个变量的原码和反码，在读取时如果两个变量不为互反则返回错误。关于异常条件，这里仅提出问题和简要的解决办法。关于异常的详细讨论请参考有关书籍,例如,参考文献[1]、[55]。

2.3 资源受限的目标运行环境

除了实时性之外,嵌入式系统另外一个重要约束是资源方面。关于嵌入式系统运行的外部环境在 2.2 节中已进行了充分的讨论,本节再就其运行资源环境的其他几个方面的问题做进一步的探讨。

2.3.1 嵌入式系统的运行资源

嵌入式系统的主要运行资源包括计算资源、存储资源和输入/输出资源。计算资源主要是指微处理器的位数、指令系统性能、工作时钟频率(MHz)、内部寄存器的数量与行为能力等。存储资源是指高速缓存(CACHE)的数量与能力、存储器管理配置能力(如 MMU、内存保护等)、只读存储器(ROM)的位数与容量和可读写存储器(RAM)的位数与容量等。输入/输出(I/O)资源主要包括输入/输出接口的数量与类型、输入/输出接口的配置能力、输入/输出接口的工作速度等。

解决内存资源不足的方法通常是采用软件的可裁剪技术和程序优化技术。在使用高级语言设计嵌入式系统程序时,软件裁剪可以具体到语句和变量。裁剪的技术方法主要是通过条件编译实现的。下面给出几个 $\mu C/OS-II$ 中利用条件编译进行裁剪的典型例子。

【例1】通过条件编译来确定任务控制块 TCB 中的数据成员的数量。其具体方法如程序清单 2.2 所示。

程序清单 2.2 通过条件编译裁剪数据结构中的数据成员

```
typedef struct os_tcb {
    OS_STK      * OSTCBStkPtr;          /*指向堆栈的指针*/
#if OS_TASK_CREATE_EXT_EN>0             /*条件编译,如果没有配置扩展任务建立功能则如下*/
                                        /*的 5 个数据成员不会出现在任务 TCB 中*/
    void        * OSTCBExtPtr;          /*任务扩展指针*/
    OS_STK      * OSTCBStkBottom;       /*任务栈底指针*/
    INT32U      OSTCBStkSize;           /*任务堆栈大小*/
    INT16U      OSTCBOpt;               /*任务优选项*/
    INT16U      OSTCBId;                /*任务标识*/
#endif
    ......                              /*任务控制块中的其他成员---略*/
} OS_TCB;
```

【例2】通过条件编译来确定函数代码行是否进入目标代码。其具体方法如程序清单 2.3

所示。

程序清单 2.3 通过条件编译裁剪程序模块中的函数

```
#if OS_SCHED_LOCK_EN>0              /* 如果系统配置 OS_SCHED_LOCK_EN */
void OSSchedLock (void)             /* 则 OSSchedLock 函数进入目标系统 */
{
#if OS_CRITICAL_METHOD == 3         /* 如果系统选择用方法 3 进入临界代码 */
    OS_CPU_SR cpu_sr;               /* 则 cpu_sr 局部变量出现在函数中 */
    cpu_sr = 0;                     /* 临时变量赋初值 */
#endif
    ……                              /* 其他代码----略 */
}
#endif
```

【例 3】 通过实际运行的任务数量来确定系统全局变量数组的大小。其具体方法如程序清单 2.4 所示。

程序清单 2.4 通过条件编译确定数组的大小

```
#define  OS_IDLE_PRIO        (OS_LOWEST_PRIO)
#define  OS_RDY_TBL_SIZE     ((OS_LOWEST_PRIO)/8 + 1)
INT8U         OSRdyTbl[OS_RDY_TBL_SIZE];
OS_TCB        *OSTCBPrioTbl[OS_LOWEST_PRIO + 1];
              /* OSTCBPrioTbl 指针数组要根据实际任务数来确定大小 */
```

【说明】

第 1 行：OS_LOWEST_PRIO 是系统最低优先级号，代表系统中总的任务数减 1；
第 2 行：由系统中总的任务数确定就绪表的行数定义；
第 3 行：由就绪表的行数定义确定就绪表的行数，就绪表中每行管理 8 个任务；
第 4 行：由系统中总的任务数确定指向任务控制块的指针数组的大小。

解决嵌入式系统运行资源紧缺的方法除了使用软件裁剪技术外，也可以通过软件优化进行部分改进。由于软件优化技术主要是针对系统某一项或几项性能指标进行的，如果把内存的使用量作为优化指标，就能够达到上述目的。关于嵌入式系统的优化技术，请参见本书 6.4 节。

2.3.2 嵌入式系统的制造成本

嵌入式系统将硬件和软件完美结合作为完整的计算系统制品。由于许多产品对成本极其敏感，因此市场和销售都对更小的微处理器和更小的内存十分关注。因为更小的微处理器以及更少的内存的使用将更加能够降低制造成本。每套交付系统的成本称为重现成本（recurring cost）；在制造出每一个设备的时候，这种成本将重现。软件不存在重现成本，所有的成本都限定于开发、维护以及技术支持的活动当中。降低目标软件计算设施的成本可以减少重现成本,但这也不是免费的午餐。事实上,如果工作量分配不恰当,有时可能会大大增加所有这些活动的成本和工作量。一味地追求降低硬件成本,可能会使软件的复杂性增加进而使开发周期延长甚至软件可靠性降低。足够的销售量有时候能够弥补日益增长的软件成本。因此,通过不断地减少目标计算平台元件的数量、尺寸和容量来降低硬件元件的成本和通过减小物理尺寸来降低电路板成本的做法有时并不一定是最理智的选择。无论从整个系统的实现上,还是从软件成本与重现成本的安排上,都要有一个整体优化抉择,单纯的强调哪一个方面都是不正确的。在嵌入式系统的开发和实际实施中,有一句话可能很说明问题:"没有最正确的,只有最恰当的"。

系统开发中一次性所支付的成本称为非重现性(NRE)成本(包括软件开发成本和其他系统研发成本)。生产单个产品所需支付的成本称为单位成本。假设生产某一特定产品可以使用 3 种技术,如果使用 A 技术,其 NRE 成本是 2 万元,重现成本是 1 000 元;使用 B 技术,其 NRE 成本是 30 万元,重现成本是 300 元;使用 C 技术,其 NRE 成本是 50 万元,重现成本是 100 元。忽略其他设计指标,其产品数量与总成本的关系以及与单位成本的关系可以用图 2.8(a)(b)所示的曲线来说明。其中

$$总成本 = NRE 成本 + 重现成本 \times 产品数量$$

$$单位成本 = NRE 成本 / 产品数量 + 重现成本$$

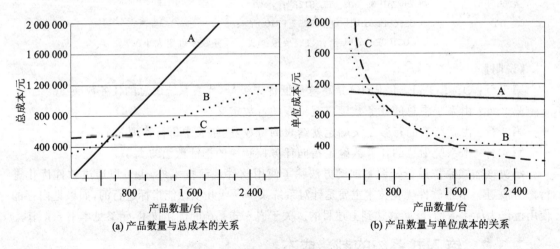

(a) 产品数量与总成本的关系　　　　(b) 产品数量与单位成本的关系

图 2.8　产品成本与产量的关系图

2.3.3　嵌入式系统的开发资源

嵌入式系统开发时通常会把个人计算机和工作站作为宿主机,在其上使用开发或调试工具,而将应用放在较小的、计算能力较低的计算平台上。这就意味着开发者必须使用比广泛使

用的桌面工具"脾气"更大的交叉编译工具。此外，目标平台上所使用的硬件工具，如定时器、A/D 转换器以及传感器，并不能在工作站上轻松地仿真出来。开发环境与目标环境之间的矛盾耗用了那些想要执行和测试代码的开发者的额外时间和工作量。在多数小型目标系统中缺乏高级调试工具也使得调试变得十分复杂。小型嵌入式目标系统甚至没有提供可观察错误和诊断信息的显示手段。

实时系统软件开发者经常需要在硬件还不存在的情况下（目前的学习板和开发板使问题有所改善）设计和编写软件。这将是很大的挑战，因为开发者这时不能检验他们对硬件工作情况的理解是否正确。嵌入式系统软件的主要特点是其对底层硬件的依赖。硬件设备通常需要定制驱动程序，有时因为硬件是新推出的，RTOS 或 BSP 的开发商还没有开发针对这些特定设备的驱动程序，或者现有的设备驱动程序达不到系统设计的性能要求，这都造成了嵌入式软件开发的特有困境。关于嵌入式系统的开发和调试环境的更进一步讨论，请参见 6.2 节。

2.4 嵌入式操作系统

大多数中等到复杂程度的嵌入式系统都使用实时操作系统 RTOS。实时操作系统的功能大部分与通用桌面操作系统相同。但是为了适应嵌入式系统应用的需要，大多 RTOS 都有针对性地进行了裁剪。嵌入式操作系统一般会提供从 ROM 引导的能力，在没有磁盘存储器的系统中，这的确是一种优势。许多嵌入式操作系统甚至可以在 ROM 中执行操作（如 $\mu C/OS$-II）。这样不仅减少了系统引导所需要的时间，而且提高了系统的可靠性。因为，电磁干扰很少会破坏 ROM 中的内容，所以在 ROM 中执行操作提高了大多数系统的可靠性。

嵌入式操作系统的核心功能是提供多任务调度和核心资源的管理，此外也为软件开发人员提供了大量的系统服务。嵌入式操作系统通过提供硬件独立性、并发的任务运行框架、资源管理以及数据资源保护，大大简化了中等规模或以上系统的软件设计。嵌入式操作系统市场种类繁多，针对不同应用、不同系统规模的嵌入式操作系统应有尽有。在功能提供上，除了任务调度内核和以上提到的主要功能之外，所提供的额外服务不尽相同。在进行系统设计时，需要对各类嵌入式操作系统进行评估，从而确定哪一个能够最好地满足实现你所建立系统的要求。嵌入式系统软件的层次结构和提供的基本功能以及常用的扩展功能参见图 2.9。

由于不同种类的嵌入式操作系统所涉及的具体任务结构、调度算法、资源管理策略、提供的系统功能数量和种类等细节大不相同，讨论每个系统的细节超出了本书讨论的内容。对某种嵌入式操作系统细节感兴趣的读者请参阅相关的书籍。本书参考文献[14]有对 $\mu C/OS$-II 的最全面详细的讨论，参考文献[49]对于想了解 Linux 操作系统的读者会有很好的帮助。本节仅就嵌入式操作系统应用中的普遍性问题做一些讨论。

第 2 章 实时嵌入式系统基础知识

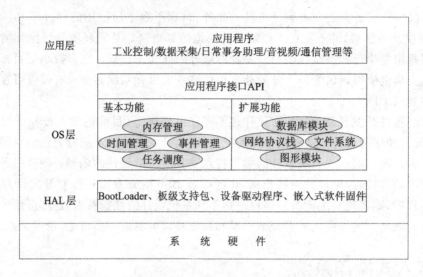

图 2.9 嵌入式系统软件层次结构

2.4.1 硬件独立性

操作系统的一个主要优点是使应用程序的开发与底层硬件实现了剥离,对硬件的驱动通过操作系统和自行开发或第三方提供的设备驱动程序实现。这种机制可以使应用程序的开发者集中精力于应用软件的开发。设备驱动程序往往也是嵌入式系统软件开发的组成部分,但有了中间层的 RTOS 后,应用软件开发和驱动程序开发可以分开独立地进行。而开发硬件驱动程序的开发人员需要具有更高超的程序设计技巧和对软件指令、指令实现和硬件特性的十分深入的了解,有时甚至要使用让大多数初学者头痛的汇编语言才能完成驱动程序的开发工作。

微内核或微内核中涉及 CPU 寄存器的部分是用汇编语言编写的,在移植时要针对特定的微处理器进行优化。系统的其他服务则使用像 C 这种高级语言编写。高级语言的应用使得将 RTOS 移植到不同微处理器实现的计算平台并不十分困难。这对于工作于异构环境中的开发者来说是一种便利。目前开发嵌入式系统可以使用不同类型的处理器,如 8051 系列、68HC16 系列、ARM 系列、AVR 系列、MCS-96 系列、MSP430 系列等等。使用同一操作系统意味着如果下一个项目使用不同的处理器家族,对软件系统的学习不需要"重头再来"。

嵌入式的硬件独立性主要是通过硬件抽象层 HAL 实现的。硬件抽象层的概念由美国微软公司提出,目的是方便各类操作系统在不同硬件结构上的移植。硬件抽象层实现了嵌入式系统软件设计时与硬件相关部分的单独设计。硬件抽象层的引入大大地推动了嵌入式操作系统的通用程度。目前在硬件抽象层内实际实现的软件主要有 BootLoader 程序、嵌入式软件固件、板级支持包 BSP 和硬件设备驱动程序等形式。由于嵌入式系统软件普遍采用开放式分层

第 2 章 实时嵌入式系统基础知识

体系结构形式,因此关于硬件设备驱动程序的位置也存在不同形式的描述[56]。关于这方面内容的进一步讨论,请参见 7.3 节。为了与通用操作系统逻辑上统一,本书在讨论中把硬件设备驱动程序放入到硬件抽象层中,关于应用程序直接调用驱动程序的实现则是通过开放式分层结构进行的。

硬件抽象层实现的各个部分的功能已经在 2.1.3 小节中作了介绍,这里不再重复这些内容。参考文献[56]中提出了通用硬件抽象层的思想和设计,这里仅就其提出的通用硬件抽象层结构和功能作以简单介绍,这非常有助于对硬件抽象层的理解。

通用硬件抽象层需要为上层的操作系统内核提供统一的硬件相关的功能服务。嵌入式操作系统内核主要的硬件相关内容在逻辑上分为微处理器体系结构相关和外围端口寄存器相关两部分。具体相关的功能包括系统启动初始化、任务上下文管理、中断异常管理和时钟管理 4 个方面,如图 2.10 所示。

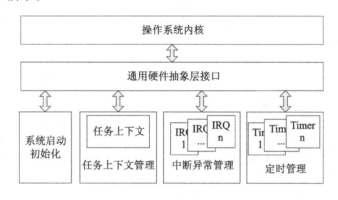

图 2.10 通用硬件抽象层功能

① 系统启动初始化。启动初始化功能为操作系统的启动和运行提供了必要的软硬件环境。在启动和初始化过程中,对硬件平台的直接访问包括对系统配置寄存器(系统存储空间、容量、宽度配置、堆栈、中断向量等)的初始化设置和 CPU 寄存器(主要是堆栈指针)设置。通过启动初始化过程,为整个操作系统内核的运行提供了必要的运行环境与基础,隔离了不同硬件平台上嵌入式微处理器总线结构、存储系统的结构差异。通常嵌入式启动和初始化对应的是图 2.1 中计算核心部分运行能力的建立过程。系统初始化过程挂在通用硬件抽象层下的主要原因是当系统具有复位重新启动功能(如 WatchDog)时也需要通过该层来完成。

② 任务上下文管理。这部分功能负责嵌入式操作系统内核中任务管理部分对任务寄存器上下文的创建、备份等任务切换所必须的操作。任务寄存器上下文是操作系统内核所管理的任务的重要组成部分,是 CPU 内核的寄存器中内容的映像。上下文管理的实现依赖于 CPU 内核中寄存器的组织,是与 CPU 体系结构密切相关的。通用硬件抽象层的任务上下文管理统一定义体系结构中寄存器上下文的保护格式,提供了内核任务管理对任务上下文操作

统一的接口。

③ 中断异常管理。中断异常管理是嵌入式操作系统内核中的重要组成部分。中断异常机制是操作系统内核实现与外部设备通信、时间管理调用机制、系统出错处理的重要手段。通用硬件抽象层为中断异常处理进行必要的包装，对操作系统内核屏蔽底层中断异常处理结构。由于中断管理必须涉及对中断控制器的操作，因此，通过硬件抽象层将中断控制器的外设请求抽象为统一的 IRQ 设备。嵌入式操作系统通过操作抽象 IRQ 设备来管理外设的中断服务程序以及进行对中断控制器的操作，从而实现对中断控制器硬件的直接操作。

④ 定时管理。定时管理负责为操作系统内核中的时钟滴答处理提供必要的定时机制，同时也为内核之外的系统功能提供定时服务。操作系统内核通过时钟滴答处理来执行重要的定时任务，如任务时间的分配、超时控制、任务运行时间统计等。定时功能是硬件抽象层需要为嵌入式操作系统内核提供的最基本和最重要的功能之一。通用硬件抽象层对硬件定时器抽象为统一的定时器设备，并且对其中断服务程序进行了包装，从而使嵌入式操作系统内核面对统一的定时器设备来实现定时服务。

嵌入式应用与底层硬件实现了分离的优点主要体现在两个方面：第一，嵌入式应用能轻松地移植到其他设备，如果移植到不同的目标环境是应用的一项很重要的特性，这种优势就会体现出来；第二，为应用程序的执行提供了一个公共的框架，这样开发者能够更加轻松地创建运行于同一平台的多个并发的应用。关于操作系统移植的更详细的讨论，请参见 7.4 节。

2.4.2 可伸缩的框架

大多数嵌入式操作系统都提供了可伸缩的系统应用框架，允许开发者根据需要选择使用或不使用系统所提供的任何功能服务。这种做法扩大了嵌入式操作系统的应用灵活性，对于有限的资源，正是嵌入式系统软件开发所不可或缺的，也是嵌入式操作系统与通用计算操作系统不同的一个重要方面。基于嵌入式操作系统所提供的应用程序运行框架，开发者只要遵守框架所要求的原则设计应用程序，基本上就可以完成开发任务。

框架所要求的原则要根据所选用的是占先式还是非占先式内核会有所不同。

1. 非占先式内核

非占先式也称作不可剥夺型(non-preemptive)或合作型多任务内核。各个任务彼此合作共享一个 CPU。中断服务可以使一个高优先级的任务由挂起状态变为就绪状态。但中断服务以后 CPU 控制权还是回到原来被中断了的那个任务，直到该任务主动放弃 CPU 的使用权时，那个高优先级的任务才能获得 CPU 的使用权。非占先式内核的一个特点是几乎不需要使用互斥机制保护共享数据。运行着的任务占有 CPU，而不必担心被别的任务抢占。非占先式内核的最大缺陷在于其实时性能差。高优先级的任务即使已经进入就绪状态，但还不能立即运行，也许要等很长时间，直到当前运行着的任务释放 CPU。因此内核的任务级响应时间是不确定的,什么时候高优先级的任务才能拿到 CPU 的控制权,这完全取决于当前任务什么时候释放 CPU。非占先式内核调度的顺序图如图 2.11 所示。该顺序图是系统调度运行时的一个快照,开始时假定低优先级任务正在获得 CPU 的使用权,高优先级任务处于挂起状态。当中断发生时,当前运行的任务进入被中断状态,中断服务程序获得 CPU 的使用权。中断服务使高优先级任务进入就绪状态,但该任务不能立即运行。当低优先级任务完成本次运行的职责后,通知内核自己挂起,内核通过任务调度使高优先级运行。

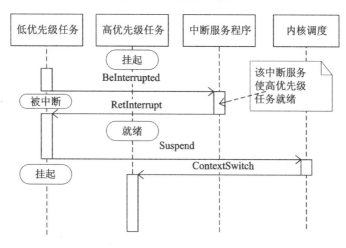

图 2.11 非占先式内核顺序图

2. 占先式内核

占先式(preemptive)也称为可剥夺型。当系统事件响应时间是很重要指标时,要使用占先式内核。在占先式内核中,最高优先级的任务一旦就绪,总能得到 CPU 的控制权。当一个运行着的任务或某一事件使一个比当前正在运行的任务优先级高的任务进入了就绪态时,当前任务的 CPU 使用权就被剥夺了,或者说被挂起了,那个高优先级的任务立刻得到了 CPU 的控制权。占先式内核调度的顺序图如图 2.12 所示。与图 2.11 相同,开始时假定低优先级任务正在获得 CPU 的使用权,高优先级任务处于挂起状态。当中断发生时,当前运行的任务进入被中断状态,中断服务程序获得 CPU 的使用权。中断服务使高优先级任务进入就绪状态,当中断结束时,它通知内核通过任务调度使高优先级任务立即运行。当高优先级任务完成本次运行的职责后,通知内核自己挂起,内核通过任务调度使低优先级运行。

很显然,占先式内核满足了系统高优先级任务使用 CPU 的优先权,较好地满足了系统的实时性要求。但是,在使用占先式内核时,对任务所调用的函数有特别要求。任务应用程序不应直接使用不可重入型函数。如果调入不可重入型函数时,低优先级任务的 CPU 的使用权被高优先级任务剥夺了,不可重入型函数中的数据就有可能被破坏。因此占先式内核应使用可重入型函数。

第 2 章 实时嵌入式系统基础知识

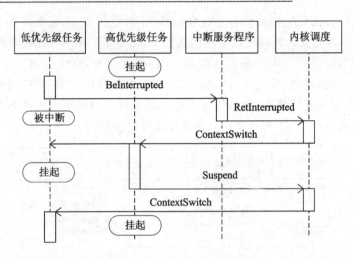

图 2.12 占先式内核顺序图

3. 可重入型和不可重入型函数

可重入型函数是被一个以上的任务同时调用仍能保证数据不被破坏的函数。可重入型函数任何时候都可以被中断，一段时间以后又可以继续运行，而相应数据不会丢失。在实现中可通过只使用局部变量或原子操作等方法保证函数的可重入性。下面是一个简单的可重入和不可重入函数的例子。

【例 1】一个不可重入型函数的例子如程序清单 2.5 所示。

程序清单 2.5 不可重入型函数的例子

```
int Temp;
Void swap1 (int * x,int * y)
{
    Temp = * x;
    * x = * y;
    * y = Temp;
}
```

【例 2】一个可重入型函数的例子如程序清单 2.6 所示。

程序清单 2.6 可重入型函数的例子

```
Void swap2 (int * x,int * y)
{
    int temp;
    temp = * x;
```

```
* x = * y;
* y = Temp;
}
```

例1 函数 swap1() 不可重入的原因是使用了全局变量缓存中间数据,编译器对全局变量只分配一个静态的物理存储空间,当一个函数还没有使用完该变量而被另一个任务调用而修改时,自然会引起混乱。而 swap2() 使用的是局部变量缓存过渡数据,因为编译器会把局部变量分配到任务栈或任务上下文寄存器中,而任务上下文是完全与任务本身相关的,因此其他任务无法干扰到它。

系统应用框架通常会根据所选用的操作系统不同而存在差异。例3是 μC/OS-II 任务的编程结构。

【例3】μC/OS-II 任务的编程结构,在没有采用禁止中断或禁止任务切换的情况下,要求所调用的函数必须是可重入的。如程序清单2.7所示。

程序清单2.7   μC/OS-II 任务的编程结构

```
void YourTask(void * pdata)
{
    for (;;) {
    call somefuction;         /* 用户程序代码或调用系统功能函数 */
    waiting;                  /* 调用系统延时功能 */
    do something;             /* 用户程序代码或调用系统功能函数 */
    }
}
```

2.4.3 任务调度

在使用嵌入式操作系统的实时系统中,多个任务(线程、进程)并发地执行。在多处理器系统中,不同的任务在同一时刻运行于不同的处理器之上,从而实现了真正的并发。然而,目前大多数实时嵌入式系统仍然是单微处理器系统。在这样的系统中,某个时刻实际上只有单个任务在运行。RTOS 交错地执行多个任务,提供了并发的假象(称为伪并发)。由于任务切换机制带来了除运行应用程序以外的额外开销,这种方式的任务切换实际上增加了总的计算时间,但是为事件的及时处理尤其是应用功能的任务分解带来了方便。实时软件开发人员广泛使用 RTOS 的多任务机制为不同事件分配任务和动作,这样在前/后台系统中难以解决的并发问题在这里很容易地得到了解决。在运行中,许多任务要等待事件(如传感器事件、定时事件或用户输入事件等)的发生后才能继续执行,这时这些任务进入到等待状态,RTOS 内核将调度其他任务运行。在可占先式内核中,高优先级任务可以抢占低优先级任务;而在非占先式内核中,则要等到运行的任务释放 CPU 的使用权后才能运行。

RTOS 提供了创建、调度、执行、终止以及销毁任务的内核服务,内核根据调度策略自主地对任务进行调度。调度策略(scheduling policy)是指如何选择从就绪状态提升为执行状态的任务决策。RTOS 中常用的调度策略有单一速率调度 RMS(rate-monotonic scheduling)和期限最近优先 EDF(earliest deadline first)等,关于调度策略的讨论超出了本书的内容,若想进一步研究这方面内容请参见参考文献[14]。

以 μC/OS-II 为例,每个任务在任何时刻应处于进程调度视角中的一个状态之中。但在任何时刻,运行态中只能有一个任务或中断服务程序,而被中断状态停留的是目前被中断的任务。处于睡眠状态的任务是没有绑定资源(任务控制块、任务栈等)的任务。处于就绪状态的任务是已经绑定运行所需要的所有资源但任务优先级不如正在运行任务的所有任务。处于等待状态的任务是暂时不能获得运行所需要的资源或被延时运行的所有任务。在 μC/OS-II 中,从调度器视角看系统任务的状态如图 2.13 所示。当一个任务由睡眠状态进入到就绪状态时,就称为内核建立了该任务。建立任务的过程其实就是任务代码与其运行所需要的最基本资源绑定(binding)的过程。如果这种绑定完成,实质上就建立了系统的一个主动对象。任务运行所需要的基本资源就是任务控制块和任务栈,请参见图 2.14。当任务建立成功时,要把该任务按优先级顺序注册到由内核管理的指针数组 OSTCBPrioTbl 中。该数组是内核通过优先级与任务连接的唯一渠道。通常情况下,会有许多任务停留在就绪状态中,这些任务哪一个可以得到 CPU 的使用权,是在内核进行任务调度时,通过优先级来决定的。任何一次调度都会使就绪态中最高优先级的任务进入到运行状态。当一个运行的任务需要系统中的某种资源(外部事件、共享数据结构、公共函数的调用等)而系统当时不能供给或这一次的运行职责已经完成而使自己延时一段时间再运行时,这个任务就会进入到等待状态,同时内核要进行一次任务调度而使就绪态中的最高优先级任务得到 CPU 的使用权。当运行着的任务允许被中断时,如有中断事件发生,该任务就会进入到被中断状态。请参见图 2.12。当处于等待状态的任务所需要的条件满足(等待的资源到来或延时时间到)时内核就会把该任务放回到就绪态中,并进行一次任务调度,如果该任务恰好是就绪态中优先级最高的任务,那它马上就会得到 CPU 的使用权;否则,它只能继续在就绪态中等待机会。删除任务的实质就是把任务所绑定的资源与该任务相剥离的过程。

除了处于睡眠状态的任务以外,每个任务都以不同的形式关联着系统的资源。μC/OS-II 任务关联资源的情况如图 2.14 所示。任务管理的核心数据结构是任务控制块 TCB。TCB 中保存有任务运行的状态、任务优先级和任务栈指针等对任务运行极其重要的数据。任务栈是任务被挂起时的上下文的保存者,任务运行时的局部变量和中间数据(如函数的返回地址、函数保存的现场和中间变量或数据结构等)的管理者,它与任务保持一对一的关系。也就是说,一个任务要有一个独立的任务栈。事件与任务的关联是临时性的,如果任务需要等待一个事件,则任务与该事件控制块 ECB 相关联。每个事件控制块只能管理 OS 消息(包括消息邮箱和消息队列)或者 OS 事件(包括互斥信号量和计数式信号量)中的一个事件。当事件到来

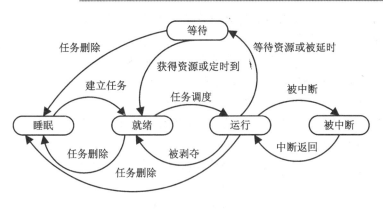

图 2.13　从调度器视角看系统中任务的状态

时，任务就自动摘掉与该 ECB 的关联，而进入到就绪状态。在 μC/OS-II 中，内存控制块 MCB 由任务建立，并由任务拥有该块的所有权。μC/OS-II 任务的上下文是由 CPU 内部所有寄存器组成的，其中的堆栈指针由任务控制块 TCB 管理。

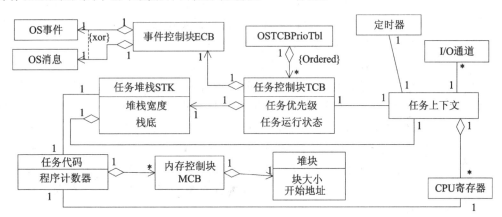

图 2.14　μC/OS-II 任务的运行结构

2.4.4　内存分配

RTOS 最为重要的任务之一是控制对内存的访问。多数操作系统提供了内存分配和释放服务作为高级语言动态内存机制的基础。桌面操作系统中所使用的机制通常不适用于实时嵌入式系统环境[14,22]。

在通用计算系统开发中，应用软件必须要求在运行时显式地进行动态内存分配和释放。用来进行动态分配内存的区域称为堆(heap)。桌面操作系统编程语言往往通过 malloc() 或 new() 函数来支持内存请求。编译器运行时系统将这些调用翻译成操作系统调用，以申请成块的内存。另一方面，编程语言通过 free() 和 delete() 这类函数来支持内存的释放。操作系统跟踪当前已分配及空闲的内存块。应用程序必须利用语言所提供的工具为运行时内存分配选择一种通用策略。

很少系统能够在编译时确定所有变量和数据结构的内存需要，因此很明显需要一种策略。对于运行时对象和数据的分配而言，可用的策略有很多。一个最简单而代价最昂贵的策略是在系统启动阶段进行分配。系统为了能够在所有条件下进行正常工作，必须为每种对象分配最大数量的内存。这种分配策略非常浪费内存，因此不适合应用到实时嵌入式系统这种内存资源十分紧缺的应用实现中。

另一种分配内存块的简单方法是使用编程语言的动态内存功能特性。这种方法能够解决内存使用效率低的问题，当需要建立一个新的对象的时候，系统分配内存；而当这个对象被删除或注销的时候，系统释放内存。但是，在实际运行中使用这种简单的实现，在多次调用malloc()和free()时会把原来很大的一块连续内存区域逐渐地分割成许多非常小而且彼此不相邻的内存碎片。由于碎片的原因，即使空闲内存的总量足够大，也很可能出现没有一块足够大的内存满足请求的情况。这是因为malloc()是以连续的块进行内存分配的。另外，动态内存分配通常不是一个常数时间过程。动态内存分配过程使用的越多，其分配时间就会越长。这样使系统的定时分析也会变得复杂，分析系统是否能够满足定时期限就更加难以确定。对于必须连续运行多天甚至是多年的系统，用哈姆雷特的话说："这的确是一个问题"。

另一种可能的策略是垃圾收集方法。垃圾收集(garbage collection)是回收不再被使用或被引用的内存块的过程，并且也可以(与收集器的实现有关)负责碎片重组或者内存紧凑的操作。垃圾收集过程要么周期性地发生，要么在对偶发性事件作出反应的时候发生。每当垃圾收集过程开始时，操作系统会冻结应用程序的执行，并且将所有已分配的内存块移动到一个连续块当中。要支持这种运作过程，应用程序必须使用双重指针模式，就是指向内存的指针实际上指向一个操作系统表，由此表再指向实际内存。在内存紧凑操作之后，操作系统调整表内的指针使其指向在内存紧凑过程中被移动的已分配内存对象的新位置。因此，移动内存对象不会对应用程序产生影响。

垃圾收集是一种强大的内存分配机制。它能够完全避免碎片问题，因为在需要的时候，某个请求可以触发内存紧凑操作。

垃圾收集也解决了内存泄露问题。当已分配的内存永远得不到释放，或者说这部分内存成为不可再访问内存时，这部分内存就是被泄露的内存。有些编程语言没有提供内存释放的手段，因为垃圾收集会回收这些不可访问的已分配内存。但使用时要将垃圾收集和这些语言结合在一起才可以解决内存的泄露问题。

在实时系统中实现碎片重组的垃圾收集会存在两个问题。第一个问题是减少碎片所需要的双重指针所带来的开销(包括内存开销和计算开销)，每次访问内存都必须额外进行一次引用解析。第二个问题是垃圾收集过程运行时间间隔的不可预测性给系统实时性所带来的影响。这对于实时系统来说是一个十分严重的问题。

大多数 RTOS 都提供了另一种解决内存碎片问题的机制,即固定块大小的堆,例如 μC/OS-Ⅱ。在 μC/OS-Ⅱ 堆中可以有多个分区,各个分区的内存块大小可以不同,但每个区中的块大小是相同的。这种堆不存在碎片,因为所有的块大小完全相同。在使用中不同大小的内存请求落实到不同的分区上,这样使每个碎片的大小都足以满足可能出现的内存请求。μC/OS-Ⅱ 中内存控制块 MCB 由程序员自己规划的任务建立,每个 MCB 管理一个独立的内存分区。请参见图 2.14。通过灵活地使用这种分区,应用程序开发人员总可以找到一种可以接受的折中方案:即将动态分配内存所带来的浪费降至最小,从而避免内存碎片问题。当然,这种方法意味着应用程序开发者不得不编写自己的内存分配构造,以利用这些操作系统的扩展特性。在 C++ 中,可以通过重载 new() 和 delete() 操作来实现。也有一些 RTOS 为所选的编程语言提供了支持库,但有些函数需要重定向或重载,因此在开发中要经过仔细论证后再使用,否则可能达不到编程人员所认为的功能。

2.4.5 任务间的通信

在多任务系统中多个任务是并发运行的。但无论怎样的任务设计,都很难做到使所有任务都独立运行而使任务间不发生任何联系。任务间的联系在建模层面上是两个活动对象间的某种关系,而在操作系统层面上则称为任务间通信(inter task communication)。在系统实现中,任务间或中断服务与任务间的通信是经常发生的。任务间通信主要通过互斥条件和消息两个途径实现。

互斥条件(mutual exclusion)是通过任务间共享数据结构的方法进行任务通信的处理技术,当一个任务使用数据时保证它能独占该数据的条件就称为互斥条件。当所有任务都在同一个线性地址空间时,这是一种比较简单的办法。所共享的数据结构可以是全局变量、指针、缓冲区、链表等各种数据对象。虽然共享数据区简化了任务间信息交换的逻辑,但是必须保证每个任务在处理共享数据时的排它性,以避免竞争和数据的破坏。与共享资源打交道时,满足互斥条件的通常方法有禁止中断,使用测试并置位指令,禁止任务切换,利用信号量四种。关于这四种方法的原理请参见参 2.2.2 小节。

在 RTOS 中,基于消息(message)的任务间通信一般有消息邮箱和消息队列两种方法。消息邮箱(message mail box)是采用一个指向消息数据结构的指针变量,使一个任务或一个中断服务程序通过内核服务把一则消息放到邮箱中,而需要这则消息的任务通过内核服务可以收到这则消息。每个消息邮箱拥有正在等待消息的任务列表。要得到消息的任务会因为邮箱为空时进入到该列表并由此被挂起。当消息到来或等待超时发生时,任务(是列表中优先级最高时)退出等待列表并进入就绪状态。消息队列(message queue)是较消息邮箱更为复杂的数据结构,在队列中可以存放多于一条的消息。通常操作系统的消息队列构成环型队列结构。在消息队列中,会有先进先出(FIFO)或后进先出(LIFO)等更为多样的存取消息的方法。

这里仅以 μC/OS-Ⅱ 的消息邮箱为例,说明 RTOS 通过 OS 消息实现任务间通信的原理和 UML 描述方法。

【例 1】 μC/OS-II 中任务、中断服务程序 ISR 和消息邮箱之间的关系，如图 2.15 所示。邮箱只能被一个任务建立，但邮箱一旦被建立，就成为系统运行时存在的一个实体。任务和中断服务程序都可以向邮箱中发送消息和从邮箱接收消息。如图 2.14 所示，所谓消息实际上就是 ECB 控制下的一个消息指针，当一个任务得到一个指向一条消息的指针时，就认为该任务得到了该消息，因为这时该任务可以对消息进行它所需要的任何处理。

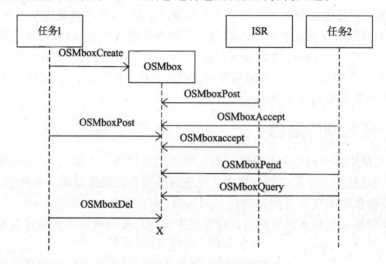

图 2.15　任务、ISR 与邮箱的关系

【例 2】 消息邮箱的建立活动。μC/OS-II 消息邮箱建立的活动图如图 2.16 所示。

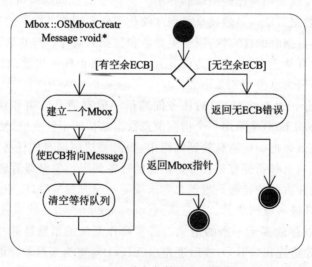

图 2.16　消息邮箱建立活动图

【例3】向消息邮箱发送一则消息活动。μC/OS-II向消息邮箱发送一则消息活动图如图2.17所示。

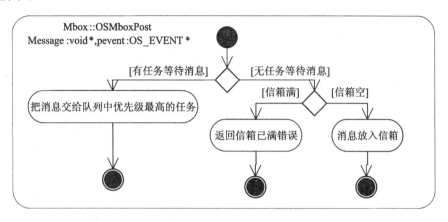

图2.17 向消息邮箱发送消息活动图

【例4】等待信箱中的消息活动。μC/OS-II等待信箱中的消息活动图如图2.18所示。

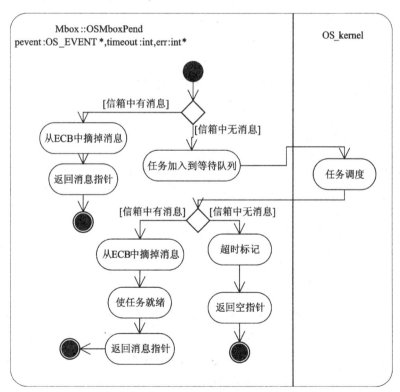

图2.18 等待信箱中的消息活动图

2.4.6 时间管理以及其他可选的系统服务

时间管理也称为时钟管理。其主要任务是维持系统时间，防止某个任务独占 CPU 或其他系统资源。操作系统时钟记录的时间是以时钟滴答(tick)为单位的。时钟滴答的周期决定了操作系统最小的时间分辨单位。通常要根据系统实时性和计时需要，通过硬件定时器合理配置实现。

因为实时系统专注于时间特性，所以 RTOS 通常都提供时间服务。可用的服务包括因等待某个时间事件(如超时事件或定时事件等)而挂起任务，获得当前时间，估计消逝的时间以及调度任务(基于时间片)等。

由于被挂起的任务不必执行空循环程序，因而通过这些系统服务能够较前/后台系统更高效地利用 CPU 时间。

在 μC/OS-II 中，系统需要一个通过定时器实现的时钟节拍定时中断，系统的所有定时和超时服务都是基于这个时钟节拍的。通常时钟节拍时间为 10~100 ms。每个时钟节拍到来时，内核要扫描所有已经建立了任务的任务控制块 TCB，并计算每个被挂起任务的剩余时间并把定时时间为 0 的任务从等待状态输送到就绪状态。这里再一次强调：操作系统的每个时钟节拍都会增加微处理器计算资源的额外开销(因为它需要做以上列举的事情)，因此不能想当然地以为时钟节拍越快系统实时性就越好。

除了任务调度、内存管理、任务间通信和时间管理这些核心系统服务功能外，不同类型的 RTOS 还会根据不同应用目的的需要提供一些可选的扩展功能模块。这些模块主要有文件系统、网络协议栈支持、图形界面驱动、数据库支持等等。

2.4.7 RTOS 的选择

在实时嵌入式系统开发实践中，并不是所有的系统都选择使用 RTOS。特别是在小型或者时间要求苛刻的应用中，系统一般不使用 RTOS 而执行操作。这类系统往往采用一种叫做前/后台系统的应用程序结构形式。

前/后台(foreground/background system)系统也称为超级循环(super-loops)系统[14]。在这类系统中，应用程序是一个无限循环，循环中调用相应的函数完成所需要的操作，这部分程序称为后台。系统中的异步事件由对应的中断服务程序处理，把这部分程序称为前台。系统中时间相关性很强的事务处理通过中断服务程序来完成。在任务职责分配上，为了兼顾系统的整体性能，一般把需要处理时间很长的异步事件交由后台处理，而前台仅准备必要的数据或仅给后台发送通知。这样中断服务程序提供的信息一直要等到后台程序运行到逻辑上要处理这个事件时才进行处理。因此前/后台系统在处理事件的实时性方面就有可能达不到系统要求，尤其是外部事件较多时。前/后台系统的另一个主要缺点是当系统需要并发处理一些事务时使系统难以设计。如果是简单的可以通过伪并发处理的问题，它通过仔细设计或许是能够解决的。但当遇到较大和较多的事务需要并发处理时,就需要选用 RTOS。通过使用有限状态机可以对前/后台系统的程序框架建模。前/后台的顺序图如图 2.19 所示。

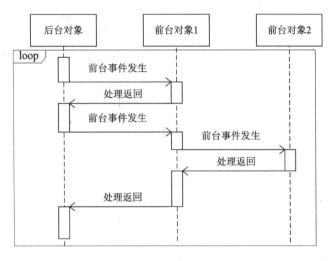

图 2.19 前/后台系统

实时系统是面向具体应用,并对外来事件在限定时间内能作出反应的系统。限定时间的范围很广,通常可以从微秒级(如信号处理)到分级(如联机查询系统)。在实时系统中主要有六个指标来衡量系统的实时性,Rhealstone 方法[59]。

① 任务切换时间(task switching time):也称上下文切换时间,定义为系统在两个独立的、处于就绪状态并具有相同优先级任务之间切换所需要的时间。它包括三个部分,即保存当前任务上下文时间、调度程序选中新任务的时间和恢复新任务上下文的时间。切换所需要的时间主要取决于保存任务上下文所用的数据结构以及内核所采用的调度算法的效率。

② 抢占时间(preemption time):内核将控制权从低优先级任务转换到高优先级任务所花费的时间。为了对任务进行抢占,内核必须首先识别引起高优先级任务就绪的事件,比较两个任务的优先级,最后进行任务切换,所以抢占时间包括了任务切换时间。

③ 中断延迟(interrupt latency time):中断发生到系统获知中断,并开始执行中断服务程序(ISR)的第一条指令所持续的时间间隔。

④ 信号量混洗时间(semaphore shuffling time):从一个任务释放信号量到另一个等待该信号量的任务被激活的时间延迟。此指标反映了与互斥有关的时间开销。

⑤ 死锁解除时间(deadlock breaking time):系统解开处于死锁状态的多个任务所需花费的时间。此指标反映了 RTOS 解决死锁算法的效率。

⑥ 数据包吞吐率(datagram throughput time):一个任务通过调用 RTOS 原语,把数据传送到另一个任务去时,每秒可以传送的字节数。

第 2 章　实时嵌入式系统基础知识

各类 RTOS 针对各类不同的实时嵌入式系统开发,并提供不同级别和功能的系统服务。使用时要根据实际需要、成本价格、熟悉程度和后期服务等进行综合选择。选择 RTOS 的优缺点如下。

(1) 优　点

① 使实时应用程序设计和扩展变得容易,无须大的改动就可以增加新的功能;

② 实际上如果用户给系统增加一些低优先级的任务,那么系统对高优先级任务的响应几乎不受影响;

③ 通过将应用程序分割成若干独立的任务,RTOS 使得应用程序的设计过程大为简化;

④ 使用可剥夺型内核时,所有时间要求苛刻的事件都得到了尽可能快捷、有效的处理;

⑤ 通过有效的系统服务,如信号量、邮箱、队列、延时及超时等,RTOS 使得资源得到更好的利用。

(2) 缺　点

① 增加额外的资源需求:额外的 ROM/RAM 开销及 2‰～4‰的 CPU 额外计算负荷。

② 增加价格成本:当今有 150 个以上的 RTOS 商家,生产面向 8 位、16 位、32 位甚至 64 位的微处理器的 RTOS 产品。功能不仅包括实时内核,还包括 I/O 管理、视窗系统、文件系统、网络、语言接口库、调试软件等。RTOS 价格为 70 \$ ～30 000 \$。有的还索取版权使用费为 5 \$ ～500 \$。

③ 增加维护费用。

思考练习题

2.1　什么是通用计算系统?

2.2　什么是嵌入式计算系统?

2.3　通用计算系统与嵌入式计算系统有哪些区别?

2.4　嵌入式系统有哪些主要特点?

2.5　在嵌入式系统开发中,为什么广泛采用微处理器构造系统?

2.6　请详细说明嵌入式系统的硬件组成。

2.7　请简要说明嵌入式系统的软件组成。

2.8　为什么需要硬件抽象层 HAL?

2.9　什么是嵌入式系统的实时性?

2.10　什么是嵌入式系统的正确性?

2.11　什么是嵌入式系统的健壮性?

2.12　嵌入式系统运行通常都会遇到什么样的环境?

2.13　什么是嵌入式系统对事件响应的硬时限?

2.14　什么是嵌入式系统对事件响应的软时限?

2.15 什么是反应式系统？
2.16 什么是时间驱动系统？
2.17 什么是过程驱动系统？
2.18 什么是嵌入式系统的可靠性？
2.19 什么是并发？什么是死锁？
2.20 什么是互斥？满足互斥都有哪些方法？简单说明每种方法的作用原理。
2.21 如何计算嵌入式系统的单位成本和总成本？
2.22 嵌入式操作系统具有哪些基本功能和那些扩展功能？
2.23 嵌入式系统开发中引入操作系统带来了哪些好处？
2.24 为什么占先式内核需要的公共函数必须是可重入的？
2.25 嵌入式操作系统有几种内核形式？各是什么原理？
2.26 什么是嵌入式系统任务？如何进行任务间的通信？

第 3 章
迭代和增量式的嵌入式系统开发过程

本章从人类记忆的本质特征入手来分析智力劳动及其特点,然后从智力劳动的观点出发讨论软件开发中存在需求变更和迭代过程的必然性;结合统一软件工程思想,讨论用例驱动、以框架为中心和迭代增量式嵌入式系统的开发过程。

本章主要讨论以下问题:
- 智力劳动与机械劳动的特点与区别。
- 什么是用例驱动?
- 何谓以框架为中心?
- 迭代增量式开发过程。
- 什么是嵌入式系统软件框架?
- 开发过程中的阶段制品。

3.1 智力劳动与机械劳动

管理学上把劳动在复杂性视角上划分成简单劳动和复杂劳动。同样,也可以从智能性视角把劳动划分成机械劳动和智力劳动。机械劳动无疑是一种简单劳动,它的极限状况可以从卓别林的电影《摩登时代》中得到充分表现。从结构方面来说机械劳动是针对某一或某几个具体部位发生作用;而从行为方面来说机械劳动是有限序列的重复作用。智力劳动的情形可以通过各种棋类运动得到说明。从作用点的结构上,智力劳动是多点作用的,作用点的权重分布也不是简单的线性关系;在行为方面,对多点的作用是一个综合和运筹过程,即使是对同一个作用点的作用也不是前一次作用的简单重复,因为它要根据这次作用的上下文作出如何作用的决定。

人工智能对于神经元模型的研究表明,人类大脑是由神经元网络组成的[32]。人脑是一个十分复杂的生物组织,据估计它大约具有 $10^{11} \sim 10^{14}$ 个神经元,每个神经元大约与 $10^3 \sim 10^4$ 个其他神经元相连接。我们知道,人类之所以比其他动物有更高的智慧,其中很重要的一个原因是人类发明了文字。有了文字,每个人就不必像狼那样从零开始积累一生的生活经验。他可以阅读前人记录下来的文字,从而间接获得生活经验。事实上,越是需要智慧的劳动,就越需

第 3 章 迭代和增量式的嵌入式系统开发过程

要更长时间的学习。文字尽管有如此重要的作用,它的主要存储介质并不是我们人类的大脑。它可以存储在高山大川、金石、地下的墓葬、图书馆、博物馆、计算机、网络空间、书柜、书包等人类大脑之外的茫茫宇宙。尽管有如此大的知识海洋,但能进入到每个人大脑中的知识却仅仅是其中的非常有限的一个子集。根据神经元的研究结果,人类大脑中的知识存储(学习)并不像计算机的新信息的存储那样用替代的方式,即当新的知识到来时替换掉同一单元内的旧知识。大脑中的知识是存储在神经元之间的连接关系中,存储的方式是采用叠加方法。知识的存储(或称学习)过程不是一次性完成的,它是通过反复强化、逐步修改神经元间的连接权重实现的。在公园或其他公共场所,我们可能经常会看到妈妈反复教孩子认识某一个字的场景。儿童对于每个汉字或字母等符号的记忆的反复迭代过程是随处可见的。事实上,迭代是人类智力劳动的本质特征,它是由大脑神经元网络性质所决定的。

智力劳动与机械劳动有着大量的不同特点,表 3.1 列出了一些主要区别。

表 3.1 智力劳动与机械劳动的主要区别

内 容	智力劳动	机械劳动
个性化需要	需要个性化	需要同一化
创造力需要	需要创造性	需要服从性
思考的作用	边做边思考,需要想象力	只做不需思考,不需要想象力
经验的作用	需要经验和学习	需要熟练程度
结果重复性	很难有两个作品是相同的	很难有两个作品是不同的
行为重复性	不可再现性	重复再现
自动化程度	很难被自动化取代	可以被自动化取代
人际关系的作用	人际关系具有重要作用	人际关系无重要影响
结果的可度量性	结果不容易度量	结果容易度量
保密需要	经签名发布后无需保密	需要专利保护
管理模式	需要交流式管理	需要监督式管理
讨论的作用	讨论有益于工作进行	不需要讨论只要按工作程序严格执行
什么是高水平	至高境界只可意会不可言传	高水平靠熟练程度

计算制品的制作过程无疑是一种智力劳动,它具有智力劳动所固有的绝大部分特点。事实上,在开发软件(尤其是新系统)的过程中,无论是提出需求的用户还是软件系统开发人员,对于系统所具有的全部特征尤其是行为特征的认识并不是一次性完成的。

用户对需求的认识是在抽象概念到具体产品实现再到概念的反复循环中得到的。用通俗的话说:其实用户在项目(尤其是新开发或从未有过的)的开始,并不能完全知道他们具体要做什么。当开发人员完成了初步能够运行的制品时,用户通常都会提出这样和那样的修改意见。作者曾经见到过已经运行一年以上的项目,用户还在提出修改意见,使得项目开发公司叫苦不迭。更有甚者,有许多项目就是因为软件开发人员与用户提出的需求变更无法协调最终使项目不果而终。

同样的道理,开发人员(尤其是缺乏经验的)对制品的理解也是在反复迭代过程中完成的。在实际的软件开发活动中,开发人员也不是神仙,他们也不可能从项目一开始就什么都清楚。就目前而言,大多数开发人员是不具备所要开发系统的开发经验的,可能有的甚至连任何系统的开发经验都没有。这样一组开发人员,面对实际上如上所讨论的用户,怎么可能让开发人员在项目需求阶段就能使整个系统从结构到行为特征都了然于胸呢?就对问题本身的理解而言,开发人员同样需要迭代的认识过程,因为他所进行的是一项智力劳动。

经过如上的这些讨论,出现前面所说的现象就不难理解了,其实这也正是计算制品的开发过程中必然存在需求变更的真正内在原因。在以往的软件工程实践中,解决这种需求变更的理论和方法十分有限。而面向对象技术从诞生的那一天开始,就自然地兼容了变更问题。因此,它是解决以上所出现问题的理想方法。但是,一定要请读者注意,这种兼容不会自动进行。

3.2 用例驱动、以框架为中心和迭代增量式过程

目前,通过计算机的计算来解决的问题朝着更庞大、更复杂的方向发展。其中部分原因是计算机的性能逐年增强,用户的期望值随之增大。自从 20 世纪 60 年代软件危机全面爆发[33]以来,计算机软件开发的工程化方法研究就从没有停止过。各种有影响的开发过程模型,如瀑布模型[33]、原型模型[36]、螺旋模型[33]等,相继问世,并对软件开发和软件产业的蓬勃发展产生了巨大的推动作用。但随着软件系统复杂性的增加,加之软件制品所固有的需求变更等原因,使以往的模型以及其修正模型都难以应付。另外由于软件开发在生命过程中描述方法的不统一,各个过程阶段之间甚至形成了难以跨越的鸿沟[37]。

软件问题可以归结为开发人员将面临的一个大型软件所包含的各个部分集成为一个整体协作运行的系统问题。软件开发团体需要一种受控的工作方式,需要一个过程来集成软件开发的方方面面并需要通用的方法或过程来完成如下工作:

- ➢ 指导一个群组活动的顺序。
- ➢ 布置每个开发人员和整个群体的任务。
- ➢ 确定开发何种制品。
- ➢ 提出监控和测量一个项目产品活动的准则。

UML 的三个主要发起人 Ivar Jacobson、Grady Booch 和 James Rumbaugh 通过对 30 多年来面向对象技术的总结,提出了一种软件问题解决方案,称为统一软件开发过程。软件开发过程是一个将用户需求转化为软件系统开发所需要的活动集合。然而,统一过程不仅仅是一个简单的过程,而是一个通用的过程框架,可用于各种不同类型的软件系统、各种不同的应用

领域、各种不同的类型开发组织、各种不同的功能级别以及各种不同的项目规模。统一过程使用 UML 来制定软件系统的所有蓝图。事实上，UML 是整个统一过程的一个完整部分，它们是共同发展起来的。统一过程的突出特点可以由用例驱动、以框架为中心和迭代增量式过程这三个关键词来说明。

3.2.1 用例驱动

统一软件开发过程的目标就是指导开发人员有效地实现并实施满足用户需求的系统。其效率是按照成本、质量和交付时间来衡量的。从评估用户需求到软件系统实现之间的步骤并不简单。首先需要考虑的是用户需求不容易识别。这就要求某种有效的捕获用户需求的手段，以使参与项目的每个人都能够清楚地了解这些需求。软件系统是为了服务于它的用户而出现的。因此，为了构造一个成功的软件系统，必须了解其预期的、用户所希望和需要的是什么。用户通常称为参与者(actor)，这个术语在 UML 语义中所指的不仅仅是人，也可以是其他系统。参与者是指所描述系统之外的并与系统相互作用的任何实体。它们与系统之间的相互作用称为交互，每一个有意义的交互就是一个用例。

用例(use case)是能够向用户提供有价值结果而执行的一组动作序列。用例所获取的是系统(或某一级类元)的功能需求。所有用例的集合就是用例模型。系统的用例模型用图形化的方法描述了系统的全部功能。与传统软件需求工程相对照，用例模型可以取代系统需求规格说明书。

用例模型除了能够在用户、分析人员和软件设计人员之间提供理解、交流和达成共识的平台以外，它也是系统分析、设计和开发人员进入开发工作的基础以及成为系统最后测试验收的依据。更为令人惊喜的是它还能够驱动系统设计、实现和测试的进行。或者说，用例可以驱动整个开发过程。在寻找和确定类、子系统和接口时，在寻找并测试用例时，在规划开发迭代和系统集成时，用例均可以作为活动的主要输入。这主要是因为 UML 在过程的各个阶段表示方法的统一所带来的便利。

对于每一次迭代，用例驱动完成一整套工作流，包括需求捕获、分析、设计和实现到测试。基于用例模型，开发人员可以创建一系列实现这些用例的设计和实现模型。开发人员可以审查每个后续建立的模型是否与用例模型一致。测试人员通过由用例模型产生的测试模型(或测试用例)测试系统的实现，以确保实现模型的组件正确实现了用例。因此，用例不仅启动了开发过程，而且使其结合为一体。用例驱动表明开发过程沿着从用例得到的一系列工作流程展开。用例被确定，用例被设计，最后用例又成为测试人员构造测试用例的基础。

图 3.1 为模型之间的关系以及对应的生命过程。首先，开发人员捕获用户需求作为用例模型中的用例；然后分析并设计系统来满足这些用例，这样便首先创建了一个分析模型；然后是设计模型和实施模型；进而在实现模型中实现该系统，实现模型中包括所有的程序代码，即组件；最后，开发人员准备一个测试模型来验证系统是否能够提供用例中描述的功能。

第3章 迭代和增量式的嵌入式系统开发过程

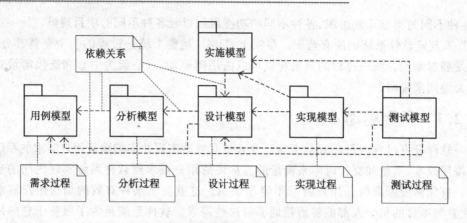

图 3.1 模型之间的关系以及对应的生命过程

图 3.2 是一个可供参考的与需求定义相关的阶段软件开发组织的工作流图。前面的讨论已经提及 UML 的活动图不仅可以像图 1.16～1.18 那样为某一个操作的算法建模，也可以为业务流程建模。这里就是一个很好的例子。这里要说明的一点是，每个软件开发组织的业务流程组织过程可能是不同的，比如人员的配备，有的小型开发组织很可能系统分析人员、用例工程师和框架设计师就是同一个人。因此，统一软件工程在这里没有标准，应根据具体的组织实际情况组织业务流程。但是，一定要有一个业务流程，否则，业务组织就会处于混乱状态。

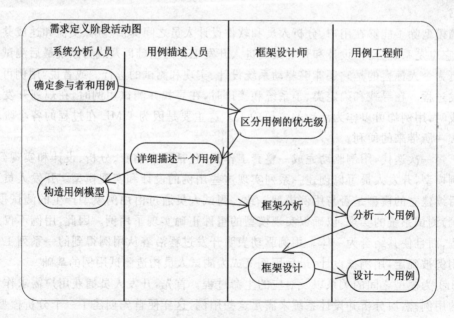

图 3.2 需求定义阶段的工作流图

第 3 章 迭代和增量式的嵌入式系统开发过程

虽然用例确实可以驱动过程，但这种驱动并不是单向的。用例与系统框架是协调发展的。在面向对象开发中，用例驱动不仅是指在分析系统需求时，用例是开发技术人员介入系统的切入点，而且系统各个层级的类元（系统、子系统和类）的构造过程也是从用例开始的。构造用例驱动系统框架的形成，反过来系统框架又会影响用例的调整。系统框架会随着制品的生命周期延续而不断完善。

需求捕获有两个目标：其一是发现真正的需求；其二是以适合于用户和开发人员的方式加以表示。"真正的需求"是指在实现时可以给用户带来预期价值的需求。请注意，往往在项目的开始，用户本身也不能十分确定这些东西。"以适合于用户和开发人员的方式加以表示"主要是指对需求的最后描述必须能够让用户理解，纯粹的计算机技术表示是不能达到此目的的。

在分析和设计期间，用例模型经过分析模型转化为设计模型。简单地说，分析模型和设计模型都是由类元和说明如何实现用例的用例实现集合组成[6]。尽管分析模型本身是一种模型，但它是需求的详细的规格说明，并可以作为设计模型的切入点。开发人员使用分析模型将需求工作流中描述的用例转化为概念性类元（注意：概念性类元不是实现性类元，但两者具有相关性）间的协作，以便更准确地理解这些用例（这是分析模型的目的）。分析模型也可以用来创建可复用的软件组件。分析模型与设计模型不同，它是一个概念集合而不是软件实现元素的集合。分析模型的用例实现与设计模型中相应的用例实现之间是一种跟踪依赖关系，参见图 3.1。分析模型中的每个元素都可以从实现它的设计模型中得到跟踪。

设计模型是一个用于描述用例实现的类元集合，它既关注功能性需求和非功能性需求，也关注与实现环境有关的并最终影响系统的其他约束。设计模型是系统实现的蓝图。设计模型和实现模型之间存在着直接的影射关系。通常，尤其是对于大中型系统，设计模型是有层次的（子系统、组件、协作一直到实现的类），模型中包括跨越层次间的如关联、泛化和依赖等关系。

开发人员根据设计模型实现设计好的类。或者说，把设计模型直接精化，实现过程不改变系统结构，只是在设计好的框架（骨架）里面填加"血和肉"[6]。软件开发人员所建立的源代码和相关文档的集合就称为实现模型。实现模型是设计模型依某种关系而形成的直接映射。这种映射可以通过自动程序直接实现，也可以通过程序开发人员人工完成。

最后，在测试工作流期间，测试人员验证系统确实能够实现用例中所描述的功能和满足系统需求。测试模型由测试用例组成。每个测试用例定义了输入、运行条件和结果的集合。大多数测试用例可以直接从用例模型中获得。因此，在测试用例和相应的用例之间存在跟踪依赖关系。这意味着测试人员将验证系统能够做用户需要它做的事，即能够执行用例。执行用例的测试属于系统功能测试。迭代开发过程与其他过程不同之处在于，功能测试不一定等到系统全部完成后才开始，执行用例的测试可以在分析模型、设计模型和实现模型上以不同的粒度方式进行。测试模型中除了与功能实现有关的测试（"黑盒"）用例之外，还应有对于各层级系统的结构和实现方面的测试。这就是通常所说的"白盒"测试。

3.2.2 以框架为中心

这里所说的框架(framework)与 Ivar Jacobson 等人所提出的构架(architecture)具有不同的含义。构架一般是指有关软件系统组织重要决定的集合,是对系统全方位问题的决策。构架涉及软件系统的组织、对组成系统的结构元素以及这些元素在协作中的行为选择、由这些结构与行为元素组合成更大的子系统的方式和用来指导将这些元素组织起来的构架风格。软件构架不只是涉及结构和行为,它还涉及到使用、功能、性能、柔性、复用、可理解性、经济性和技术约束以及折中方案、美学等[6]。在本书中,用体系结构来表示包括机械、电子和软件三个部分的系统结构和之间接口(或称关系)的定义。讨论中不使用构架的概念。本书中所指的框架是指反映系统软件类元结构和行为本质特征的软件体系结构。它是系统软件设计时的逻辑结构,它对于软件实现的其他部分(对象、算法和状态过程等)有着更为稳定的结构。它就像一个建筑物钢筋骨架,而其他部分则相当与建筑物的墙体、门、窗和地板等构件。一个建筑物的骨架是应该稳定的,有时骨架的改动(如承重墙)对建筑物可能是灾难性的。而像墙体的厚薄、门窗的大小、地板的颜色总是可以调整的。在本书中所讨论的,系统分析的主要目的之一就是要获得一个稳定的和经得起较长时间检验的系统软件分析框架,而其他组件可以通过迭代逐步增加和精化。

软件的框架概念包含了系统中最重要的静态和动态特征。框架是根据用例模型和系统的其他方面约束(如硬件的功能与结构、操作系统、网络通信需求)共同影响综合形成的。框架刻画了系统的整体设计,它去掉了细节部分,突出了系统的重要部分。换句话说,它是系统在体系结构层级的抽象。因为"究竟什么是重要的"这一问题部分地依赖于判断,而判断又来自于经验,所以,框架的好坏也就依赖于框架设计师的素质。然而,过程可以帮助他们确定正确的目标,如易理解性、适于将来变化的柔性以及可复用性等。另外在框架设计时也可以从已有的模式中选择组建或者从中获得灵感,关于实时设计模式请参见参考文献[3]和其他参考文献。

每一个系统都具有功能和表现形式两个方面。按照面向对象观点,这正是从系统层级观察到的行为特征和结构特征。一个成功的计算制品必须要做到这两个方面的平衡[6]。这里功能与用例相对应,即通过用例来精细化描述系统行为;表现形式与框架相对应,也就是说通过框架来描述系统的结构特征。用例与框架之间是相互影响的:一方面,用例在实现时必须适合框架;另一方面,框架必须预留空间以实现现在或将来需要的用例,或者说框架所能表达的问题空间要远大于每一个用例所能表示的,因此框架远较用例稳定。一个较好的框架可以容纳在某一问题空间现有系统所提出的和没有提出的用例,即使对于已经提出的用例,也可以逐步的增量式的加入到框架之中去实现它。但这并不意味着一定要先开发好了一个固定不变的系统框架,然后再逐个实现系统用例。事实上,在系统开发过程中框架和用例往往是并行进化的。

上一节已经讨论了用例驱动本身就能够表明经过需求、分析、设计、实现及测试而获得一个系统的方法。然而,软件开发并不仅仅是盲目地依赖用例驱动工作流就能够完成的。换句话说,只依靠用例是不够的。要得到一个可用的系统还需要考虑更多的因素,这里"更多的"主要是指框架和系统约束。可以把框架看成是所有参与开发的人员必须达成或至少能够共同理解的系统实现的规格说明。

要建造一个狗窝、一所具有 10 个房间的房子、一座教堂、一家购物中心或一幢摩天大楼，情况是很不一样的。现在有许多建造这类大型建筑的方法，需要一组建筑设计师来设计它们。设计组成员必须彼此了解设计的进度，也就是说，他们需要把自己的工作用其他成员能够明白的形式记录下来。并且用一种非专业人员，如业主、用户和其他项目相关人员等，可以理解的方式表示出来。最后，还得通过施工图纸将设计交给建筑商。

类似地，大部分嵌入式系统（特别是较复杂的大型系统）的开发都要预先考虑周全，并以后续的开发人员和其他项目相关人员都可理解且可用的形式记录这些想法。而且，这些想法（即框架）并不一定是一开始就完全成熟的，框架设计师在项目开始的阶段通常要经过几次迭代才能使框架完善。在建立框架的后期阶段，经过反复的细化过程才能得到一个可靠的框架。这样，在进入系统的设计实现阶段，就具备了构造整个系统的坚实基础。

一个大型、复杂的嵌入式系统软件需要一个框架设计师，以便于开发人员可以向着一个共同的目标努力。软件系统很难想象，因为它并不存在于人类所生存的三维世界里。经常遇到的情形是，它往往是无先例可循或者说独一无二的。它经常采用未经证实的技术或各种技术的新颖组合，并把现有的技术推向极至。而且，在构造时还可能需要适应将来的一系列变化。随着系统的日益复杂，分析设计问题远远超过了计算机计算的算法和数据结构问题。因此，设计和确定整个系统的结构便成了一类新的问题[6]。

嵌入式系统软件开发过程需要一个框架通常是基于如下原因：
➢ 理解系统。
➢ 组织开发。
➢ 鼓励复用。
➢ 进化系统。

1. 理解系统

对于一个从事嵌入式系统开发的组织，系统的描述必须被所有相关人员所理解。要使现代软件系统被人们所理解是一个很大的挑战，其原因很多：
➢ 它们包含复杂的行为。
➢ 它们在复杂的环境中运行。
➢ 它们使用的技术很复杂。
➢ 它们是综合性技术，如硬件寄存器定义、软件组件的使用等。
➢ 它们必须满足用户的真正需求。
➢ 在管理上尽管产生了大量的文档，但大都是表面文章。当原有开发者离开而新的开发者接手时，所有的管理文档都会变得似是而非。

在实际运作过程中,以上这些因素可能还在不断变化。所有这些(或许还有其他原因)都形成了一种潜在的难以相互理解的状况。

以框架为中心和基于模型的开发,可以防止出现这种无法理解的想象。对于基于模型的开发的第一需求就是:它必须使分析人员、设计人员、开发人员(甚至是新加入或后来的)、用户以及其他项目相关人员能够详细理解所需要做的工作,以利于他们参与系统的创建过程。而本书所讨论的框架则是与系统实现相关的核心模型,它们可以交流给用户,也可以作为组织内部仅供开发人员使用的内部规范。随着人们对 UML 的日益熟悉,会发现使用 UML 来对系统框架进行建模,可以更容易掌握框架的概念。在这里仅就相关概念进行了讨论,关于框架的组成形式和建立方法请参见 3.3 节。

2. 组织开发

软件项目组织越庞大,开发人员协调工作所付出的开销就越大。当项目分散在不同地点时,这种交流的开销也会增加。通过将系统划分为带有明确定义接口的子系统或组件,并让一个开发小组或个人负责其中的一个部分,无论他们是在同一幢大楼里还是在不同的地域,框架设计都可以减小负责不同子系统的开发组之间的交流工作量。一个好的框架应该明确定义这些接口,尽可能减少子系统间的通信。一个良定义的接口,可以有效地向双方的开发人员"传达"他们需要了解的对方小组正在进行的工作。套用第 1 章的面向对象思想,开发组织的目标也应该是使开发小组的工作任务向着"高内聚度"和"低耦合度"的目标设计。

稳定的接口允许该接口双方的软件独立地进化。合适的框架和设计模式有助于发现子系统间恰当的接口。

3. 鼓励复用

可以打个比方来解释框架对复用的重要性。计算机的硬件产业很早就已经标准化。计算机集成商从标准化的零部件中"获益匪浅"。装配工只需要从总是可以组装在一起的标准化零部件中选取零部件(电源、主板、机箱、内存条、硬盘、键盘、显卡等),而不必费力去搭配来自于各地不同尺寸的"新型"零部件。

像计算机硬件集成一样,"提倡复用"的开发人员知道去理解问题空间而不仅仅是围绕着用户所提出的需求打转转。他们知道框架所确定的哪些组件(如 RTOS)是合适的,并且了解如何装配这些组件来满足系统需求和实现用例。等能够得到可复用的组件时,就使用它们。就像标准化的计算机零部件一样,可复用的软件组件经过设计和测试以便能够组合使用,这样构造软件就能够节省时间和降低成本,其结果是可以预测的。就像计算机硬件推行标准化需要一定的时间一样,软件组件的标准化也需要积累经验,恐怕会需要经历更长的时间过程。不过自从 UML 和面向对象模式问世以来,这方面已经有了长足的进步,预计"组件化的嵌入式软件"会陆续出现。

软件产业要达到很多硬件领域已经达到的标准化水平,好的框架模式和明确的接口是实现这一目标的关键。好的框架为开发人员提供了可以在其上开展工作的骨架,而框架模式是业已经过证明是正确的、经过验证是安全可靠的和接口定义明确的框架。UML将会加速组件化产品的进程,因为标准建模语言是构造特定领域可复用组件的先决条件。

4. 进化系统

有一件事情很确定,那就是任何有相当规模的软件系统都需要不断地进化。甚至它处在开发过程中就需要这种进化,也就是所谓的需求变更。在投入使用后,变化着的环境也会要求对其进一步完善。这样,就要求系统易于变更,硬件情况会与此大不相同(除非是可编程硬件)。实际要求是,开发人员应该可以改变部分设计和实现,而不必担心这种改变会对整个系统产生非期望的效果。使用基于模型和以框架为中心的方法,开发人员完全可以在系统中实现新的功能(即用例),而不会对现有的设计和实现造成太大的影响。换句话说,系统本身应该对变化具有一定的柔性(或称容变能力)。如果开发的是一个框架拙劣的系统,它就经常会随着时间的推移和越来越多的补丁而使系统出现功能退化,直至最后无法有效地再进行更新。这里需要说明的是,"好"的框架从来都不是自动产生的,使用UML建模和以框架为中心的方法,只是为开发良构的软件框架提供了技术手段,但它永远也不能等同于使用它就一定会得到一个"好"的框架。

3.2.3 迭代和增量式过程

开发一个商用计算制品是一项艰巨的工作,可能会持续几个月甚至几年。将一个长期而复杂的任务划分成一系列较小的任务是切实可行的。每一个较小任务可以称为一个袖珍项目。每个袖珍项目都是一次能够产生一个增量的迭代过程。每一个迭代都要经过需求、分析、设计、实现和测试等主要工作流程。而增量是指通过一次迭代使目标产品或者从模型,或者从代码方面会有所增长。为了获得最佳效果,迭代过程必须是受控的,也就是说,它们必须按照计划好的步骤有选择地执行。

开发人员基于两个因素来确定在一次迭代过程中要实现的目标。首先,迭代过程要处理一组用例,这些用例合起来能够扩展所开发产品的可用性。其次,迭代过程要解决突出的风险问题。后续的迭代过程建立在前一次迭代过程末期所开发的制品上。它是一个袖珍项目,在每次迭代过程中,根据一些用例继续完成后续的开发工作,并以可执行(不一定是代码,也可以是可执行模型)的形式来实现这些用例。当然,一个增量不一定是对原有制品的增加,尤其是在生命过程的初期,开发人员可能是用更加详细和更加完善的设计来代替最初简单的粗粒度的模型设计。在生命过程的中后期,增量主要是对制品的代码方面的增加。

在每次迭代过程的前期,在技术方面,主要是以形成系统框架为基本目标。如3.2.1节所述,系统框架的形成是用例驱动的,分析人员标识并详细描述能说明系统主要问题的有关用例,并抽象出系统问题概念和能实现这些用例的粗粒度的框架。框架形成以后的后期迭代主

第3章 迭代和增量式的嵌入式系统开发过程

要是以选定的框架为向导来创建设计,用组件来实现设计,并验证这些组件是否满足相关用例。在迭代中开发人员可以自己开发一个针对特定框架的组件,也可以在开发中采用结构化、增量式方法针对一组具体用例的组件或目标代码。如果一次迭代达到了目标,开发工作便可以进入到下一次迭代。如果一次迭代没有达到预期的目标,开发人员必须重新审查前面的方案,并使用一种不同的方法。

为了在开发过程中取得最好的效果,项目组应设法选择迭代过程实现目标。迭代的过程要按照一定的逻辑顺序进行排列,一般要选择由易到难的顺序,使开发人员有一个进入项目和理解项目的过程。一个合乎逻辑的迭代过程选择的项目会沿着设计的路线顺利进行下去,一般不会有较大的偏离。当然,对于不可预见的问题,需要增加迭代次数或改变迭代顺序。当然,这会使开发过程增加更多的工作量和更长的时间。将不可遇见问题减到最少是降低风险的最有效措施。事实上,减少不可遇见问题最需要的就是开发经验,同时开发经验也是降低系统其他风险的最直接保障。

受控的迭代过程有如下好处:

① 受控迭代过程将成本风险降低为获得增量所需要的费用。如果开发人员需要重复某次迭代过程,该组织损失的只是对这次出错的迭代过程的投入,而不是整个产品或整个系统的开发阶段的投入。

② 受控迭代过程可以降低产品早期阶段的错误风险。通过在开发过程初期确定风险,处理这些问题所花费的成本出现在进度表的初期,此时,开发人员通常比开发末期要从容。在传统方法中,在系统测试阶段才首次发现疑难问题,而解决这些问题需要付出至少 10 倍于分析期间就地解决时的成本。表 3.2 为 GTE,TRW 和 IBM 采用瀑布模型时,对软件错误不同时期进行修复所付出的相对成本列表。

表 3.2 软件错误不同时期进行修复的相对成本

阶 段	相对修复成本/%	阶 段	相对修复成本/%
需求阶段	0.1~0.2	单元测试阶段	2
设计阶段	0.5	验收测试阶段	5
编码阶段	1	维护阶段	20

③ 受控迭代过程可以加快项目的进展速度。因为有了清晰、明确的近期目标,而且所有目标都是可测量的,开发人员不再工作在漫长的、不断变化的和不可测量的冗长开发阶段中。受控迭代会使开发效率大大提高,从而加快了项目的开发速度。加快开发速度的另一个主要原因是模式和组件的应用。由于这两个问题与这里的主题不直接相关,这里不作更详细讨论。关于模式的讨论请参见 5.2 节。

④ 受控迭代过程可以适应计算制品中必然存在的需求变更问题。关于需求变更的必然性

第 3 章　迭代和增量式的嵌入式系统开发过程

问题在 3.1 节已经进行了讨论。由于后期迭代过程仍然可以处理需求用例,因此从原理上受控迭代过程就接受需求的适当调整。嵌入式系统所适应的迭代开发模型如图 3.3 和 3.6 所示。

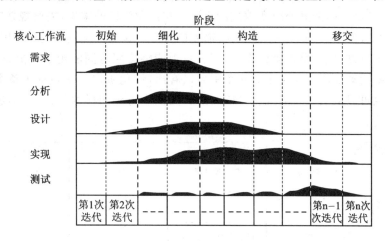

图 3.3　统一软件开发过程开发模型

用例驱动、以框架为中心和迭代增量式过程三个概念是三位一体的,去掉三个概念中的任何一个都会使统一开发过程不够完整。拿 Ivar Jacobson 的话说:"它就像一张三条腿的凳子,缺少一条腿凳子便会翻倒"。统一过程所采用的开发模型是一个二维模型,图 3.3 来源于参考文献[6],它清晰地表明了计算制品在生命过程阶段(初始、细化、构造和移交)维度和核心工作流维度系统建造、增长的过程。在图 3.3 模型中,一个产品是在初始、细化、构造和移交这样的生命阶段完成的。下面仅就各阶段的活动做简要介绍。

在初始阶段,迭代过程围绕着如何将一个好的想法(可以是用户提出的,也可能是开发商自己提出的)发展为最终产品的构想而进行。通常在这个阶段需要弄清:

➤ 系统向它的每个用户提供什么样的基本功能?
➤ 该系统的框架应该是什么样子的?
➤ 开发该产品的计划如何?开销多大?

显然,在这个阶段就需要处理用例,通常包含关键用例的简化用例模型就可以回答第一个问题。在嵌入式系统中,功能是最基本的,完成系统功能是整个开发过程的基础。但功能却不是问题的全部,开发人员不仅要知道完成系统功能,而且更需要知道是在什么样的约束条件下完成的每一项功能。在这个阶段,框架是实验性的,通常只是一个包括主要子系统的大致轮廓。要确定系统最主要的风险及其优先次序,需要对下一个阶段(细化阶段)进行详细规划,并对整个项目进行粗略的估计。初始阶段的主要活动如图 3.2 所示。

在细化阶段,主要围绕着形成系统框架而进行。在该阶段,需要详细说明该产品的绝大部分用例,并设计出能够被测试的系统的框架。系统的框架和系统本身的关系是至关重要的。

第3章 迭代和增量式的嵌入式系统开发过程

可以用一个比喻来说明这种关系:框架就像动物的骨架,在骨架与皮肤之间有不同数量的肌肉填充,并由肌肉产生基本动作。这里骨架就是我们所讨论的软件框架,皮肤就是通常所说的用户界面,而肌肉则是构造系统时所填加的程序。在细化阶段的末期,需要规划完成整个项目所需要进行的所有活动,估算出完成项目所需要的资源。这里的关键问题是:用例、框架和计划是否足够稳定可靠,风险是否得到充分控制,是否能够按照合同的规定完成整个开发任务。细化阶段的主要活动如图3.4所示。从图中可以看出,细化阶段几乎包括了整个项目工作的所有活动。这也可以从图3.3的细化阶段的阴影图例中得到同样的结论,只不过是各项活动的重心略有不同。

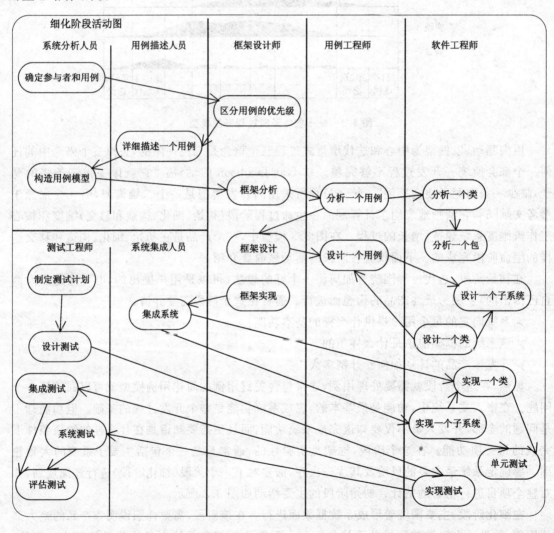

图 3.4 细化阶段的工作流图

第3章 迭代和增量式的嵌入式系统开发过程

在构造阶段,主要围绕着详细设计和实现产品而进行。在这一阶段,将构造出最终产品,或者说,为骨架增加肌肉和美化皮肤。在项目开发的这个阶段,将消耗所需要的大部分资源。虽然在这个时期开发人员可能发现更好的构造系统的方法,因而向框架设计师建议对框架进行细微的变动。由于系统的框架是稳定可靠的,因此这种细微的变动通常不会带来大规模的系统调整。在构造阶段的末期,产品将包括组织内部实现相关的和用户要求的对所发布版本达成共识的所有用例。但是,由于产品是智力劳动的制品,它是不可能没有缺陷的。很多缺陷将在移交阶段发现和改正。这个阶段的末期需要回答的问题是:移交给用户的产品是否完全满足了用户的需求?构造阶段的主要活动如图3.5所示。

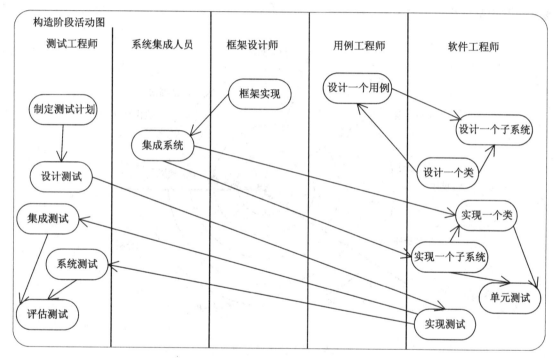

图 3.5 构造阶段的工作流图

在移交阶段,主要围绕完善产品的实现而进行。少数有经验的用户试用该产品并报告产品的缺陷和不足,开发人员则改正所报告的问题。通过适当的迭代过程,最终完成该产品。移交阶段包括制作、用户培训、提供在线支持以及改正交付之后的缺陷等活动。

模型中核心工作流的各项活动内容,将在图3.6的模型中介绍。

除了以上介绍的统一软件开发过程二维模型外,在实时嵌入式系统开发中另一种类螺旋模型也非常流行,如图3.6所示。该模型取材于参考文献[2],它同样也是一个二维模型。该模型是 Bruce Powel Douglass 参与开发的嵌入式系统的快速面向对象过程 ROPES(Rapid

Objected-Oriented Process for Embedded System)的一部分。从概念上两个模型是等价的,两者的迭代过程都十分清晰,不过图 3.6 的模型淡化了初始、细化、构造和移交的生命过程。实际上在图 3.6 的模型中将初始、细化、构造和移交的生命过程变成了从外圈到里圈的系统进化过程。请读者注意,图 3.6 的模型与通常软件开发中所使用的螺旋模型[37]是具有较大的不同的。首先,虽然两者都是基于原型的,但两者原型的含义是有所不同的。ROPES 的每一个原型是一次经过几乎所有核心工作流的一次迭代,并且是可运行可测试的,而螺旋模型的早期原型是不经过核心工作流过程的。其次 ROPES 模型的由外向内的旋转意味着两个含义:其一,系统是收敛的;其二,系统的每一次迭代往往是前一次迭代制品的进一步精细化过程,系统在整个过程中都使用统一的 UML 描述方法。

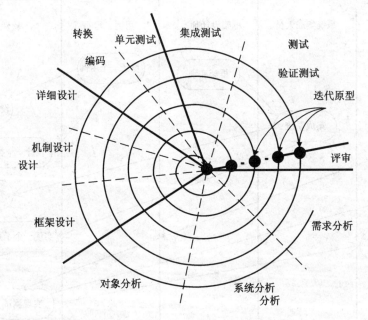

图 3.6 嵌入式系统开发模型

ROPES 过程用到了以下几个主要活动:

(1) 分 析

分析定义了系统的核心特征,这些特征对于所有可能的、可接受的解决方案都必须是无歧义的和稳定的。或者说,分析要确定系统中对保证正确性至关重要的所有特征,但其中应该避免易于引起异议的设计特征。分析的逻辑或理论原则是其与设计实现的无关性(传统软件工程所说的识别"做什么"),一个分析的结果可以用任何一种能够解决该问题的设计实现。分析阶段由需求分析、系统分析和对象分析三个子阶段组成。

① 需求分析。需求分析阶段从客户那里获取需求。该过程辨识作为黑盒的系统的全部需求,该需求既有功能上的也有非功能上的。对于实时嵌入式系统,非功能需求(或者说约束

需求)起着更关键的作用。因为它们决定着怎样和在什么样的资源条件下完成系统功能。这里所说的客户可能是系统用户、市场部门的职员或和约人。总之,他们是有责任定义系统应该做什么的任何人。在这个阶段需求分析人员需要注意的是应该获得系统的"真正"需求。实际上,客户所提出的,未必就是你所要开发系统的真正需求。大部分客户知道系统的使用现场情况,但他们有时却很少能从系统的角度来考虑问题。这样,往往会导致需求的模糊性和不完整性。更糟糕的是,他们可能提出相互矛盾的、异想天开的或者成本太高的需求。并且,客户常常会忘记提出"显而易见"的需求,他们也可能会给出实际上属于实现细节的需求。这一阶段的目标是获得当次迭代的用例模型,或者说系统的需求规格说明。

② 系统分析。系统分析是大规模复杂嵌入式系统中的一个很重要的阶段。系统分析通常将系统的关键概念和关键结构进行细化,并将系统功能划分给各个硬件组件和软件组件。系统分析从根本上讲仍然只是功能视图,而不是类或对象视图。系统分析不隐指任何类或对象,更不用说去识别它们。系统分析通常只在大型或者很复杂的系统上进行,而对于小型或者相对简单的系统它并不是主要或必须经过的步骤。在这个阶段,需要为复杂系统确定大尺度的组织单元;为组织单元构造较为详尽的行为规格说明;按软件、电子、机械三个方面对系统级功能进行划分;最后,用可能的方式对执行模型进行行为测试(推理、走查、执行可执行模型等)。系统分析的结果是按功能分解的系统体系结构,其中包括若干黑盒节点,这些黑盒节点进一步包含称为组件的行为元素。接下来对这些组件进行详细分析并最后完成软硬件的取舍。至少要在高层上定义好组件之间的接口。这样,不同学科的工程师就可以在各自的分块上继续工作。行为组件的分析可以通过有限状态机、连续性控制系统或二者的组合来完成。这一阶段的目标是获得当次迭代的实施模型、运行规格说明和软硬件规格说明。

③ 对象分析。对象分析子阶段要给出重要的对象和类,以及它们的主要属性。前面的子阶段定义了系统要求具备的行为。这些行为要通过这个子阶段给出的对象结构予以满足。这是对象和类第一次出现在我们的视野中。需要说明的是,这里的类和对象是实现前边子阶段定义的系统功能主要概念结构,而不是最终实现的物理结构。这也正是这个阶段得到的模型称为概念模型(或分析模型、逻辑模型、本质模型)而不能称为物理模型(或设计模型、实现模型)的原因。对象分析包括对象结构分析和对象行为分析两个基本过程。在实践中,这两个基本过程通常是交替甚至是并发进行的。这个阶段的主要活动包括:应用对象定义策略来发现重要对象;对对象进行抽象进而给出类;揭示对象和类之间是如何关联的;构造符合用例行为需求的对象协作机制;定义交互对象最重要的行为;给出对象最重要的操作和属性;将性能约束分解为类操作的性能约束等。这个阶段的结果就称为分析模型。

(2) 设 计

设计定义了与分析模型保持一致的对所处理问题的特定解决方案。设计通常与优化有关。根据 ROPES 的观点,设计过程大多数工作是将设计模型应用于分析模型中[1]。设计模型和分析模型都是系统模型在不同抽象层次上的视图。显然,设计模型与分析模型保持一致

第3章 迭代和增量式的嵌入式系统开发过程

是非常重要的。这不会像传统做法那样设计系统时另搞一套,使分析和设计之间存在巨大的鸿沟[36]。分析模型到设计模型的进化可以通过细化和转化两种方式进行。转化方法是一种自动或半自动过程,需要工具(如 Rhapsody)。关于转化工具,这里不进行讨论,如有兴趣可查阅相关参考文献,如参考文献[1]。作者相信,有关这类工具,日后会陆续出现。细化方法是人工方式,本书主要介绍细化方法。设计也由框架设计、机制设计和详细设计三个子阶段组成。

① 框架设计。框架设计主要关注影响大部或全部应用策略的设计决策。实际上,在系统分析子过程已经形成了系统的较高层次上的基本框架。不过系统分析的框架主要是针对包括电子、机械和软件三个方面的概念框架。而在这个子阶段的框架设计主要是指软件框架。而电子和机械方面的实现有其成型的传统方法,这里不进行讨论。框架设计的主要活动包括任务的识别和特征刻画;定义软件组件及其分布情况;设计模式的应用;全局性错误(包括保险性、容错等)处理等。这个阶段的目标就是要获得 3.3 节所描述的框架。

② 机制设计。机制设计是整个设计阶段的中间层次。这个子阶段给前面产生的框架(或协作)添加新的更精细化的内容,并根据某些系统优化标准对其进行优化。机制设计的作用域空间是系统框架中的单个协作,协作的上下文在框架中给出。通过添加类或者是应用模式对协作中的类元具体化。如果系统较为复杂和庞大,这个子阶段要经过多次迭代才能完成。如果系统很小,一次定义每个协作或系统框架中的所有类也是可能的。这个子阶段的活动包括通过添加类或应用模式来细化协作;确定类之间的关系实现;确定类的绝大多数属性和操作等。这个阶段所获得的设计模型应该是面向对象软件实现的最小划分的全集,也就是说,系统的所有可封装的类和对象在这里全部表示完毕。

③ 详细设计。详细设计是设计的最低层次。这个子阶段中,添加了优化最终原型所需要的更详细信息,包括对关联、聚合和组合的实现方式的定义;操作的前置不变量和后置不变量、类的异常处理、属性的确切类型和有效值范围;方法或状态中的复杂算法设计等。在这个子阶段,可以用传统(或类传统)的过程方法,完成系统的全部设计工作。这个阶段所得到的设计模型,应该能使看得懂模型的代码设计人员无异议地进入代码设计过程。实际上,往往在开发小系统时,设计人员和代码编码人员是同一个或一组人员。这时,详细设计模型往往同代码开发同时进行,有的甚至就没有详细设计模型。这从工程学观点上看肯定不是一个"好的"做法,但往往却很有效。如果从管理和维护的视角,或者设计和编码根本就不是同一组人员时,这肯定是行不通的。对于这个问题,作者的观点是,详细设计模型应该有,但不必拘泥形式。至于如何产生,要根据项目实际情况,按效率优先的原则进行。

(3) 转 换

转换过程将系统 UML 模型转换为所使用的开发语言程序的源代码,并通过编译器生成可执行的目标代码。转换过程包括代码的开发和单元测试两部分内容。在这个子阶段,代码设计人员必须将 UML 模型元素映射到编程语言元素。如果所用的语言是一种面向对象语言

(如 C++)，那么这一过程相当直接，因为所有的重要决策都已经在分析和设计过程中完成。如果所用的语言不是面向对象语言(如 C)，那么编程工作就显得更"有创造性"。在这种情况下，常见的做法是编写一个转化风格向导。在向导中详细定义转化规则，从而让程序员按照统一风格实现 UML 模型。在这个阶段的单元测试属于白盒测试，用于保证所测试单元的内部正确性并且符合设计要求。

(4) 测 试

测试过程要在应用程序上应用一组测试用例并产生一组可观察的结果。这个测试过程属于黑盒测试。测试用例主要是基于需求分析和对象分析阶段所确定的场景。每次测试对一个迭代原型进行，包括集成测试和验证测试(或完整性测试和有效性测试)两个子过程。

(5) 评 审

在正式开发组织中，评审原型活动是不可或缺的。评审过程既是一种项目管理措施，也是一项重要的技术活动。评审最终确认此次迭代产生的原型的正确性与不足，决定是否增加迭代次数等。

3.3 嵌入式系统软件框架

前文已经指出，本书所讨论的软件框架(framework)是为了构建完整的应用所必需的一种程序框架结构。它与参考文献[6]所指的构架(architecture)是有着不同含义的。这一节重点讨论什么是嵌入式系统软件框架以及框架模型之间的相互关系。

3.3.1 什么是系统软件框架

实践中发现从三种相关但不相同的视角来建模系统就可以描述系统的无论从结构方面还是从行为方面的本质特征。这三个视角分别是系统内部结构视角、类元间交互视角和类元生命历史状态视角。反映这三个视角的 UML 模型分别是类模型、交互模型和状态模型。因此，这里把类模型、交互模型和状态模型这三种不同模型的集合称为系统的软件框架。

类模型描述系统内部类元的特征、类元之间的相互关系以及类元所属的每个类的属性和操作，该模型捕获系统的静态特征。类模型在框架中是最基本的。之所以围绕着类元而不是功能来构建系统，是因为面向对象系统与现实世界更为贴近，所以更容易响应变化。另外，由类元及其关系组成的类模型是与系统实现相关的，类模型的进一步精细化，就是系统的实现。同时，类模型又是功能相关的，在分析阶段产生的概念模型，就是为实现用例而进行的大粒度概念识别而建立的模型，是系统最高层次的类模型。

交互模型描述类元要如何交互才能产生所需要的结果，它从系统独立类元间的交互视角描述了系统类元之间的协作行为。交互模型既跨越了从系统整体来看的外部功能到其内部结构的界限，也跨越了系统由结构到行为的界限。它就像胶水一样，把整个系统的各个方面连接在一起。首先，交互模型可以在不同的抽象层级上建模。在较高层次上，作为用例描述（或实现）来表现系统如何与外部参与者交互。在子系统或组件层级上用来描述类元之间的交互行为，这些交互行为在系统实现过程中最终会映射成类元的属性或操作的调用。其次，它又与状态模型从不同的视角来建模行为。如果单独观察某一个类元的生命历程，就用状态模型为其建模。但状态模型很少能建模几个类元之间的交互过程。如果要为几个类元之间的交互过程建模，那只好使用交互模型。交互模型虽然能为多个类元建模，但它所建模的仅是类元间交互的一个快照（而不是行为全景）。因此，为了完整地描述行为，状态模型和交互模型这两者都需要。它们互为补充，从各自的视角来建模所关心的行为。

状态模型可以在不同层面（系统、子系统和对象）以整个类元行为的全景为描述空间，从控制视角描述其全景行为。状态模型描述所表现类元通过响应外部激励而发生的操作序列，而不是描述操作做了些什么，对什么进行操作或操作是如何实现的。当类元处于某个状态时，可以进行某种活动。对于活动的建模，也只给出活动的规格说明而不考虑具体实现。所有活动最后都要体现在所描述类的操作里。

典型的软件过程合并了所有三个方面：它使用数据结构来表现类元的某些属性，按时间来设定操作顺序，并在类元之间传递数据和控制。

软件框架由三个模型组成，并不意味着每个模型在软件生命期不同迭代过程或不同类型系统中同等重要或具有同样的细节。事实上，在实践中会根据不同类型的系统（如数据库系统、工作流处理系统、反应式系统等）和系统生命期不同迭代过程的不同阶段对某些模型有所侧重。

框架中的每种模型都包含了对其他模型中的实体的引用。例如，类模型将操作依附于类，而状态模型和交互模型则详细描述这些操作。框架将一个系统划分成不同的视图。不同的模型并不是完全独立的（系统不只是一系列独立的或互不相关的部件），但每种模型在很大程度上都可以单独查看或理解。不同模型有着有限而清晰的互连。当然，创建出糟糕的模型设计也是有可能的，因为这三种模型交织在一起，不能独立设计和进化。好的模型设计会遵守面向对象的高聚合度和低耦合度等一系列原则。

在三种模型当中，每一种都会随着开发过程而演进。首先，分析师在不考虑最终实现的情况下创建了应用程序的分析框架。然后设计人员会给分析框架添加解决方案制品而形成设计框架。实现人员则把设计框架转换成编码制品。

3.3.2 组成框架的三种模型

1. 类模型

类模型（class model）描述系统中类元的结构，即它们的标识、与其他类元的关系、属性和操作。类模型提供了状态模型和交互模型的上下文。除非要改变某些东西，或要与其交互信息或控制,否则变化和交互就是无意义的。对象是面向对象划分世界的单元,而类则是对象的静态描述,因而类是类模型的分子。

构建类模型的目标是从真实世界中捕获那些对应用而言重要的概念。在建模工程问题的时候,类模型应该包含为工程师所熟知的术语;在建模商业问题的时候,应该在类模型中使用商业术语;在建模用户界面的时候,要使用应用程序的术语。分析模型不应该包含计算机制品,除非正在建模的应用本质上就是计算机问题,例如编译器或操作系统等。设计模型描述了要如何解决问题,一般会包含实现应用的计算机制品。

类模型由 UML 类图来表达。泛化使得类可以共享结构和行为,通过关联可以描述类之间发生的关系。类定义了每个该类的对象所携带的属性值以及其执行或经历的操作。

下面以计算机业界著名的"哲学家就餐"问题为例,来说明软件框架对实际问题的描述方法。

问题陈述:有 5 位哲学家围坐在一个圆桌旁,桌子中央有一大盘食品,每位哲学家需要两支筷子才能吃到食物。但整个圆桌上只有 5 支筷子,每 2 位哲学家之间有 1 支。每位哲学家的活动全景就只由思考和就餐 2 个交替的周期构成。当 1 位哲学家想要就餐时,他试图获得 2 支筷子。当然需要先拿到 1 支,然后再去拿另一支。如果他能成功得到 2 支筷子,那么他就可以就餐一段时间,然后再把筷子放回原处继续思考。

哲学家就餐问题类图如图 3.7 所示。在这个问题中,有 10 个对象,即 5 位哲学家和 5 支筷子。但抽象为类则只有两个类,即哲学家(Philosopher)类和筷子(Chopsticks)类。哲学家对象与筷子对象之间的关系是使用关系(InUse)。但在此问题中一个使用关联不能完全描述哲学家与筷子之间的左右各能用 1 支这样的关系,因此又增加了一对一关系。其中两个一对一关系描述了哲学家和筷子之间的相对位置。需要说明的是,对同一个问题来说,没有绝对的不变的模型。这里,仅是作者提出的一个可行的模型,读者也可以用其他视角来为这个问题建模。

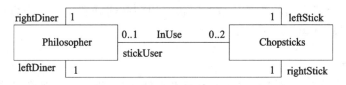

图 3.7 哲学家就餐问题类图

2. 状态模型

状态模型(state model)描述了与操作的时间和顺序相关的某个类元全景行为,即标记变化的事件,界定事件上下文的状态以及事件和状态的组织。状态模型捕获控制,它反映操作出现的顺序,不考虑操作做了什么,它们在操作什么,或它们是如何实现的。

状态模型由 UML 状态图来表达。每幅状态图都显示了系统内允许的某个对象类的状态和事件序列。状态图会引用框架内其他的模型。状态图中的动作和事件转化成了类模型中类元的操作。状态图之间的引用就变成了交互模型中的交互。

哲学家问题的状态图如图3.8所示。在状态模型中,通常仅对具有状态行为的类建模,但需要对每个具有状态行为的类单独建立一个状态模型。因为本例中两个类都具有状态行为,所以每个类有一个独立的状态模型,如图3.8(a)和(b)所示。哲学家类只有两个状态:思考(Thingking)和就餐(Diner)。系统初始化开始时哲学家进入思考状态。当他需要就餐时,就要去申请筷子,当仅申请到1支筷子而不能得到第2支筷子时,他要再回到思考状态。也可以增加一个占有1支筷子的状态,但作者并不认为这是一个好的主意。因为在哲学家占有1支筷子时若为了申请第2支筷子停留一段时间,就极容易引起第2章所讨论的互斥问题甚至是死锁问题。不过,如何解决死锁问题更多的是实现策略的问题,在分析阶段主要是关注如何理解问题本身。请参见第2章有关内容。

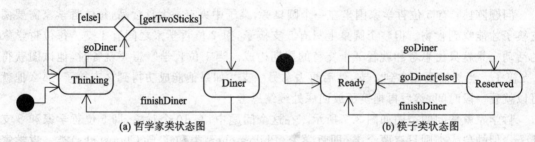

图3.8　哲学家就餐问题状态图

对于筷子类(图3.8(b))的状态图需要说明的是,当哲学家申请到1支筷子时,该筷子应进入被占用(Reserved)状态,但当哲学家不能得到第2支筷子时,它就会再回到就绪(Ready)状态。另外,需要注意的是,虽然两个状态图是独立画出的,但其行为却是不能完全独立的。请注意它们之间事件的联系。例如,finishDiner事件既能使哲学家从就餐状态回到思考状态,它也同时使该哲学家所占用的筷子从被占用状态回到就绪状态。这是很自然的事情,因为两个类是在同一个系统之中。

3. 交互模型

交互模型(interaction model)描述了类元之间的交互,即某一级别域(系统、子系统、组件)内部独立类元之间如何通过协作来完成该域从外部看来的功能行为。状态模型和交互模型描述了行为的不同侧面,它们两者配合才能完整描述行为。

交互模型由UML通信图或顺序图来表达。根据不同类型的系统或使用习惯,可以侧重使用某一种图,例如实时反应式系统多使用顺序图,数据库系统则多使用协作图。交互模型也称为场景,在系统建模的各个层级都会用到。在系统层级,它主要用于细化用例描述,即捕获系统同外部参与者之间交互的主要内容。在子系统层级,它用于描述类元之间的交互过程和交互类型。

假设哲学家就餐问题中，哲学家与筷子的位置关系如图 3.9 所示。再进一步假定每位哲学家就餐时都会首先尝试拿起左边的筷子，然后再尝试去拿右边的筷子。这时，哲学家就餐问题的顺序图（即交互模型）如图 3.10 所示。需要说明的是，由于版面问题，在图 3.10 中仅画出了 3 位哲学家对象和 4 个筷子对象。从顺序图中也可以看出，交互图只是对实际运行中可能出现的场景建模，为了准确和全面地理解系统对象之间的交互行为，可能会需要许多交互图。

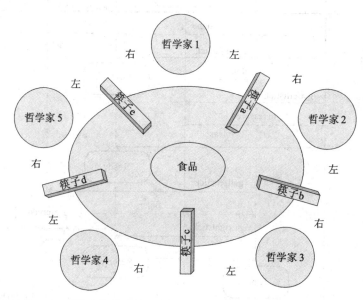

图 3.9　哲学家就餐问题位置关系

3.3.3　框架模型间的关系

框架中的每一种模型都描述了系统的一个方面，但也包含了对其他模型的引用。类模型描述状态模型和交互模型操作的数据结构。类模型中的操作对应于事件和动作。状态模型描述类元的控制结构。它显示了依赖于类元取值的决策，并引发动作来改变类元取值和状态。交互模型专注于类元之间的信息交换，并提供了系统协作的整体视图。

关于由哪种模型来包含某段信息，偶尔也会出现含混不清的地方。这很自然，因为任何抽象都只是对现实所提供的信息的一种取舍，肯定会有一些内容跨越边界。系统的一些特性可能被模型表现得很不习惯。建模的目标是在不使模型负担过重的条件下简化系统描述，因此太多的制品会使模型变成负担，而不是帮助。因此，通常用三个模型描述系统的本质方面就已经足够，除非框架的三个模型不能描述系统所特有部分的特性。这也是所谓"以框架为中心"

第3章 迭代和增量式的嵌入式系统开发过程

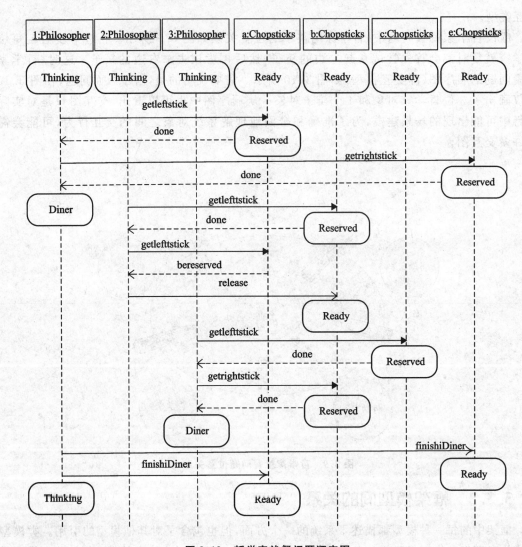

图3.10 哲学家就餐问题顺序图

的真正内涵。当然,对于框架的三个模型无法捕获系统的那部分内容,通过附加其他图或描述语言(如 OCL)甚至自然语言描述仍然是可以接受的。这就像建筑图纸加标注说明和机械图纸附加材料清单是一样的道理。

建立模型的过程是抽象的过程。建模是为了在实现解决方案之前先理解问题。所有的抽象都是现实问题的子集,是针对特定意图选择的。

3.4 过程中的阶段制品

面向对象的思想是想通过开放的、灵活的和渐进的过程来开发应用系统。因此,在文档方面也不应该是僵化的、形式主义的、烦琐的和无意义的。从管理方面,应该注重里程碑事件的记录和技术文档的归档,而不应该增加那些走形式的、为了管理而管理的文档。在系统进化过程的里程碑意义事件包括可行性研究、用户需求、项目开发计划、需求模型、分析框架、设计框架、实现模型和测试模型等。在管理上,可能还要加上用户手册和维护手册等。实际应用中,管理文档的内容和数量根据企业组织内部的管理需要会有所不同。这里仅就技术过程所需要的必要文档(阶段制品)进行讨论,而不再涉及项目管理方面的文档内容。

1. 需求分析阶段

从技术方面来说,系统从一份正式的书面《用户需求》开始是合理的技术介入点。这份用户需求可以完全出自用户之手,也可以由系统分析人员与用户共同完成(通常会是这样的)。系统开始时的用户需求是系统的初始需求,它应包含系统构想和系统的主要功能。虽然是正式的书面文件,但并不意味着它是板上钉钉的。它仍然可以在后期的迭代过程中进一步完善和细化。

系统分析人员从用户需求开始进入需求分析阶段。需求分析的结果制品是分析模型。分析模型主要包括 UML 用例图和场景图。当两个 UML 模型仍然不能反映系统的所有功能需求和非功能需求时,也可以附加如对象约束语言 OCL(Object Constraint Language)文件或自然语言文本说明。分析模型是一种有效的与业务专家交流的工具。分析的目标是在不引入任何特殊实现的偏见下,全面地描述问题。但实际上要想完全避免实现带来的影响是不可能的。事实上,在不同的开发阶段之间没有绝对的界限,也不存在完美分析这种东西[7]。分析模型其实就是传统意义上所说的《需求规格说明书》。它除了起到需求规格说明书的作用外,由于它的图形化无歧义问题描述,既可以起到与用户良好沟通的作用,也可以为后期系统的技术开发人员指明需求问题的真正内涵,使他们尽快理解和消化实质性问题。

需求分析之后,系统的后期活动都应围绕着框架进行。系统分析和对象分析产生分析框架。分析框架从技术上来说,是系统自上而下向内部的第一层观察,如果系统足够大且足够复杂,这一层可能只看到构成系统的子系统和构件。如果系统足够小且足够简单,这一层可能看到的就是构成系统的类(甚至对象)和构件。分析框架的重点不是系统的具体实现而是功能实现。这种功能实现往往是粗粒度的,它只注重通过怎样的协作达到系统的功能要求,而对于非功能要求(尤其是约束的具体满足实现)是不需要细致考虑的。

2. 设计阶段

设计阶段要产生能够被编码人员具体实施的设计框架。设计框架是对分析框架的进一步精化。设计需要选择和细化两个主要内容。选择是一种优化过程,对于分析框架的实现可能有多种方案可以选择,设计要求从中按照某种优化原则选择出最佳或最合理方案。在选择中可以参考业已完成、公开发布的各种设计模式。如果模式以及模式的改进组合不能满足系统的设计要求,就应该自己实现系统的所有细节。从框架的设计粒度方面可以再分为架构设计、机制设计和详细设计三个子过程。架构设计要对分析框架进行设计视角的再次确认,根据实现需要进行适当调整;机制设计的最小考虑单位应该到面向对象的最小实体类和对象,而设计的重点是这些最小实体之间的协作,涉及到关系、接口、职责和角色等;详细设计的目标是系统编码人员可以从这个模型开始直接进行编码工作。它涉及到对象所有属性和操作的具体落实,如各种关联、服务、接口、状态和算法的实现等。

3. 转换阶段

转换阶段要把本次迭代原型生成目标代码。生成的具体方式会根据所采用的不同的程序设计语言(面向对象语言如 C++,非面向对象语言如 C、汇编语言等),不同的开发工具(自动从可执行框架生成源代码,手工逐行编码等)有所区别,但结果却是共同的。这一阶段的目标代码可以在目标机上运行,也可以在开发机上模拟运行(如可执行的框架、模拟调试等)。这一阶段的测试称为单元测试。单元测试仅保证代码本身所实现的功能的正确性。单元测试由编码人员自己完成。

4. 测试阶段

测试阶段要根据迭代开始的原型所涉及的需求用例来设计测试用例,并根据测试用例填写测试文档。测试阶段保证原型能安装在框架内运行的过程就是集成测试。确认测试则是根据测试用例以黑箱方式证明原型满足其使命的过程。

5. 评审阶段

评审阶段既是一次迭代的结束,也是下一次迭代的开始。这时对当次迭代原型进行评议总结。这是项目管理和技术评价的一个交汇点,在这个交汇点上不仅要从技术上对原型的完成情况进行评议,还要对之前制定的开发迭代计划作出是否进行调整的决策。最后要形成交给管理部门存档的表格或者是一组文件。而完成的原型则根据管理需要继续保留在开发部门或交给管理部门一个备份。

系统项目实现过程核心阶段制品(文档)如表 3.3 所列。

第3章 迭代和增量式的嵌入式系统开发过程

表3.3 过程中的阶段制品

阶 段		基本制品	表示形式	说 明
初始		用户需求	自然语言文本	系统功能需求和非功能需求的文本描述
分析	需求分析	分析模型	用例图+场景图	图形化的用户需求规格说明,用于技术存档
	系统分析	分析框架	类模型 交互模型 状态模型	分析层面的三维框架,是规格说明到功能实现的转换,用于技术存档
	对象分析			
设计	架构设计	设计框架	类模型 交互模型 状态模型	设计层面的三维框架,是分析框架的优化和精细化框架,用于技术存档
	机制设计			
	详细设计			
转换	编码	源码文件	编程语言文本	源代码,用于技术存档
	单元测试	测试记录	测试用例+结果记录	用于技术存档
测试	集成测试	集成测试记录	测试用例+结果记录	用于管理、技术存档
	确认测试	确认测试记录	测试用例+结果记录	用于管理、技术存档
评审		评审结果	填写后的评审表	用于管理存档

思考练习题

3.1 你注意过知识学习的迭代过程吗?请举出你身边的例子。

3.2 什么是软件危机?请举出你熟悉的例子。

3.3 一个受控的开发过程和一个随意的开发过程都有哪些不同?为什么要提倡软件开发组织采用一个受控的开发过程?

3.4 用例驱动的软件开发过程与传统的软件开发过程有什么不同?

3.5 采用用例驱动的软件开发过程具有哪些优点?

3.6 什么是嵌入式系统软件框架?

3.7 软件框架模型之间都具有哪些联系?

3.8 软件框架的每个模型从什么视角描述系统?

3.9 软件框架在嵌入式系统软件开发中都具有哪些作用?

3.10 什么是"以框架为中心"?

3.11 采用迭代和增量式开发过程具有哪些优点?

3.12 按照二维软件开发模型,软件生命有几个阶段?每个阶段都有哪些活动?

3.13 开发工作流中分析的目的是什么?

3.14 分析需要几个子阶段,各进行哪些活动?结果是什么?

第3章 迭代和增量式的嵌入式系统开发过程

3.15 开发工作流中设计的目的是什么?
3.16 设计需要几个子阶段,各进行哪些活动? 结果是什么?
3.17 软件测试都有哪些层次,各自的目标是什么?
3.18 迭代原型的评审有什么作用?

第 4 章 面向对象的嵌入式系统分析

本章讨论面向对象的嵌入式系统分析问题和技术方法。嵌入式系统需要与外部环境交互,重要的外部环境对象以及它们与系统的交互构成系统需求分析的基础。一旦系统的外部环境确定,分析就必须辨识出系统内部的关键结构,系统通过作用在内部关键结构上的行为来完成可见的外部功能。

本章主要介绍如下内容:
- 分析的内容与目标;
- 用例驱动的系统需求分析;
- 需求模型;
- 嵌入式系统结构分析;
- 嵌入式系统行为分析;
- 分析实例。

4.1 嵌入式系统分析的内容与目标

分析的目的是定义待开发系统的基本性质。所谓基本性质指的是如果没有它们系统就会出错或不完整的那些性质。从当今对软件质量的认识看,软件的高质量意味着不仅是"与规格说明一致",也不仅是用户界面友好,而且是要进一步地想用户之所需,指导用户的应用方向[34]。换句话说:"要源于用户需求,高于用户需求"。要达到这样的高质量软件要求,分析是非常重要的环节。如果没有高质量的分析,就不可能有这里所意味的高质量的软件。

分析关注的是分析模型(也称为概念模型)的创建。分析人员通过创建模型来捕获并审视需求。分析中要确定的是必须完成哪些内容,而不是要确定如何来完成这些内容(用软件工程的老话说是要确定"做什么"而不是研究"怎么做")。分析本身就是一项困难的任务。分析从来就不是一个机械过程,对问题的准确表示要涉及经验和判断,在许多时候更像是一种艺术。开发者在提出关于设计的复杂问题之前,首先要全面地理解问题。合理的模型对于那些可扩展、高效的、可靠和正确的应用来说是一个先决条件。因为对于一个事先没有准确理解就开发的系统,即便在实现阶段添加大量的补丁也无法修补前后不一致的应用,不能补偿因事前

第 4 章 面向对象的嵌入式系统分析

思考不周全而带来的缺漏。

在分析阶段,开发者要考虑如何利用现有的信息资源,如用户需求文档、业务会谈记录和相关的应用调研资料,并消除它们之间的歧义。或者说,要产生自己的想法。由于对需求理解上存在的渐进迭代的必然性,业务专家常常无法确定出准确的需求,所以必须配合软件开发来细化需求。建模加速了开发者和业务专家之间的融合,这是因为模型的多次迭代要比代码的多次实现更快速。模型会使遗漏和不一致的地方突现出来,这样问题很容易就可以得到明确。经过开发者不断的阐释和细化,模型逐渐会变得一致起来。

系统需求分析更关注系统本身的功能需求和非功能需求部分。系统需求的获得不能仅仅根据初始的用户需求文档。除了用户需求文档外还要进行同用户的业务会谈和相关应用的调研活动。在处理大型复杂系统时,相关领域知识的学习对于建立正确的系统是十分重要的。如果不了解你所进入的领域(如商业、金融、机电、医药等)的基本知识和概念,要想得到一个确实能反映该领域内一个具体的应用需求,通常来说是难以实现的。

嵌入式系统分析的最终结果是产生一个由类模型、状态模型和交互模型组成的分析框架。根据 ROPES 模型,分析过程分为需求分析、系统分析和对象分析三个子阶段。需求分析的目的是产生由用例图加顺序图组成的用户需求模型。用例来自于用户的功能需求,顺序图用来具体说明用例的行为过程和行为约束。正如 3.2.3 小节所描述的,系统分析主要涉及软件、机械和电子三方面的系统级功能划分,通常在大规模复杂系统中占重要地位。如果从嵌入式软件视角出发,可以把系统分析和对象分析结合在一起而采用系统结构分析和系统行为分析两个步骤。这也正是本章所采用的方式。系统结构分析的目的是找到系统的重要结构性概念,形成在分析层面的类模型。系统行为分析则在类模型的基础上把系统外部可见的功能分解到内部结构元素上,最后完成系统的状态模型和交互模型。参见表 3.3。

4.2 用例驱动的嵌入式系统需求分析

嵌入式系统与其外部环境相互作用。系统需求分析的根本问题就是要了解外部的重要对象以及它们与系统之间的相互作用。早期的需求分析可以理解为对最终产品外部行为的深入剖析过程,而后期的需求分析迭代主要是处理系统内部组件的边界定义。UML 提供了一个集成的建模工具集,用来表达和展现这些需求。完成需求分析后,开发人员可以利用 UML 的其他相关概念和符号更深入地细化系统内部特性。

UML 需求表示法的一个突出特点是很直观,而且开发人员可以根据用户可选的精确程度和完整程度来选择详细的表示方法来为系统建模。需求分析中涉及到的主要问题有:

- 确定大的、相对独立的功能块,并以一种便于理解且无二义性的方式细化其行为。
- 辨识外部环境中的参与者,这些参与者通过某些方式与系统交互。
- 给出系统和系统参与者集合之间传递的每条消息,包括那些表示事件发生的消息的寓意和特征。
➢ 对使用不同消息进行交互的协议进行细化,包括所要求的顺序关系、前置和后置条件不变量。

需求通常是由领域专家提出和制定的,这些专家可能是系统的最终用户、市场销售人员或者相关领域的研究人员。这些领域专家中,大多数人不习惯严格地按照系统开发人员的思维模式去考虑系统,这种分歧始终是分析人员需要拉近或填平的关键性鸿沟[1]。这类问题对于具有开发经验的开发人员是心照不宣的。也正是因为这个鸿沟的存在,造成需求规格说明的含糊不清、自相矛盾甚至是出现错误。需求分析的任务就是要获取真正的需求。事实上,真正需求的获得,不仅要获取并记录领域专家提出的需求,而且还要研究领域知识以便于对应用问题的确切理解。另外,分析人员还要站在开发人员的视角上去理解和描述需求,使得开发人员能够自然而然地理解所要面对的问题。

系统需求通常分为功能需求和非功能需求两类。功能需求(functional requirement)是外部可查看到的系统的预期行为。例如,通信录条目的录入,显示调频电机控制频率,显示电力输出波形、调整反应堆控制棒的位置以保持恒定的核心温度等等。这些功能性需求不考虑性能、可靠性或保险性,只需要落实系统都要做些什么。非功能需求也称约束条件或服务质量需求 QoS(Quality of Service requirement),它规定了相应功能需求的性能、可靠性以及保险性。非功能需求从不独立存在,它们是对一个或多个功能需求的细化。例如,通信条目录入相继按键输入不超过 2 s,显示数据不能超过 0.25 s 的延时,反应堆控制棒要确保内核温度控制在 ±1.5 ℃等。对于大多数嵌入式系统和实时系统来说,非功能需求和功能需求是同等重要的。因此,分析人员必须重视它们的获取。非功能性需求的获取需要分析人员的经验,有时这类需求会以"不言而喻"的方式从分析人员面前悄悄溜过。

就实际应用而言,分析人员用来记录需求的主要工具就是用例。用例描述的是系统的一项内聚的功能块,该功能块以黑盒形式对系统外部具有可见性。用例完全是对行为的描述,不会定义或者隐含对象或类的集合。实际上,以现在的技术而言,还无法实现将严格的外部行为视图自动转换为结构和行为视图的方法[3]。也就是说,这种转换(从需求规格到分析模型)只能由人工完成。一个用例是外部可见的,表明系统的该项行为要和系统的外部对象相互作用。这些系统外部的对象就是参与者。用例与参与者相关联,使得它们彼此之间能够交换信息。

参与者可能是用户或者外部可见的子系统和设备,如传感器和执行器等。参与者是操作系统的人还是与系统交互的设备,取决于系统的作用领域。对于嵌入式系统来说,由于它常常嵌入到其他设备中工作,这点是不难理解的。如果系统开发包括与用户交互的设备开发,则用户是参与者。如果所开发的系统必须与某些现有的或单独提供的设备交互,则这些设备是参与者(不管这些设备是由其他用户操控的还是机器操控的)。因为,根据系统的作用域,这些设备是与所定义的系统交互的第一个层面。另外,根据迭代增量式开发原则,在深入到系统的组成构件(如子系统、协作、模式)层次的分析时,组件外部的系统与组件交互,因而组件外部的系统也需要看成是参与者。

有一点很重要：用例不定义甚至不暗指任何特定的系统内部结构。用例通过对象间的协作来实现。这些协作由一组一起工作的对象组成，用来完成用例所对应的功能。对象经常会参与到多个用例中，这使得分析问题会变得复杂。因此，从需求分析到对象分析会涉及到用例与对象间的多重映射关系。这个过程是一个发现和创造的过程，仍然是个无法自动实现的过程。

记录用例并给出相关的参与者仅是分析人员的一小部分工作。分析人员必须给出参与者和系统间传递的消息以及相关属性和交互协议。消息是发送者和接收者之间信息交换的抽象。消息交换的确切机制的实现细节在用例分析过程中是被忽略掉的。不过，消息往往必须具备一些必要的属性，以便刻画系统的功能及非功能需求。

从逻辑的角度，消息包含语义和特征标记两方面内容。消息的语义就是它的含义，例如，"插入控制棒"、"设置运行频率"或"现在的运行频率是 50.02 Hz"等。特征标记（signature）是指特征的名称和参数特性，在需求分析中通常仅限于建立一个参数列表。该列表用于帮助理解黑盒层次的系统抽象。前置条件不变式和后置条件不变式是两种基本状态，分别在消息发送前和接收后假定为真的条件表达式。如果系统中的消息必须按事先定义好的序列发生，或系统要根据当前的存在状态对消息的变化作出响应，则系统中必须对这些不变式予以特别考虑。在实例层面上，消息是从一个对象到另一个对象的通信，它可以是信号或调用操作。

消息的 QoS 特性主要包括消息的到达模式和消息的同步模式，也可以具有如可靠性等其他属性。消息的到达模式和同步模式如图 4.1 所示。

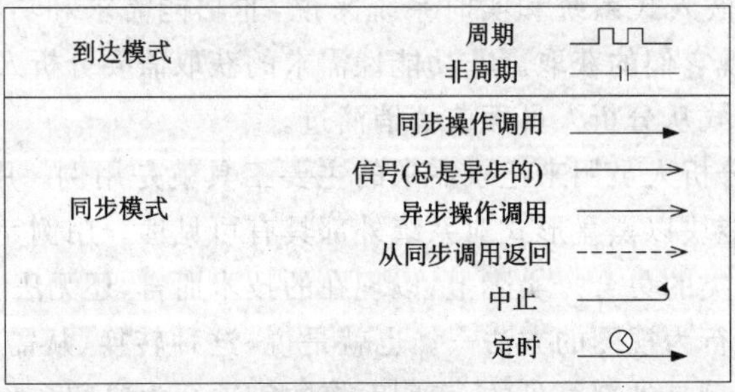

图 4.1 消息 QoS 特性

事件可以触发消息的发送。事件会在对系统有一定意义的某个时空发生。外部环境中发生的事件可以表现为系统要对其作出响应的消息。UML 定义四种事件构造型：信号事件、调用事件、改变事件和时间事件。

信号事件（Signal Event）代表接收到一个信号，该信号是对象之间进行通信协作的有名实体。触发器指定信号类型，事件的参数也就是信号的参数。信号由一个对象明确地发送给另一个或一组对象。发送者在发送信号时明确地规定了信号的参数。信号接受者接受到信号后可能触发零或一个转换。信号是对象之间异步通信的显式手段。

调用事件(Call Event)表示接收到一个激活操作的请求,即接收到一个调用。期望的结果是事件的接收者除去一个转换或提供一项服务,从而执行相应的操作。事件的参数是操作的参数和一个隐式的返回指针。转换完成后,调用者收回控制权。如果没有触发转换,则会立即收回控制权。

改变事件(Change Event)表示满足事件中某个表达式所表述的布尔条件。触发器指定一个布尔条件作为表达式。这种事件隐含了对于控制条件的不间断测试。当条件从假变为真时,事件将发生,并将引发并激活对象的一个转换。如果对象内一个属性的改变打算触发另一个对象的改变,而这个属性对另一个对象是不可见的,那么这种情况应建模为属性拥有者上的一个改变触发器,它触发一个内部转换并将一个信号发送给另一个对象。

时间事件(Time Event)表示满足一个时间表达式,比如对象进入某个状态后经过了一段给定的时间,或者到达某个绝对时间。触发器指定了事件表达式。无论是经过时间还是绝对时间,都可以用系统的现实时钟或虚拟时钟来定义。

4.2.1 用 例

参与者与系统的所有交互都可以量化成用例。用例涉及系统和其参与者之间的消息序列。每个用例会涉及一个或多个参与者以及系统本身。例如,在电话系统中,用例打电话(make a call)会涉及主叫(caller)和被叫(receiver)两个用例。

用例图主要用来表示系统和外部对象间相互作用的一般情况。用例图依赖于底层的事件和消息流。这些事件流和消息流在交互模型中都有所表示。

顶层用例图是系统环境的一个视图。这个用例图给出了系统的概貌,不是类和对象的信息,而是与功能点相关的信息。

用例标识系统的功能,并根据用户的观点来组织这些功能。相反,传统的需求清单可能包含对于用户来说不太清晰的功能,而且会忽略辅助性的功能,如初始化和终止。用例描述完整的事物,因此不太可能会忽略必要的步骤。在描述全局约束和其他非局部功能的时候,传统的需求清单还是有作用的,例如平均故障时间以及整体吞吐量等。系统的主要目标几乎总是可以在用例中被发现,需求清单提供了其余的实现约束。使用时把用例模型作为主要需求捕获手段,而其他的方法仍然可以作为辅助技术。

用例模型准则:

① 确定系统边界。如果系统边界不清晰,那么识别用例与参与者是不可能的。

② 确保关注参与者。每个参与者都应该有一个单一的、一致的目的。如果某个真实世界的对象体现了多种目的,就要分别用单个参与者来捕获它们。例如个人计算机的拥有者会安装软件、配置数据库和发送邮件。在对计算机系统的影响以及潜在地对系统的损坏等方面,这些功能有着很大的不同。它们可以划分为三个参与者:系统管理员、数据库管理员和计算机用户。请注意,参与者要根据系统来定义,而不是作为自主的概念来定义的。

③ 每个用例必须给用户提供价值。用例应该表示成给用户提供有价值的完整事务,不应该被定义的过于狭窄。例如,对于打电话来说,拨电话号码就不是一个好用例。它本身没有表示有价值的完整事务,其实它只是一个有价值用例打电话的一部分。打电话用例应包括拨电话号码、通话和终止通话的序列活动。通过处理完整的用例,注意力集中在系统所提供的功能意图,而不是急切地投入到实现决策当中。细节留待以后阶段处理,因为可以有多种方法实现同一种功能。设计过程实质上是方法选择和指标优化的过程。

④ 关联用例和参与者。每个用例都至少有一个参与者,每个参与者都会参与至少一个用例。用例可能会包括几个参与者,一个参与者也可能会参与多个用例。

⑤ 记住用例是非形式化的。在确定用例的过程中,不要被形式化所困扰。用例不是一种形式化的机制,而是从以用户为中心的角度来识别和组织系统功能。如果用例在一开始的时候有些松散,这也是可以接受的。细节可以在后期添加,因为用例在后面可以扩充并映射到具体实现中。

⑥ 用例可以结构化。对于许多应用来说,单个用例是可以完全不同的。对于大型系统来说,可以使用关系从较小的片段来构建用例。或者说用例间可以通过泛化、包含和扩展等关系组合在一起。

图 4.2 是自动饮料售货机的用例图。该系统为售货机本身;参与者为客户、上货人员、维修人员和收款人员;提供的用例为购买饮料、定期维护、修理、装入物品和收款。用例与参与者的关联如图所示。

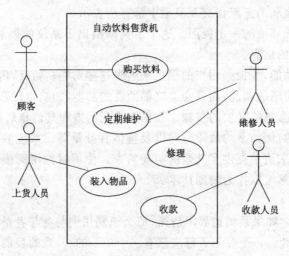

图 4.2 自动饮料售货机用例图

4.2.2 用例的行为描述

无论在任何层级(系统、子系统和类),一般把整个要处理的对象(这里表示要处理问题的整体而非 OO 对象)看成是一个类元,分析过程分为外部特征捕获和内部特征捕获两个过程。在捕获外部特征时,主要关心类元的外部功能,这时用用例图、顺序图或状态机就可以描述类元的全部特征;对于类元的内部,则是要分析子类元间的结构关系和交互行为。在较高层,一般通过协作图或类图来描述系统静态结构关系,用顺序图和通信图来描述子类元间的交互行为。如果有必要也可以从顺序图过渡到每个子类元的状态行为,即画出子类元的状态机(因为在顺序图的生命线上可以加入状态)。而在层级的最底层,类元本身就是类或对象,此时的外部特征主要表现为类或对象的对外关系和对外服务上。其外部特征一般通过上下文就能够确定,如有必要,仍可以使用用例图。而在类或对象的内部,其结构是通过属性来表示的,而行为则是具体落实到操作或方法上面。这时行为建模可以通过状态机、活动图甚至其他算法描述手段进行。

在实际分析中,通常在需求分析过程处理一个类元的外部特征,而类元的内部特征则在系统分析和对象分析过程中完成。需求分析的第一部分内容,即确定系统用例问题已经在前小节讨论。需求分析的下一个目标就是详细描述用例。

用例是对系统的一个内聚的功能块的定义。一般要求用例名称要能反映系统对外部的可见行为的功能划分。尽管如此,名字本身无法详细定义说明用例所暗含的行为,并用来构建一个正确的系统。因此,UML 允许开发者对用例的行为顺序作更详细的描述。但 UML 没有规定其描述工具的具体形式。

用例的实例是执行该用例行为的一条特定路径,这样的路径称为场景。场景(scenario)是说明行为的一系列动作,是指系统某个特定的期间内所发生的一系列消息和事件集合。场景由参加交互作用的对象集合和在对象间交互的一个有序的消息列表组成。场景中有一些分支点,在这些分支点上,对参与者或系统的响应或动作可能有多个。其中每一条单独的路径就构成了单独的场景。通常,需要多个场景才能完整地描述一个用例的所有行为。

描述用例场景的最常用手段是顺序图。用例场景也可以用状态机、活动图或附属于用例的程序设计语言文本来说明。自然语言文本也可以当作一种非正式的用例行为描述手段。不过这种描述是不严格的,它只能用于人类的自然理解,通常是在需求建模的初期使用。图 4.3 是一位顾客在自动售货机系统上购买一瓶饮料用例的文本说明的例子。

用例的行为顺序描述可以通过顺序图、状态机、活动图或某种可执行的文本代码进行。图形化的描述一般是在对用例需求的进一步深入理解和精化过程中完成的。至于采用哪一种描述方式,主要根据所在的建模层级和所要描述行为的目的来决定。根据笔者的经验,对于开发嵌入式系统软件而言,使用 UML 顺序图可以建模用例的绝大部分场景。当使用 UML 顺序图还不能对所有的系统需求场景描述清楚时,才考虑使用其他方式。这样在需求模型到分析模型的转化时,可以使用统一的方法和技巧。

经验表明,几乎所有的领域专家都能看懂用例和场景。这一点对分析人员而言是相当有意义的,因为这些图形化表示的需求为讨论系统行为提供了公共的语义和符号。

图 4.4 是购买饮料用例的顺序图场景描述。很显然,顺序图描述的用例行为比自然语言

第 4 章 面向对象的嵌入式系统分析

用例：购买饮料。
用例叙述：在顾客选择并支付后，自动售货机弹出饮料。
参与者：顾客。
前置条件：机器正在等待投入货币。
行为序列：
① 机器启动，处在等待状态，显示"请投入硬币"。
② 顾客把硬币投入到机器中。
③ 机器显示投入的总金额，并亮起用这些钱可以购买的物品所对应的按钮。
④ 顾客按下其中一个按钮。
⑤ 机器弹出对应的物品，如果物品的价格低于投入的金额，则找回零钱。
异常：
取消：如果顾客在做出选择之前按下了取消按钮，机器退回顾客的钱并复位到等待状态。
脱销：如果顾客按下了一个脱销的物品所对应的按钮，机器显示"此物品脱销"并等待接受硬币或选择 其他物品。
金额不足：如果顾客按下的物品按钮价格高于投入的货币金额，机器显示"要购买该物品，您必须再投入￥nn.nn"并等待接收硬币或选择。
没有零钱：如果顾客已经投入了足够多的硬币，但机器没有需要返回的正确的余额，则显示"没有正确的余额"并等待接收硬币或其他选择。
后置条件：机器等待投入硬币。

图 4.3 购买饮料用例的描述

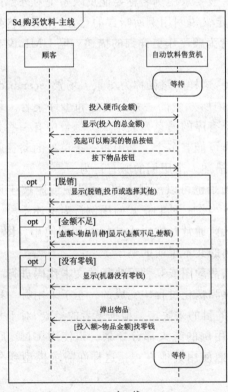

(a) 主　线

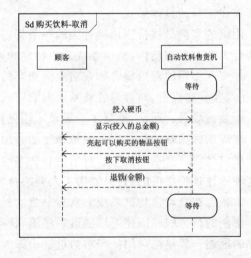

(b) 异常-取消

图 4.4 购买饮料用例主线

描述更接近于计算机表示。通过简单的参数化消息表示，如显示（脱销、投币或选择其他），可以为进一步的分析设计打好基础。图中带有关键字 opt 的片段，表示为有条件执行的片段，当片段的监护条件为 TRUE 时，该片段会执行。

4.2.3 外部事件和消息

系统作为一个概念上的整体，它包含所要开发的软件、电子硬件和机械硬件。用例图将系统显示为一个被现实世界中其他参与者包围的实体，描述了它们之间所传递的重要消息。UML 将消息（message）定义为从一个对象到另一个对象的信息传递，是对象通信的基本单位。在后期的设计过程中将决定消息的实现方式，如对象方法的调用、RTOS 消息或通信总线上的消息等。在开发的需求分析阶段，主要是记述系统和与之交互的参与者之间交换的消息的基本属性。

事件的发生对系统很重要。事件与类相似，可以包含数据。事件在系统中通常以对象间或者参与者与系统间的消息传递来显现。例如，一个控制旋钮被旋转时可以发送一个事件。对于点击按钮或键盘类参与者，一种方法是每次点击按钮发送一个事件；另一种方法则限制点击事件以某种频率发送。在后一种方法中，点击次数被作为事件消息的参数传递。事件消息不但传递了事件发生这个事实，同时还可能传递关于事件的其他相关数据（如点击次数）。因为在场景处理中事件通常被作为事件消息来操纵，所以在处理用例时，事件（event）和消息（message）基本上是同义词。

消息到达模式描述了消息实例集的时序行为。UML 没有直接对此进行规定，但是到达模式的特征刻画对可调度性分析和期限分析是至关重要的。尽早定义消息到达模式在嵌入式系统开发中是十分重要的，这是因为对成本敏感的产品而言，其可行性通常取决于组件和开发成本。关于消息到达模式请参见图 4.1。通过对消息和事件特征的了解，可以早一点完成关于不同类型处理器架构的性能分析，以便做出较好的业务决策，即产品是否能够在一个可接受的成本范围内提交。

消息到达模式可能是偶发性的或周期性的。偶发性到达模式比周期性到达模式从本质上来说更难预测，但是我们仍有很多方法对它进行限定。很明显，如果消息到达时间完全是未知的，而系统必须对这些消息作出反应，系统的可调度性分析就无从谈起。要进行可调度性分析，就需要刻画偶发性事件到达时间的特征。偶发消息可以用如下特性进行描述：

➢ 界定时间。比如最小/最大到达时间间隔用来定义两次消息到达之间的最小/最大间隔时间。
➢ 集中趋势和离散统计。如平均到达速率及相应的标准偏差和标准误差。
➢ 各个消息到达时间的自相关依赖关系。

即使不知道背后的概率密度，对到达时间间隔进行界定也能够完成最坏情况分析。通常，平均到达率是已知的，与之相关的离散统计量也是已知的。这些信息对软实时系统的可调度性分析尤为有用。

大多数简单的分析都假定事件到达是相互无关的。比如,一个消息的到达时间不会影响消息序列中下一个消息的到达时间。不过,消息到达时间并不总是相互无关的。有时,某些消息之间可能具有时间相关性(如在 TCP/IP 协议中被分解为多个 IP 包的数据)。一个消息的出现很可能意味着另一个消息将很快到达。这被称为消息到达时间之间的自相关性依赖。另外,也会遇到一类消息到达时间趋于成批到达的模式,这样的消息称为突发(bursty)消息。

周期性消息具有一定的周期特征,消息按一定的周期到达,并可以有一定的抖动(jitter)。抖动是指消息实际到达时间与周期点时间的偏离。抖动在建模的过程中通常被视为一个均匀随机过程,但其值总在一定的时间之内。

UML 标准明确地为同步模式提供支持,尽管在某种程度上其支持能力不是很强。两个对象间交换消息时会出现会合点,同步即定义了会合点的特征。UML 明确定义的同步模式有调用、异步和等待模式。

调用和等待同步模式相似,二者都要求发送者被阻塞,直到目标完成消息处理后才能继续。调用同步(call synchronization)模拟同一控制线程内发生函数或方法调用时控制权的转让情况。等待同步(waiting synchronization)则模拟了直到消息处理结束后才将控制交给另一线程的情况。远程过程调用 RPC(Remote Procedure Call)通常正是使用这种同步模式实现的。异步模式(asynchronous pattern)从本质上就是多线程模式,描述了把消息传递到另一个对象但不转让控制权的过程。

在实时系统中,外部消息(或事件)在约束和定义系统行为方面扮演着重要角色。比如,一个空中交通控制系统必须响应和处理来自多个传感器的消息,如雷达的"ping"消息给出方位角和距离。异频信号给出飞机的标识和建议位置。此外还有控制中心的命令,用来管理显示内容,包括设置缩放级别和禁止声音警告等。系统和参与者之间的关联提供了相当丰富的实际事件集合,这个集合可以分解成事件层次图。

事件本身提供的信息对系统开发来说是不够的。系统对每个事件的预期响应必须从系统需要完成的动作及对该响应的时间约束等方面进行说明。除此以外,通常还会需要一个复杂的协议,用以描述事件的所有可能的合法序列和消息交换序列。单独每个事件的特征通常可以在外部事件列表中记述。事件和消息交互的协议最好用与该用例相关的顺序图集合来描述。

在实时系统的领域中,定义外部定时需求对理解问题也是很关键的。一个即便是具有正确结果的消息而如果是提交时间过了期限,对于一个硬实时环境系统而言也属于系统失效。要指定实时系统的定时需求,需要额外的参数以保证被接受的消息的定时性被描述出来。例如,如果消息是周期性的,则它们的周期和抖动范围就必须定义;如果消息是偶发性的,它们的随机属性就必须被定义。系统的响应时间必须根据时间要求(如期限)来定义。如果响应要求是硬期限,则错过期限就意味着系统失效。在软期限的系统中,则必须规定其他的守时性衡量方法，例如，可接受的平均延迟时间。

很多动作的执行要持续一段很长的时间，过程的响应和处理的顺序可能是非常重要的。例如，各类控制系统的事故处理，可能需要先关闭某些会造成危险的硬件然后再进行报警或是相反。这些问题往往是领域和系统所特有的，在需求中要尽早明确下来。

在大多数实时系统中，时间—响应需求是一项重要的指标。事实上，这类需求为系统要完成这一行为的一系列子行为定义了性能预算。随着对象和类被定义出来，这项性能预算会延着分析和设计阶段传播下来。最后，性能需求在执行线程对事件作出响应时，体现为各个操作和函数调用的性能预算。所有子操作预计之和必须满足在最上层给出的系统性能需求。例如，对一个控制事件的响应需要 600 ms，整个响应是通过 5 个顺序操作实现的，则其中的每个操作必须分担整个性能预算的一部分。也就是说，在最坏情况下，这 5 个操作时间之和也不能超过 600 ms。

4.2.4 需求模型

嵌入式系统的需求模型由系统用例图再加上对用例行为顺序描述的顺序图组成。用例图用来捕获系统级的功能需求。顺序图则对用例行为顺序进行细化描述。一般顺序图要对用例的主流、可选流和异常流分别进行表示。顺序图除了这些功用外，也可以捕获系统的大部分实时性约束需求。

前面已经讨论了用例的意义和描述方法，这里再从需求模型的角度，对需求分析活动做一个全面和集中的说明。需求模型的建立过程主要是从确定系统的整体边界开始，再寻找参与者和识别用例，然后通过场景和顺序图来详细描述和充实用例。也可以为复杂的或者有充分细节的用例编制活动图。一旦完全理解了用例，就可以借助用例关系把它们组织起来。需求模型的建立通过如下步骤进行：

- ➢ 确定系统边界；
- ➢ 寻找参与者；
- ➢ 寻找用例；
- ➢ 寻找初始和终止事件；
- ➢ 准备普通场景；
- ➢ 增加变化和异常场景；
- ➢ 寻找外部事件；
- ➢ 画顺序图；
- ➢ 组织参与者和用例。

1. 确定系统边界

首先，必须了解应用程序的准确范围，也即系统边界，以便把功能确定下来。这意味着必

第4章 面向对象的嵌入式系统分析

须要确定系统包含哪些功能。更重要的是,要确定它应该忽略哪些内容。如果系统边界确定得正确的话,就可以把系统看成是一个和外界交互的黑盒。把整个系统看成是一个类元或者说是一个对象,而它的内部细节被隐藏起来。在需求分析阶段,需要确定的是系统的意图以及呈现给参与者的视图。而在设计阶段,则是根据已经确定的外部行为为其建立能够实现该行为的内部结构。

2. 寻找参与者

一旦将系统边界确定下来之后,就要确定与系统直接交互的外部对象。这些都是系统的参与者。参与者可以是人、外部设备和其他软件系统。参与者并不受系统的控制,也就是说,参与者在使用系统时可能会犯错误。重要的是,分析人员要确立这样一个观念,即参与者的行为是不可预测的。即使参与者的行为序列可以预期,应用程序的设计也应该足够健壮,以保证在参与者没有按照预期序列作用时造成系统的崩溃。

在寻找参与者的过程中,要找的不是个体,而是行为原型。每个参与者都代表一个理想化的会执行一部分系统功能的用户。检查每一个外部对象,查看它是否有一些不同的界面。参与者呈现给系统的是一致的界面,外部对象可能会是多个参与者。例如,某人可能是同一家银行的出纳员和客户。

3. 寻找用例

对于每个参与者,列举参与者使用系统的不同方式。每一种方式都是一个用例。用例将系统功能划分成少数离散单元,所有的系统行为都必须处在某种用例之下。确定要在什么地方安排用例边界行为并不十分容易。在划分分区的时候总会出现边界情况,有时候不得不做出一些随意的决策。

每个用例都应该表示系统所提供的一类服务,即给参与者提供有价值的内容。要努力使所有的用例都保持相似的层次细节。要尽量关注用例的主要目标,并推迟实现决策。这时,可以绘制出一张初步的用例图,以显示参与者和用例,并将参与者连接到用例上。通常应该将用例与发起用例参与者关联起来,但用例图也应该涵盖其他的参与者。这时,如果遗漏了某些参与者,也不必担心,当详细描述用例时,它们就会出现。

除了初步的用例图外,应该在每个用例下面写下一两句简要的用例描述。

4. 寻找初始和终止事件

用例将系统功能拆分成离散单元,并显示了每一个单元所涉及到的参与者,但它们并没有清晰地显示行为。要理解行为就必须理解履行每一个用例的行为顺序。可以从寻找发起每个用例的事件开始,确定哪个参与者发起了用例,并且定义它发送给系统的事件。在许多情形下,初始事件是对用例所提供服务的一种请求。在另一些情形下,初始事件是触发一连串活动的事件。给初始事件赋予一个有意义的名字,但这时候不必确定具体的参数列表。

还应该确定一个或多个终止事件以及每个用例中究竟要包含多少个终止事件。例如，申请贷款的用例的终止事件包括提交申请，批准或拒绝贷款请求，交付贷款金额或最终偿还贷款并闭户。所有这些终止事件都是合理的选择。建模时，必须通过定义终止事件来确定用例的作用范围。

5．准备普通场景

对于每个用例，准备出一种或多种典型的对话，以获得对系统期望行为的感觉。这些场景描述了主要的交互、外部显示格式以及信息互换等。场景是指在一组交互对象之间发生的一系列事件。这里考虑的是交互示例，而不是要把通用情形直接写出来。这样会有助于保证不会忽略了重要的步骤，并且整个交互过程是平滑的和正确的。

对于大多数非实时系统来说，逻辑上的正确性要取决于交互序列，而不是交互的确切时间。而对于实时系统而言，除了交互序列顺序外，交互完成的时间有时也是正确性的一部分。或者说，即使交互顺序正确而交互时间没有达到要求，系统仍然是错误的。交互时间的捕获可以通过附加在顺序图上的约束来实现。

为普通情形（或称为主线、主流）准备场景，也即没有任何异常输入或错误条件的交互。每当系统中对象和外部代理之间有信息交换的时候，就会发生事件。被交换的信息就是事件的参数。例如，事件"输入密码"有一个密码值作为参数。实际上，没有参数的事件也可能会有意义，甚至可能更为常见。这种事件中的信息其实就是事件本身已经发生的这个事实。对于每个事件，应该确定发起事件的参与者以及事件的参数。

6．增加变化和异常场景

在准备好普通场景之后就要考虑特例了。例如，省略掉的输入，最大、最小值以及重复值等。然后，要考虑错误情形，包括无效的输入，中途取消和没有响应等。对于许多交互式应用来说，错误处理是开发中较困难的一部分。如有可能，要允许用户在每一步都能终止操作或者返回到定义良好的出发点。最后，要考虑叠加在基本交互之上的其他不同类型的交互。例如，帮助请求和状态查询等。

7．寻找外部事件

检查场景，寻找所有的外部事件，包括所有的输入、决策、中断以及与用户或外部设备之间的往来交互。事件可以触发目标对象产生动作。对于计算来说，要注意内部计算步骤不是事件，而与外部交互的计算才能作为事件。用场景来寻找普通事件，但不要忘记异常事件和错误条件。

应该把对控制流有着相同效果但参数不同的事件归类到同一个事件名称下面。例如，输入密码应该是一个事件，其参数是密码值。密码值的不同不会影响控制流，因为有着不同密码值的事件都是输入密码事件的实例。

也要注意某些参数或量化值从量变到质变的情况。这时，必须确定量化值之间的差异何时会大到要区分不同的事件。例如，键盘上的不同数字键通常会被看成是相同的事件，因为计算控制对数值并没有依赖性。但是如果按下"Enter"键，可能会被看成不同的事件，因为应用程序对待它的方式不同。事件之间的差异取决于应用。

8. 画顺序图

为每一种场景都准备一张顺序图。顺序图显示了交互过程中的参与者和他们之间的消息序列。每种参与者都会在图中分配为对应的一列。顺序图清晰地显示了每次事件的发送者和接收者。如果同一个类的多个对象都参与了场景，那就要给每一个对象分配一列。通过扫描图中的某一列，就可以观察到会直接影响某个对象的那些事件。这样，从顺序图中就可以总结出每个类接收和发送的事件。

9. 组织参与者和用例

最后用关系(包含、扩展和泛化)来组织以上步骤中得到的所有用例。

4.2.5 实例：PDA 中一个模块的需求模型

下面以模拟 PDA 中的一个模块为例来说明需求模型的建立过程。该模拟 PDA 的实现平台为 UP-NetARM3000 嵌入式系统开发实验平台。

本例要求在嵌入式系统平台上实现通信录的录入、修改和查询功能。每项通信录条目包括姓名、固定电话号码、移动电话号码和电子信箱。录入时四项作为一个整体条目，在保存前可以修改；查询按姓名的字母顺序。要求可存储条目不少于 100 条，用英文方式实现。

1. 确定系统边界

此问题系统边界是清晰的，即 PDA 系统本身。

2. 寻找参与者

本系统的参与者就是使用 PDA 系统的人。但作为参与角色，他可以是通信录的录入者，或者通信录的使用者。两者都可以参与修改通信录的操作。

3. 寻找用例

从系统提供的功能上，可以看出通信录的录入、修改和查询是系统外部可见的功能，因此可以确定 3 个对参与者有意义的用例，即通信录录入、通信录修改和通信录查询。

4. 寻找初始和终止事件

通信录录入用例：通信录录入者在系统菜单中选择通信录录入选项开始这个用例；在通信录录入界面选择保存结束这个用例。

通信录修改用例：通信录录入者在通信录查询界面中选择通信录修改选项开始这个用

例;在通信录查询界面选择保存结束这个用例。或者,通信录使用者在系统菜单中选择通信录查询选项开始这个用例;在通信录查询界面选择保存结束这个用例。

通信录查询用例:通信录使用者在系统菜单中选择通信录查询选项开始这个用例;在通信录查询界面选择退出结束这个用例。

5. 准备普通场景

6. 增加变化和异常场景

所述的 3 个用例的普通场景以及异常场景,如图 4.5～4.7 所示。

```
用例:通信录录入。
用例叙述:通信录录入者在系统菜单选择通信录录入选项后,进入录入操作,按保存选项退出。
参与者:通信录录入者。
前置条件:系统显示系统菜单,等待用户输入选项。
行为序列
    ① 通信录录入者按通信录录入选项,系统进入到通信录录入功能,显示录入界面。
    ② 录入姓名,系统显示录入的字符,并允许用户修改。
    ③ 用户输入姓名输入确认,系统显示固定电话录入状态。
    ④ 录入固定电话号码,系统显示录入的字符,并允许用户修改。
    ⑤ 用户输入固定电话号码输入确认,系统显示手机电话录入状态。
    ⑥ 录入手机电话号码,系统显示录入的字符,并允许用户修改。
    ⑦ 用户输入手机电话号码输入确认,系统显示电子信箱录入状态。
    ⑧ 录入电子信箱,系统显示录入的字符,并允许用户修改。
    ⑨ 用户输入电子信箱输入确认,系统显示所有录入的项目内容。
    ⑩ 系统询问是否录入更多条目,如选择是,返回到2。若选择否,则到11。
    ⑪ 系统询问是否保存条目,如选择是,保存退出。若选择否,直接退出。
异常:
    取消:如果用户在上述序列中任何时候选择放弃,系统退回到系统菜单。
    自动返回:如果用户在 3 min 内没有任何输入,系统自动退回到系统菜单。
后置条件:系统退回到系统菜单。
```

图 4.5 通信录录入用例场景描述

```
用例:通信录修改。
用例叙述:通信录录入者在系统菜单选择通信录查看选项后,进入修改操作。如有修改,
        按保存选项退出。如无修改直接退出。
参与者:通信录录入者、通信录使用者。
前置条件:系统显示系统菜单,等待用户输入选项。
行为序列:
    ① 参与者按通信录显示选项,系统进入到通信录修改功能,显示通信录内容。
    ② 按上或下,进行翻页显示。
    ③ 显示到某个条目时,按修改选项,进入修改状态。
    ④ 系统进入到通信录录入序列。
异常:
    取消:如果用户在上述序列中任何时候选择放弃,系统退回到系统菜单。
    自动返回 :如果用户在 3 min 内没有任何输入,系统自动退回到系统菜单。
后置条件:系统退回到系统菜单。
```

图 4.6 通信录修改用例场景描述

第4章 面向对象的嵌入式系统分析

> 用例：通信录查询。
> 用例叙述：通信录录入者在系统菜单选择通信录查看选项后，进入查询操作。按退出选项退出。
> 参与者：通信录使用者。
> 前置条件：系统显示系统菜单，等待用户输入选项。
> 行为序列：
> ① 参与者按通信录显示选项，系统进入到通信录修改功能，显示通信录内容。
> ② 按上或下，进行翻页显示。
> ③ 按退出选项，系统返回到系统菜单。
>
> 异常：
> 　取消：如果用户在上述序列中任何时候选择放弃，系统退回到系统菜单。
> 　自动返回：如果用户在3 min内没有任何输入，系统自动退到系统菜单。
> 后置条件：系统退回到系统菜单。

图 4.7 通信录查询用例场景描述

7. 寻找外部事件

本例的外部事件全部来自于用户的按键，按键的类别为选择键、数据键和确认键。确认键和选择键属于命令键，是单键组合，其外部事件参数就是命令键的键值。数据键可以是数字键或字母键，为多键组合。或者说输入的实际内容从命令键开始，再遇到命令键则结束。正常输入时，两次命令键之间的全部输入就是外部事件的参数。

8. 画顺序图

本例的顺序图如图 4.8～4.11 所示。

9. 组织参与者和用例

本例的用例图如图 4.12 所示。
以上图中出现的符号说明：

- 图中带有关键字 opt 的片段，表示为有条件执行的片段，当片段的监护条件为 TRUE 时，该片段会执行。
- 图中带有关键字 ref 的片段，表示为引用的片段，当与该片段相交的生命线运行到该处时，该生命线进入到所引用的交互中。
- 图中带有关键字 loop 的片段，表示为循环执行的片段，当片段的监护条件为 TRUE 时，该片段会执行直到监护条件为 FALSE。
- 图中带有关键字 alt 的片段，表示为有条件执行的片段，包括两个或更多的子片段，每个片段拥有一个监护条件。当抵达条件片段时，监护条件为 TRUE 的子片段会被执行。如果超过一个子片段为 TRUE，它们中的一个会被随机的选出而被执行。如果没有子片段为 TRUE，则所有子片段都不被执行。
- 时间约束。{<180sec}表示时间约束，即经过两个时标的间隔时间不能大于或等于 180 s。顺序图的生命线不表示时间的标度，如要表示时间标度，则通过时标和时间约束来进行。

第4章 面向对象的嵌入式系统分析

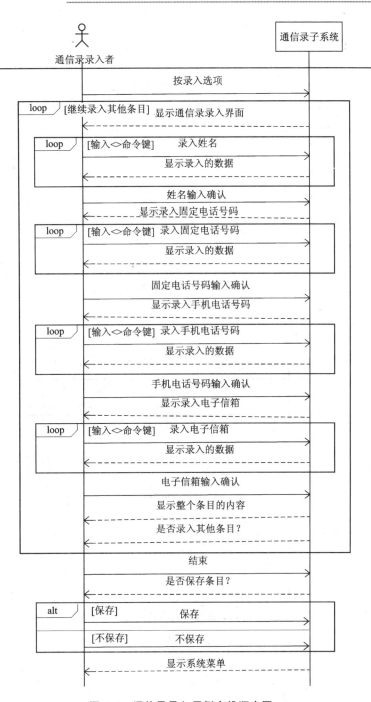

图 4.8 通信录录入用例主线顺序图

第 4 章 面向对象的嵌入式系统分析

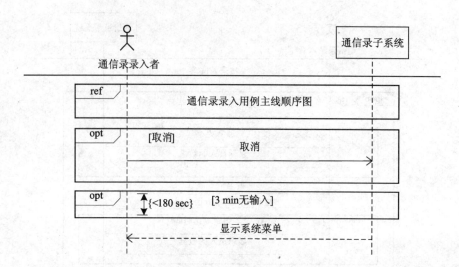

图 4.9 通信录录入用例异常顺序图

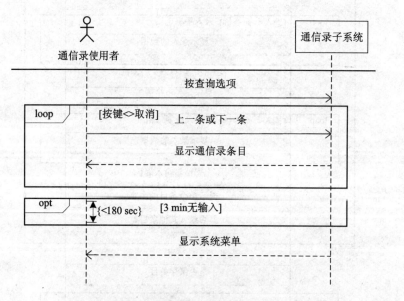

图 4.10 通信录查询用例顺序图

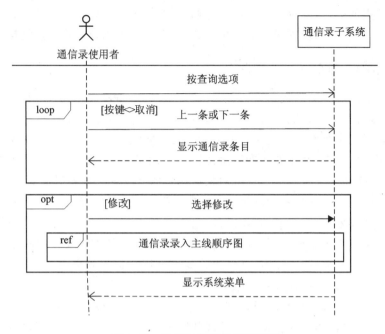

图 4.11 通信录修改用例顺序图

图 4.12 通信录子系统用例图

4.3 嵌入式系统结构分析

一旦系统的外部环境确定,系统分析师就必须辨别出系统内部的关键对象和类以及它们之间的关系[2]。UML 提供用例图来描述外部可见的功能块,而不揭示系统的内部结构。一旦这个过程接近完成,接下来的分析自然要"打开匣子",检查怎样的逻辑实体以及它们之间通过什么样的关系才能满足这个匣子的外部功能。现在还没有工具来自动完成由外部功能描述到内部结构转换及功能分解,分析师必须人工地处理这项工作。处理时要保证问题域中的核心概念被正确地集体化为类,并要确保这些类与领域中的其他概念之间存在合理的关系。本节将讨论对象和类的标识,以及如何推断出它们之间的关系和关联。本节的结果将是一个系统的结构模型,它包含该系统内标识的对象和类、它们的关系以及泛化层次结构。

4.3.1 领域分析与问题陈述

领域分析的观点和方法的提出,是面向对象方法的一大特色,它充分印证了面向对象开发软件的"源于需求,高于需求"的实现原则。领域分析关注的重点是在真实世界中传达应用语义的内容。如班机肯定是航班预定系统所表示的在真实世界中存在的一个对象。领域对象不依赖于任何应用独立存在,对于业务专家来说这是有意义的。因为这样可以在领域分析的过程中,利用以前的知识来发现它们。领域对象所携带的有关真实世界对象的信息,一般都是被动的。因为领域分析强调的是概念和关系,其中大多数的概念(或功能)几乎都隐含在类模型之中。领域分析主要发生在系统的初始阶段,它对于真正理解所处理的问题的本质是十分有帮助的。对于嵌入式系统分析来说,领域分析一般要通过学习所涉及领域的专业书籍以及同领域专家交流来进行。领域分析的最终结果是要结合用户提出的需求,形成一个描述所开发问题的问题陈述文本,也可以建立一个领域类模型[7]。

问题陈述是由分析师根据在项目初期阶段的一系列活动,包括研究用户提出的需求、领域分析、与领域专家及最终用户讨论需求和形成的需求模型等,生成一个简短的且能够真实反应需求内容的文本。其目的是为下一阶段发现对象活动准备输入。形成问题陈述的过程也是分析师再一次凝练需求的过程。它会使分析师对需求的理解再一次升华。

如果在需求模型中的用例描述是采用文本说明的方法,也可以用对所有用例的行为顺序说明文档取代问题陈述来作为发现对象过程的输入[9]。如果采用这种方式作为发现对象活动的输入,则总结问题陈述活动可以越过。但由于总结问题陈述在嵌入式系统开发中效果很好,因此这种方法被大多数开发组织采用。

【例子】前一节 PDA 例子所处理问题的问题陈述。

本例要求在嵌入式系统平台上实现通信录的录入、修改和查询功能。每项通信录条目包括姓名、固定电话号码、移动电话号码和电子信箱。录入时四项作为一个整体条目,在保存前可以修改;查询按姓名的字母顺序。要求可存储条目不少于 100 条,用英文方式实现。输入功能通过开发平台的 17 键小键盘实现,系统输出显示通过开发平台的 320×240 的 256 色液晶屏幕完成。当用户在 3 min 内没有任何输入活动时,自动退出该子系统。

4.3.2 发现对象

用例模型驱动对象模型。每个用例都通过一组在一起工作的对象来实现,在 UML 中称为协作。协作也是 UML 模型元素,用虚线椭圆表示。协作代表了一组对象,这些对象(通常是复合对象,在后期的活动中可进一步精化)具有特定的角色,在分析层级上以实现用例为目的。如图 4.13 所示。

通过一次只关注一个用例，可以把分析引向富有成效的方向。在非用例驱动的系统开发中，往往会出现以下两种情况。其一是开发人员想当然地在系统中添加了超出系统实际需要的特性。这在通用计算系统

图 4.13 用例与协作的关系

开发中是比较常见的现象，并且也不会产生什么有危害的后果。但在嵌入式系统开发中，首先，它使得测试变得更加困难；其次增加了系统成本。开发中另一种情况是忽略了系统的一些特性。这听起来似乎不太可能，但通常原因是由于自然语言描述需求的模糊性或需求没有被严格地遵守，这种情形还是经常发生的。当然这种情况最终能够被发现，从第 3 章的讨论可知，问题发现的越晚，所付出的修复成本就越高。如果采用用例驱动的对象分析，就可以避免上述两种情况。

一旦创建了对象模型，系统级的用例就可以被提炼，再加以考虑标识过的对象及其关系。这样就允许检查对象模型是否满足在用例中指定的需求，并且说明了对象是如何通过协作来完成用例的。

"找对象"（发现对象、标识对象或标识概念）的问题是关系到所建设系统的终身大事的问题。不过这里的对象是一组而不是一个，其目标是通过协作实现用例。其实找对象并非难事，难的是找到合适的对象。面向对象的分析没有魔法，只有靠不断地学习和总结才能提高找对象的技巧。事实上，从来都不存在没有道理的分析设计。换句话说，开发中从来就没有最好的分析设计，只存在恰当或不恰当的分析设计而已。同一个设计在这种条件下是恰当的，在另外的一种条件下可能就不是十分恰当的。

在多年来面向对象的分析实践中，这个领域的许多大师和系统分析人员总结了大量的建立分析模型的方法，这些方法都取得了巨大的成功。在本书所列的参考文献中有大量的建模技巧和方法的讨论，这里就不一一列举了，有兴趣研究和总结的读者可以参考这些文献。这里仅就在面向对象嵌入式系统开发中相关且行之有效的方法做适当讨论。但读者在使用这些方法进行分析时要注意，不要试图在任意一个项目上把它们都用到。这些方法不是正交的，因此它们发现的对象会在很大程度上互相重叠。实际上不同子集的方法将会发现完全一样的一组对象。在一个项目中选用三到四种方法是很常见的。

这些方法是：
- 陈述名词；
- 标识因果；
- 标识服务设备；
- 标识真实世界的事物；
- 标识事务；
- 标识概念；
- 标识持久信息；
- 标识可视化元素和遍历用例。

第 4 章　面向对象的嵌入式系统分析

1. 陈述名词

自从 Abbott 在 1983 年提出通过识别问题域的文本描述中的名词作为概念或属性的候选对象方法以来[41]，该方法就被广泛应用于面向对象的建模技术中。所谓陈述名词方法就是强调问题文本描述中的每一个名词和名词短语，并将其视为潜在的对象或对象的属性。这个活动的输入文档可以是前小节形成的问题陈述，或者是需求模型中用例文本场景描述集合。用这样的方法所标识的对象可以分为 4 类：

- 感兴趣的对象。
- 参与者对象。
- 不感兴趣的对象。
- 对象的属性。

实际中常见的做法是找出第一类中的对象。参与者通常已经在用例模型中标识了，但偶尔也有一些新的或遗漏的参与者需要标识。不感兴趣的对象是指与系统无直接关系的对象。属性在问题陈述中也表现为名词。有时候，属性很明显地只是对象的特征。当存在疑问时，可以试着把名词划分到对象一类中。如果随后的分析发现这个名词不具有独立性，而是依赖于某些概念名词并反映该名词的某个方面，那它就是该对象的属性。

2. 标识因果

一旦标识出潜在的对象，就可以从中找出行为上最活跃的。这些对象能够：

- 产生或控制动作；
- 产生或分析数据；
- 存储信息；
- 为参与者或设备提供服务；
- 包含其他种类的基本对象。

前两类统称为因果对象。因果对象是能自动执行动作，协调构件对象的活动，或者生成事件的对象。很多因果对象最终成为了主动对象，并作为任务的根组成其他对象。它们的构件在所有者组成之任务的上下文内执行。

3. 标识服务设备

嵌入式系统利用传感器和控制器与其周围环境交互。这些设备又连接到其他设备来完成系统控制或监控功能。提供系统所用信息的设备通常建模为对象，并且必须被配置、校准、启用和控制，以便能够为系统提供服务。当必须维护设备信息和状态时，这些设备就应该建模为对象，以便维护与其操作相关的信息。

被动对象没有因果对象那么明显。它们可以提供被动的控制服务、数据存储或者两者兼而有之。通常的开关（如继电器、可控硅等）就是一个被动的控制对象。它为因果对象提供了服务，但本身却没有发起动作。被动对象也被称为服务器，因为它们为客户端对象提供服务。

在嵌入式系统中常见的被动数据对象有传感器、显示器、打印机等。嵌入式系统的任何模拟信息输入是经过传感器变换再经 A/D 转换器输入的。建模时如不考虑硬件实施可以把它们看成是一个对象，称为传感器。通常传感器是根据命令获取数据，并将其结果返回给调用者的;显示器则根据调用者的命令,将消息中的数据按命令要求通过自身的服务操作显示到显示设备上;打印机则按照命令将数据打印成文本或图表。硬件的被动服务者有时也可能是一个芯片,如 FFT、数字滤波、数据块的校验等专用芯片。

4. 标识真实世界的事物

面向对象系统经常需要建模真实世界中对象的信息或行为,即使它们不属于系统本身的一部分。例如,各种抄表系统必须建模客户的相关特征,即使这些客户明显地位于系统之外。典型的客户对象属性一般会包括姓名、地址、联系方式、表号、上次使用量、预付金额等。

这种策略着眼于真实世界中与系统交互的事物(在系统中存在这些事物的映像),但并不是这些对象的所有侧重面都会被建模,而仅是对系统有意义的属性才会被建模。

5. 标识关键概念

关键概念是位于具有感兴趣的属性和行为的领域内部的重要抽象。这些抽象通常可能不是现实世界的物理存在,但是必须被系统建模。在图形用户接口(GUI)领域内,窗口就是一个关键概念。在处理商业 POST 时,账户就是一个关键概念。在一个自主的工业机器人中,任务计划是需要用来实现所需生产过程的一组步骤,它是机器人规划中的一个重要概念。这些概念在真实世界里都没有物理存在形式,它们通常只作为抽象概念存在。在处理特定领域时,不要忽略了这类概念,通常它们在概念模型中是一个重要的对象。

一般关键概念在领域分析中就能够被识别。这里仅提出这种方法,在建模的实践过程中作为可选的参考。

6. 标识事务

事务是必须持续一段有限的时间并代表其他对象之交互的存在。事务对象在通用计算系统中更为常见。例如,存款、开户、注销、交易等。在嵌入式系统中,如显示、报警、错误处理、任务调度、监护条件判别等是比较常见的处理事务。

7. 标识持久信息

持久信息通常在被动对象中,比如堆栈、队列、树或数据库等。不管是易变的内存介质(DRAM 或 SRAM),还是长期不变的存储介质(FLASH ROM,EPROM,EEPROM 或磁盘),都可以存储持久信息。

机器人必须存储并调用任务计划,随后的系统分析可能会处理其他持久数据。通常持久数据可用来安排设备维护,并出现在系统的维护报表中。PDA 系统必须记录并存储使用者生活或与业务相关的大量信息,供随时查阅利用。各类计量系统(如电度表、煤气表、水表等)必须永久记录运行结果,因为它们是事务管理和计算费用的基本依据。

表 4.1 列出了常见的可能的持久信息。

第4章 面向对象的嵌入式系统分析

表 4.1 常见的可能的持久信息

信 息	存储时间	说 明
任务计划	无限制	机器人系统的作业必须被构建、存储并调用,以进行编辑和执行
错误	服务调用之间	包含错误标识符、严重性、位置和出现时间的错误日志。这些日志有助于系统的维护
报警	直到下一次服务调用	报警指明了那些用户必须注意,但不一定是错误的情形。在服务调用之间跟踪它们有助于分析系统的可靠性
操作时间	服务调用之间	操作时间的记录有助于跟踪成本和分析调度策略
安全访问	无限制	存储有效的用户名、标识符以及密码,以允许各种不同权限访问
运行结果	无限制	如各类计量系统,结果数据是管理计算的依据,因此必须被长期保存
运行产生的数据	无限制	如各类 PDA 系统中的事务安排、名片信息等,需要供使用者长期查询利用
服务信息	无限制	跟踪服务调用以及执行过的更新:when,what,who

8. 标识可视化元素

很多嵌入式系统直接或间接与人类用户交互,如手机、个人数字助理、数码相机等等。嵌入式系统的 GUI 虽然可以参照 Windows 窗口界面的风格,但由于嵌入式系统本身所特有的资源紧缺性和人机接口的多样性,通常照搬 Windows 技术是不现实的。嵌入式系统显示的多样性是显而易见的,比如简单的用一个发光二极管表示电源或系统运行状态,而复杂的可以像 Windows 窗口一样具有按钮、窗口、滚动条、图标和文本等显示对象。尽管目前有众多针对嵌入式系统的 GUI 组件,如 MiniGUI、OpenGUI 等,但由于移植、资源等原因大多数嵌入式系统产品的人机接口都是单独开发的。

在嵌入式系统软件三层结构中,往往把人机显示划归到表示层。因此对于具有复杂显示的系统,可以考虑使用软件组件的方法满足显示需求。而对于较简单的显示系统,显示元素常常要作为系统对象,在系统分析和设计时统一考虑。但是按照软件逻辑清晰简单的原则,建议即使是简单的显示系统,在软件逻辑设计时仍然要把显示功能和问题逻辑功能分开在两层考虑。图 4.14 所示为嵌入式系统软件逻辑层次结构。

9. 标识控制元素

控制元素是控制其他对象的实体,是因果对象的一种具体类型。某些被称为控件的对象通常组织它们构件对象的行为。它们可以是简单的对象或者是精致的控制系统,比如:PID 控制环、模糊逻辑推理机、专家系统推理机、神经网络仿真等。另外,某些控制元素可能是允许用户输入命令的物理接口设备,如按钮、开关、键盘、鼠标等。

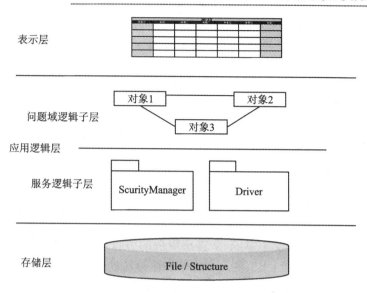

图 4.14 嵌入式系统软件逻辑层次结构

10. 遍历用例

用例场景的应用是另外一种发现对象的方法。它可以标识遗漏的对象,以及测试实现用例的对象协作。可以仅利用已知对象,通过遍历消息来实现场景。当出现"不能从这里到那里"的消息时,说明缺少了一个或多个对象。

这一过程可以通过精化用例场景机械地完成。用例场景的结构上下文是参与该场景的系统和参与者。这意味着用例场景不能向系统展现内部对象。然而,一旦我们标识并获得了协作中的对象组,单个的系统对象就可以用协作中的对象组代替。这也是用例驱动的系统向内部进化必须要进行的步骤。具有概念化内部结构的系统为场景提供了一个更详尽或精化的视图,并能验证协作是否确实实现了用例。

【例子】4.2.5 小节 PDA 例子所确定用例的协作实现。

"通信录录入"用例的第一层协作对象实现需要 2 个边界对象:键盘管理 1 和显示 1;1 个控制对象:录入管理;一个容器对象:存储容器 1;一个服务对象:定时器 1。其协作图如图 4.15 所示。

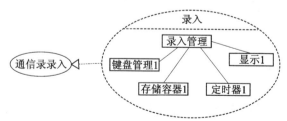

图 4.15 通信录录入用例的协作实现

"通信录修改"用例的第一层协作对象实现需要 2 个边界对象:键盘管理 2 和显示 2;1 个控制对象:条目管理;一个容器对象:存储容器 2;一个服务对象:定时器 2。其协作图如图 4.16 所示。

"通信录查询"用例的第一层协作对象实现需要 2 个边界对象：键盘管理 3 和显示 3；1 个控制对象：条目管理 3；一个容器对象：存储容器 3；一个服务对象：定时器 3。其协作图如图 4.17 所示。

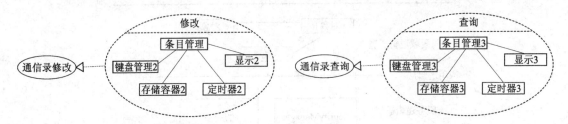

图 4.16　通信录修改用例的协作实现　　　图 4.17　通信录查询用例的协作实现

【说明】由于本例问题比较集中，三个实现用例的协作中所发现的对象和结构都十分相似。对于一个比较复杂的系统，用例的对象协作往往会发现许多不同的对象，尤其是对于用例之间比较离散时的情况。其实，即使在本例中，每个协作中类似相同的对象所起的作用并不完全相同，例如，键盘管理 1 和键盘管理 3 对键盘数据流的处理就有所不同。前面已经讨论过，对于"录入"协作中的对象键盘管理 1，需要提供的是连续的字节流数据，而"查询"协作中的对象键盘管理 3 仅需要提供单独的字节流。至于作用相同的对象是否能合并为同一个类，或泛化出超类这样的问题，要到建立类模型的时候来确定。

4.3.3　标识关联

在早期的分析阶段，某些对象看上去与其他对象有关，不过它们有怎样的关系总是不太清楚。首先是标识这样的关联的存在，然后考虑将这些关联特征化。

同样也存在一些标识对象关联的策略。每一个关联都建立在这样的事实基础之上：一些对象向其他对象发送消息，每条消息都暗含了一个关联。

识别对象关联的策略是：

> 标识消息；
> 标识消息源；
> 标识消息存储者；
> 标识消息处理程序；
> 标识整体-部分结构；
> 标识共同-具体抽象的结构；
> 应用场景。

1. 标识消息

每个消息都暗含了参与对象的一个关联。通过对消息的标识，可以发现为了实现用例而参加协作的各个对象之间的联系。可以通过用例的场景或问题陈述发现绝大部分外部消息，协作对象之间的消息可以在后边的步骤中获得。

2. 标识消息源

探测信息或事件的传感器以及信息或事件的创建者都属于消息源。它们将信息传递给其他对象，并由它们进行处理或存储。消息源识别方法既可以在系统内外边界上进行，也可以在通过协作实现用例的对象间进行。内部对象间的消息是对系统边界上的消息的分解和细化的处理过程。

3. 标识消息存储者

消息存储者用于归档信息，或者为其他对象提供一个信息中央存储池。这些存储者与信息源，以及信息的使用者都存在着关联。在嵌入式系统实践中，消息或数据即可以存储在永久性存储对象（如硬盘、EEPROM、Flash ROM）上，也可以存储在像数据结构等数据对象上。

4. 标识消息处理程序

某些对象集中处理消息的调度和处理。它们组成了与消息源或消息存储者中任意一个的连接，或者两者兼而有之。

5. 标识整体-部分结构

整体-部分关系成为对象间的聚合关系。整体通常发送消息给它的部分。

6. 标识共同-具体抽象的结构

某些对象通过抽象级别的差异来互相联系。例如，单个的高级抽象由一些更具体的对象的共同特征提取而得到。这时，提取出的对象与其他更具体的对象就形成继承关系。

7. 应用场景

利用已经标识的对象遍历所有场景，这些场景清楚地说明了如何在对象间发送消息。

同发现对象的方法一样，以上的几种方法也不是完全正交的，有时通过两或三个方法就可以找到所有的关系。通常，应用场景的做法是很可取的，它既可以标识出消息，也可以验证所定义的协作是否正确地实现了用例。

把找到的每一条消息都表示为相关两个对象之间的一个关联。在逻辑上，关联是双向的，除非附加的导航装饰明确地限制了其方向性。在 UML 中，可以用导航来定义消息流的方向。需要注意的是导航和信息流不必完全一样，因为消息能够发送信息也能返回信息。

通信的面向对象抽象就是以关联作为管道来发送消息的。有很多种实现这种管道的方法，如 OS 句柄、RTOS 消息发送、RPC 以及通过总线或网络传递消息等。不过在嵌入式系统中，关联以简单指针或者对象引用的方式来实现则更为常见。

当关联仅在一个方向上能够导航时，通常称为客户-服务器（client-server）模式关联。客户(client)是带有引用的对象；服务器(server)则带有数据或者由客户激活的操作。服务器多数是被动的或者是反应式对象，响应来自客户的请求。双向可导航的关联称为对等(peer-to-peer)关联。关联中的协作有时需要在两个类之间进行递归操作。不过对等关联不像客户-服务器关联那么常见。

【例子】前一节 PDA 例子所确定用例的协作中的关联，请参见图 4.15、4.16 和 4.17。

4.3.4 标识对象属性

属性(attribute)是被命名的类的特性，它描述了该特性的实例(即对象)可以取值的范围。属性虽然也具有名词性，但它的作用是描述或说明其他实体的，而不是本身独立存在的。属性通常来说只具有基本结构，除了 get()和 set()之外再没有其他的自发操作。属性是反映对象结构特征的，是对象的数据部分。如传感器对象可能包括校准常量和测量值这样的属性。属性几乎总是基本的，不能再被分为子属性。如果分析时发现所假定的属性不是基本的，那么应该将其建模为主对象所关联的对象，而不是主对象的属性。例如，如果传感器有一个简单的刻度校准常量，那么就将其建模为传感器对象的一个属性。然而，如果传感器对象具有一套完整的校准常量，那么最好将每个校准常量都建模为由带"1-*"多重性的传感器对象单向集合的对象。对于传感器的非基本属性图 4.18(a)建议建模为如图 4.18(b)。在实现时这一组常量可以由一个容器类管理。这两种建模方式的区别在分析阶段是不重要的，由图 4.18(a)到图 4.18(b)的过程可以在分析阶段进行(如果系统足够小)，也可以在设计细化阶段进行(如果系统足够复杂)。需要说明的是，用这种建模容器并不必然给性能或内存利用率带来额外的开销，反而提供了更好的封装性和使系统更容易维护。

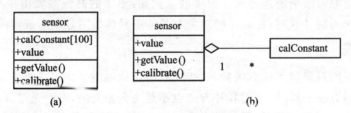

图 4.18　非基本属性建模

在确定对象属性时，提出并回答以下问题会有所帮助：
➢ 什么信息定义了对象？
➢ 在什么信息上完成了对象的操作行为？
➢ 站在对象的角度，问自己"我知道什么"？
➢ 已经标识的对象有丰富的结构或行为吗？ 如果有，它们可能是对象。
➢ 对象的职责是什么？ 哪些信息是实现这些职责所必需的？

在建模中，有时可能存在无属性的对象。无属性的对象在面向对象建模中仍然是有效的对象。例如,一个按钮是一个合理的对象,如果不是考虑安放位置或系统外观,它的大小、颜色对软件系统建模来说没有任何意义,只有开和关的操作行为才是需要关心的。在 UML 中没有属性的对象称为接口。

【例子】前一节 PDA 例子所确定用例的协作中对象的属性。

录入协作:
  键盘管理 1:输入值类型,扫描码,输出值。
  显示 1:显示内容,显示地址,显示颜色。
  存储容器 1:存储的内容,存储的地址。
  定时器 1:定时时间,触发方式。
  录入管理:录入的位置,录入的内容。

修改协作:
  键盘管理 2:输入值类型,扫描码,输出值。
  显示 2:显示内容,显示地址,显示颜色。
  存储容器 2:读出的内容,读出的地址。
  定时器 2:定时时间,触发方式。
  条目管理:查询的位置,查询的状态。

查询协作:
  键盘管理 3:输入值类型,扫描码,输出值。
  显示 3:显示内容,显示地址,显示颜色。
  存储容器 2:读出的内容,读出的地址。
  定时器 2:定时时间,触发方式。
  条目管理 3:查询的位置,查询的状态。

4.3.5 建立系统的类模型

在前面标识对象的一系列活动中,所描述的对象协作都是围绕着实现用例为目的的。它们所描述的对象有很多在结构上是相同或重复的。另外,在围绕着实现不同的用例而确定的相互协作的对象间也会存在交叉。或者说,为两个用例实现而定义的协作中的对象,站在系统的视角观察根本就是同一个对象。这样,就需要从系统的整体视角来整合所有对象,通过系统统一的类图来实现所有用例所提出的功能要求。这些整合包括提炼所有共同的对象为类,合并交叉的对象为类,泛化具有共同特征的类等。这是一个由特殊到一般的过程。抽象出所有的类后,再从关系的视角合并对象之间的关系为类之间的关系,最后得到系统分析的类模型。

在系统分析的类模型中,主要涉及概念类和应用类两种结构型类。概念类主要是确定应用领域中的概念,一般要在领域分析或对应用领域的专业知识的理解中获得。在嵌入式系统中,领域概念通常会以融合在需求文档中的形式提供给分析人员。这些类的获得通过"陈述名词"过程可以捕获得到。应用类界定了应用程序本身,而不是由应用程序操作的真实世界对象。多数应用类都是面向计算机的,它们定义了用户感知应用程序的方式。可以用如下步骤来构造类模型。

- 发现类;
- 定义类关系;
- 确定用户界面;
- 定义边界类;
- 确定控制器;
- 检查用例模型。

1. 发现类

类是对象的抽象。类模型描述了应用系统的类以及它们之间的相互关系。反映协作的对象图只是类图在程序运行中的一个快照。在一个应用系统中,类图是稳定的,是系统软件框架的核心部分。而协作和对象图则是系统运行的某一个特定瞬间的一种软件结构和关系。因此,只有获得类图,才能在更为稳定的框架下和更为系统的视角里全面地描述系统。分析中最重要的工作就是构造系统的类模型。类模型在系统软件框架中是最重要的,它按照类及其关系展现了系统的结构。软件框架中的其他两个模型主要描述的是系统的行为方面。

这一过程需要以下三种方法:

- 提炼所有共同的对象为类;
- 合并交叉的对象为类;
- 泛化具有共同特征的类。

提炼所有共同的对象为类。在以实现用例为目的的对象协作定义中,标识过的很多对象有很多在结构上是相同的。这些结构或行为相同的对象属于同一个类。创建类模型的第一步就是寻找相关的对象类。对象包括物理实体,例如按钮、显示器、传感器等。所有的类都必须是在应用领域中有意义的。

合并交叉的对象为类。如果在前述过程中得到的多个协作中存在交叉的对象,应把所有本质上反映同一个特征的对象合并成一个共同的类。

泛化具有共同特征的类。如果两个对象具有主要的共同属性和操作,但仍有属于自己的特殊属性和特殊的操作时,可以通过泛化提炼出共同的部分作为它们的父类,而特殊的部分放置在各自形成的子类中。

2. 定义类关系

UML 提供了几种重要的类关系:

- 关联(association);
- 聚合(aggregation)。

第4章 面向对象的嵌入式系统分析

- 组成(combination)。
- 泛化(generalization)。
- 依赖(dependency)。

对象间关联的存在意味着其中一个对象或者两者都向对方发送消息。关联是指结构上的,也就是说它必须是类的一部分,或者说关联本身也是一种类元。这样可以从类中实例化对象,例如,关联的实例化对象就是链路。出于这个原因,分析时必须将关联视为类的附属物,而不是对象的附属物。链路可以在系统执行阶段出现或消失,从而对象间不断地连接或断开以实现它们在协作中的角色。除非有明确的限制,通常关联在逻辑上都是双向的。前文已经论及,在实现中,很少有关系是真正双向实现的。但在分析模型中,可以不去计较关联的实现到底是单向还是双向的,这个细节问题可以留到设计模型中去解决。

聚合是一种特殊类型的关联,它表现的是整体-部分关系。聚合中表示整体的类称为聚集。聚合和关联之间的区别通常是个人喜好的问题而不是语义的区别,聚合即关联,或者说聚合也是关联的一种情况。聚合表示了这样一种思想:聚集是它的每一部分的总和。例如,个人计算机系统是一个聚集体,它由主机箱、键盘、鼠标、显示器、调制解调器、打印机等组成,还可能包括几个音箱。而主机箱内除CPU外还带一些驱动部件,例如显示卡、声卡、CD-ROM驱动器、一个或多个硬盘驱动器和其他组件。个人计算机聚合关系如图4.19所示。

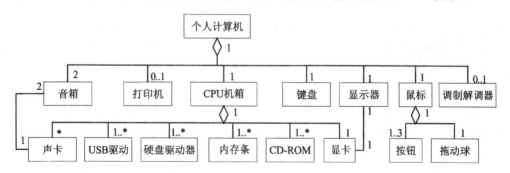

图 4.19 计算机组成的 UML 表示

组成是一种强类型的聚合。组成关系与聚合对应于物理包含和所有权的不同观点。当每一个部分由一个组成类所拥有时,每个部分没有独立于其拥有者的生命期。也就是说,组成类必须创建并销毁它的构件。例如,咖啡桌是一个组成体,它的部分体有桌面和桌腿,如图4.20所示。

泛化是父类与子类之间的分类关系。分类层次结构中较高级别的类有时称作父类、泛化类、基类或者是超级类。从基类继承了属性和操作的类被称为子类、特化类或者派生类。派生类不仅具有其父类的所有特征,并且还扩展和特化了某些特征。图4.21中的按钮子类是沿着行为特性特化而来的。简单按钮在被按下时发出事件消息,但是它们没有状态记忆。触发按钮根据连续的按键操作在两个状态之间切换。多状态按钮根据各个按键组合通过一个状态机运行。组按钮在被按下时,删除组内所有其他按钮。

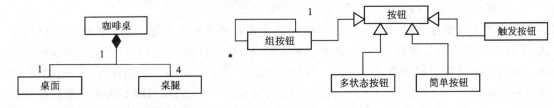

图 4.20　咖啡桌的组成关系的 UML 表示　　　　图 4.21　按钮子类

在 UML 中,泛化隐含着两件事情:继承和可替代性。

继承意味着几乎是对于所有的类,只要有一个子类成立,那么它所有的子类都是成立的。也就是说,子类具有其父类的所有属性、操作、惯量和依赖关系。如果超类具有定义其行为的状态机,那么子类将继承该状态机。子类可随意用来特化和扩展继承来的特征。特化是指子类可以多态地重新定义一个操作,使之在语义上更适合自己。扩展是指子类可以添加新的属性、操作、关联等。

可替代性是指子类的实例对于其超类的实例总是可以替代的,并且不需要破坏模型的语义。本书第一章中已经指出,这被称为 Liskov 替代准则 LSP。或者说,子类必须严格地像其超类那样遵守多态规则。为了使 LSP 正常生效,超类及子类之间的关系必须是特化或者扩展中的一种。对于超类成立的地方对于子类也必然成立,因为子类是其超类的一个类型。例如,狗是动物,所以动物的属性狗也有。所有动物共有的行为,狗也有。

依赖关系是表示一个或几个模型中两个元素间关系的语句。依赖意味着一个模型元素以某种方式使用另一个模型元素。在表示不对称的知识系统时,独立的元素称为提供者,不独立的元素称为客户。其中一个元素(提供者)的变化将会影响另一个元素(客户)。

根据类间关系的语义,连接或审视所得到的类,就可以形成基本的类模型。以下的步骤是对已经确立的类模型进一步完善的过程,从中可能会发现遗漏的类和进一步优化类图结构。

3. 确定用户界面

如图 4.14 所表示的,多数交互都可以划分成两个部分:应用逻辑和用户界面。用户界面在系统的表示层,是以一致的方式给用户提供访问系统的对象、命令和应用选项的一个或一组对象。分析阶段的重点是信息流和控制,而不是表示格式。如果表层细节被仔细隔离开来的话,就可以使用相同的接口逻辑从通信线路、文件、按钮、触摸屏、键盘或者远程链路等处接收输入。

在分析阶段,在细节层次上要以粗略的粒度处理用户界面。不要担心如何输入独立的数据,相反要尽量确定用户可以执行的命令。命令是对服务的一种大规模的请求。例如"航班预定"和"在存储库中寻找匹配的条目"等都是命令。输入命令信息和调用命令的格式相对而言都易于改变,因此要首先定义命令。

对于较复杂的嵌入式系统用户界面,例如,具有较大平面液晶显示的 PDA 系统,要先草拟出一种示例界面,有助于将应用程序操作可视化。在这种方式中,很容易发觉是不是什么重要的内容被遗漏掉了。若有条件,也可以把界面伪装起来而用哑过程来模拟应用逻辑,让用户来试用。将应用逻辑从用户界面去耦,既可以检验应用逻辑框架的正确性和合理性,也可以在应用模块具体开发中提供一个稳定的上下文。

4. 定义边界类

系统必须能够操作和接收来自外部资源的信息,但系统的内部结构不应受制于外部信息。定义边界类,将系统内部与外界隔离开来,是处理这类问题的可取方法。边界类(boundary class)提供了系统与外部资源通信的一个集结地。边界类可以理解一种或多种外部资源的格式,可以将传输信息在内部之间往来转换。

5. 确定控制器

控制器(controller)是一种管理应用程序内部控制权的主动对象。它接收外界或系统内部对象的信号,响应它们,调用对象上的操作,以及给外界发送信号。控制器是以对象的形式捕获的一段具体化的行为,这种行为要比普通代码更容易操作和转换。多数应用的核心都是一项或多项控制器,由它们来组织应用程序的行为序列。在多任务系统中,控制器实现为一个系统任务,在类模型中表现为主动类。

在设计控制器的行为过程中,多数工作是建模状态图,具体活动在 4.4.3 小节介绍。然而,在这里主要是捕获系统中的控制器、每一种控制器所维护的控制信息以及从控制器到系统中其他对象的关联等这类反映结构内容的信息。

6. 检查用例模型

在构造应用类模型的时候,回顾一下用例,并思考它们是如何工作的。例如,如果用户给应用程序发送了一条命令,命令的参数必须来源于某个用户界面对象。命令本身的处理要来源于某个控制对象。当应用类模型基本完成后,就可以用类模型来模拟用例。通过手工的模拟用例,有助于确保所有部分都是合适的。

【例子】前一节 PDA 例子的类模型。

从实现用例的协作和协作中的对象属性,很容易确定 PDA 例子的类模型如图 4.22 所示。经过前面过程的分析和综合,在输入边界类的处理上,用输入管理类作为键盘输入管理类的父类,并特化出触摸屏输入管理子类,这样当系统由键盘输入改为触摸屏输入时就可以完全使用这里分析的结果,而不必从头再来了。对于输出边界类,由显示管理类作为与事务处理逻辑通信录管理类的公共接口,并特化出液晶点阵显示和液晶数码显示两个子类,当系统由英文字符显示进化成图形用户界面 GUI 时,仍然可以不必改变这里的分析结果。其他类的泛化出于同样的道理，这里就不再一一进行说明了。关于类的属性，可以在模型中通过类展开的方法查看。在这里，类的属性是被隐藏的。

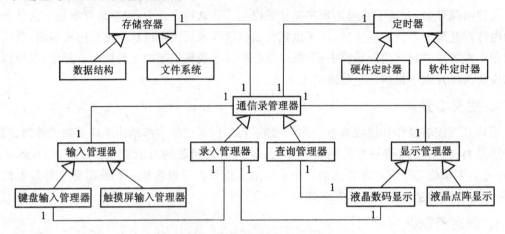

图 4.22 通信录子系统类模型

4.3.6 创建类图的讨论

事实上，系统的前期分析目标都是朝着系统框架方向前进的。为了得到分析框架，可以采用不同的路径，但分析的目标是确定的，那就是得到分析框架（或分析模型）。本书所采用的获得分析模型的方法，如图 4.23 所示，是根据嵌入式系统开发的实际情况选择的。这种路径的选择也大量参考了参考文献[2]。作者不排除使用其他方法也能获得同样的结果，如参考文献[7]和[9]所提出的方法，不过这两个文献提出的方法更适用于大型通用软件系统（如数据库系统或大型事务处理系统等）的过程。需要说明的是，正如前面每项活动所描述的，图 4.23 仅是在分析期间各项活动的主行为流顺序，不代表后边的活动不会改变前面活动的结果。事实上整个需求模型和分析框架是共同迭代完成的。

建模的任务是记述重要的系统抽象并且确定这些抽象的语义。建模当然包括定义在抽象上的属性和操作，这些属性和操作通常会在类图中描述出来。不过，也包括各个抽象在各种协作和抽象的状态空间中所扮演的角色。还可能存在一些附加的约束和重要的细节，包括抽象的职责、抽象要满足的需求以及生成的源代码。这些都是模型的一部分。不过在分析阶段，核心问题是获得系统软件框架。实际上，通常不能仅仅通过手边的类模型视图来理解一个系统，同时还需要附加交互模型和状态模型才能全面、具体地理解整个系统。前文已经讨论，如果由这三个模型描述的系统还不够完备，还可以附加其他 UML 手段或者是非 UML 描述。软件框架中的交互模型和状态模型在 4.4 节中讨论。

以下技巧有助于构建应用中的类模型，这里统一做一个总结，供建立完成类模型后回顾前边所做的活动，会对建立一个"好的"模型有所帮助[7]。

第4章 面向对象的嵌入式系统分析

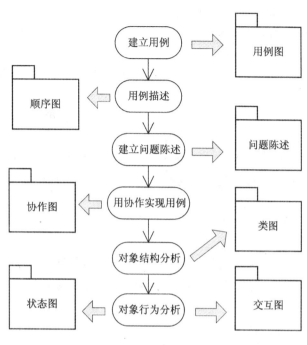

图 4.23 嵌入式系统分析期间的活动和结果

① 范围。在开始类建模时,不要只是草草地记下类、关联和继承。首先,必须理解待解决的问题。问题的答案会驱动模型的内容。另外,也需要作出判断,确定显示哪些对象和属性,而忽略哪些对象和属性。模型仅需要表示与问题相关的内容。

② 简洁性。要努力保证模型的简洁。简单的模型更容易理解,需要花费的精力也更少。要使用定义清晰且没有冗余的类,尽量保证类的数目最少。要小心定义困难的那些类,有时可能需要重新考虑一些类,并重组类模型。

③ 图的布局。绘制模型图的时候要保证类布局的合理性,好的布局可以使图形看起来简单。一个问题常常会有一个超结构,无法使用现有的表示法(可采用显示最主要的和最与问题相关的部分,而把相对次要的内容隐藏起来或附加在类上的办法)。放置重要的类时,要让它们在图中显得很突出,要尽可能地避免交叉线。

④ 类名称的选择。类的名称很重要,有非常强的描述和注释作用。类名称应该是描述性的、明确的和无歧义的。类名称不要偏向对象的某一方面。选择好的类名称通常不是一件轻而易举的事情。应该使用单数名词作为类的名称。

⑤ 引用。不要将对象引用作为属性在对象里使用。相反,要把它们建模为关联。这样会更加简洁,并可以捕获问题的真实意图而不是一种实现方法。

⑥ 多重性。努力保持关联终端的多重性为1。每一端的对象经常都是可选的,0 或 1 的

多重性更有利于系统设计和实现。这里所说的"努力",并不意味着图中所有的多重性都应该是 0 或 1。对于不好处理的或必须为"多"的多重性端,仍然要表示为"多",实现问题留给以后阶段处理。

⑦ 关联的终端名。要警惕同一个类的多次使用。使用关联的终端名来统一到同一个类的引用。

⑧ 包和序列。对于一对对象,普通二元关联至多有一个链接。但是,通过将关联终端注释为{bag}或{sequence},就可以支持一对对象的多重链接。

⑨ 关联的属性。在分析过程中,不要将关联的属性折叠进某个相关的类中。应该直接在模型中描述对象和链接。在设计和实现过程中,要不断地组合信息,以便使整个系统更有效地执行。

⑩ 限定关联。通过限定性关联可以改进关联终端为"多"的关联精度,并能突出重要的导航路径。

⑪ 泛化的层次。要避免深度嵌套的泛化。深度嵌套的子类难以理解,很像过程化语言中深度嵌套的代码块。通常经过仔细思考和少量调整后,就可以减少过度扩展的继承层次的深度。

⑫ 评审。试着让其他人评审已经建立的模型。类模型需要评审以阐明名称,完善抽象,修改错误、增加信息,并且能更准确地捕获结构约束。

4.4 嵌入式系统行为分析

通过前一节的活动,获得了软件框架中的最主要部分——类图。在第 3 章中已经讨论了软件框架的组成部分以及它们之间的关系。软件框架中的其他部分,在本节的各项活动中获得。由此,分析过程的结果才全部产生。

4.4.1 对象行为

行为被细分为活动、交互和状态机三种类型。对象的行为描述了它们随着时间的流逝,其属性和关系的变化,并以此而满足它们在系统中的职责。换句话说,行为描述了对象(类元)通过响应外部事件和内部计算而使其状态是如何改变的。因此,对象的行为可以从单个对象的上下文角度考察,也可以从对象间协作这个更大一点的上下文角度考察。可以有不同方法规约对象的全部行为,其中最重要的方法就是把对象行为建模成有限状态机。而交互建模可以帮助测试状态行为模型,以确保对象能够相互合作共同履行系统的职责。对象所进行的各种活动都可以在状态机的状态或转换中建模。当确立了软件框架中的状态模型和交互模型后,就可以从状态模型和交互模型中得到类操作的定义。最终,类的操作实现了它的行为。在面向对象的分析与设计活动中,状态模型所适用的主体往往是很明确的。用 UML 的话来说,这种主体通常是一个类元,一般会是一个类,不过也可以是其他类型的类元,比如说用例,甚至也可以是一个协作。

行为指的是事物变化的方式。对象的行为是通过类操作集合以及应用类操作时的约束来定义的。行为的功能方面指的是对象做什么。对行为的约束可以用多种方式来说明。或者说,在计算系统中,所有对象的行为都是有一定约束的。没有约束的行为不能应用于系统。功能性约束将操作的使用限制在一个定义良好的序列中,在这样的序列中满足前置/后置条件不变式。功能性约束通常使用有限状态机来建模。此外常常存在其他非功能性约束。这些约束被认为是服务质量(QoS)约束,它给出了行为完成的质量。例如,一个动作应该花多长时间?另一个例子是一项计算的必须精度或者保真度。比如,两位数的精度足够吗?在实时嵌入式系统分析中,对对象行为给出规约时必须同时兼顾功能和 QoS 两个方面。QoS 约束通常采用一种约束语言来建模。UML 提供了一种约束语言称为 OCL,但在实际的建模中,它并不规定具体使用哪种约束语言。因此在使用 UML 建模中开发人员可以根据习惯使用能够满足自己需要的约束语言。常见的约束语言有结构化英语(Structured English)、数学语言、时态逻辑以及 OCL。

前面章节的讨论已经指出,一个类元是把一个对象或者把一个对象集合看成一个整体,从对待历史时间的视角,它可能具有简单行为、状态行为和连续行为三种行为表现。

4.4.2 状态行为

1. 状 态

如果一个对象的行为能够用一张状态图来捕获、描述,那么就称这个对象是反应式的(reactive)。这类对象的行为空间被划分为不连续的、不重合的存在条件,这些条件称为状态。状态(state)是能够持续一定时间阶段的基本条件,它可以与其他这类条件区分开来,并且各个条件之间是不连续的。一个可区别的状态意味着从观察的角度看,它在所接收的事件或作为接收事件响应的结果所采取的转换(或所执行的动作)方面会有所不同。转换(transition)是对事件的反应,通常情况下会带来状态上的改变。用最简单的说法来讲,状态是对象上的一个条件,在该条件存在期间,对象接收一组事件,并执行某些动作和活动,基于所接收到的事件,对象可以转换到其他状态集合。一个状态与其他状态的区别主要体现在如下方面:

- 所接收的输入事件。
- 作为输入事件的结果,对象所采取的输出转换以及当转换实施以后,对象可以到达的后续状态的可达图。
- 针对进入状态所执行的动作。
- 针对退出状态所执行的动作。
- 所执行的活动。

第4章 面向对象的嵌入式系统分析

如果两个状态在任何一个方面有所不同,那么它们就是两个不同的存在状态。

一个对象的状态还可以分解成子状态,就是说,状态是可以嵌套的。例如,传感器的状态空间在较高层次上可以被分解为{关闭,开启}两个状态的集合,而开启状态还可以进一步分解成{等待命令,采样,转换,校准,提交结果}等子状态。如图4.24所示。采用这种递归方式,可以对任意复杂的状态空间进行分解。外层状态被称为超状态(superstate)或复合状态(composite state),内层的状态被称为子状态(substate)。UML对超状态的分解可以有或状态和与状态两种方式。或状态(or-state)是指超状态中的所有子状态具有"或"的关系。也就是说,在任何时候如果对象处于某个超状态,那它必须准确地位于该超状态的子状态之一。与状态(and-state)也称为正交区(orthogonal region),指的是超状态中的所有子状态具有"与"的关系。也就是说,在任何时候如果对象处于某个超状态,那它必须同时处于其所有子状态之中。与状态反应了超状态内部的并发行为。

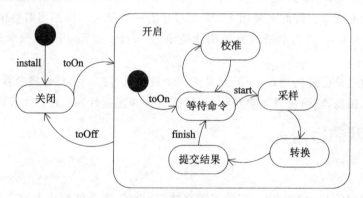

图4.24 传感器的状态图

2. 事件、转换、动作与活动

状态的改变称为转换,转换由事件引发。UML定义了四种事件,即:信号事件、调用事件、改变事件和时间事件。关于这四种事件的详细描述请参见4.2节。

(1) 转换(transition)

用于表示一个状态机中两个状态之间的一种关系,即一个在某初始状态的对象通过执行指定的动作进入第二种状态。当然,这种转换需要某种指定的事件发生和指定的监护条件得到满足。简单的转换只有一个源状态和一个目标状态。复杂的转换有多个源状态和多个目标状态,它表示在一系列并发的活动状态中或在一个分叉型或结合型的控制下发生的转换。没有状态改变的转换称为内部转换(internal transition)。内部转换有一个源状态但没有目标状态。内部转换时只执行所要求的转换动作而所在状态的进入和退出动作都不会执行。状态和转换是状态机中的顶点和弧,用来描述一个类元中所有实例的可能的生命历史。转换包括源状态、事件触发器、监护条件、动作和目标状态。在实际建模中并不是所有项目都会在转换中出现，有的项是可以省略的。下面逐项进行说明。

① 源状态。源状态是被转换所影响的状态。如果某对象处于源状态，而且此对象接受了转换的触发事件，且监护条件（如果有的话）也得到了满足，则离开该状态的输出转换将激发。在转换完成后，该状态变为非激活状态。

② 目标状态。目标状态是转换结束后的激活状态。它是主对象要转向的状态。目标状态不会用于内部转换中，因为内部转换不存在状态变化。

③ 事件触发器。事件触发器是这样一个事件，它被处于源状态的对象接受后，转换只要得到监护条件的满足即可激发。如果此事件有参数，则这些参数可以被转换所使用，也可以被监护条件和动作表达式所使用。触发转换的事件就成为当前事件，而且可以被后续的动作访问，这些后续的动作都是由事件发起的"运行至完成"步骤的一部分。

没有明确的触发事件的转换称为完成转换或无触发转换，它是在状态中某一个活动结束时被隐式触发的。复合状态通过它的每个区域到达终止状态而表明其完成。如果一个状态没有内部活动或嵌套状态，而状态在任意入口动作执行之后被进入，并且该状态的完成转换被立即触发。

④ 监护条件(guard condition)。监护条件是一个布尔表达式，一个事件的到来触发了此表达式的计算，如果表达式为 TRUE，则转换可以激发；如果表达式为 FALSE，则转换不能激发。如果事件被处理，但没有转换适合激发，则该事件被忽略。如果一个事件发生时状态机正在执行动作，则此事件被保留，直到该动作步骤完成和状态机静止时才处理该事件。

监护条件的值只在被处理时计算一次。如果其值计算时为 FALSE，计算以后又变为 TRUE，则转换动作不会被激发，除非有另一个事件发生，且此时监护条件为真。如果转换没有监护条件，则监护条件被认为总是 TRUE。

(2) 动作与活动

一个动作(action)是一个可执行的原子计算。动作可以包括操作调用，另一个对象的创建/撤消或者向一个对象发送信号。动作是原子的，这意味着它不能被事件中断，并且因此一直运行到完成。而活动(activity)则不同，它可以被其他事件中断。活动是对象处于某个状态期间所执行的行为。

动作可以在退出一个状态、执行一个转换和进入一个状态时执行，分别称为退出动作、转换动作和进入动作。表达式中任何动作出现的地方也可以是一个动作序列，其中包含任意长度的动作列表。动作的执行顺序是：首先执行退出状态的退出动作，接下来执行转换动作，最后执行将进入状态的进入动作。状态嵌套情况下的执行顺序类似，遵循同样的规则。当从某个超状态外部进入其内部子状态时，进入动作按嵌套的顺序执行。退出时按相反的退出动作顺序。

例如，在如图 4.25 所示的状态图中，执行转换 T1 的进入动作顺序为 f,l,m,o。执行转换 T2 的退出动作顺序为 p,n,g。若执行 T3 转换，则执行的动作顺序为 p,n,w,r。

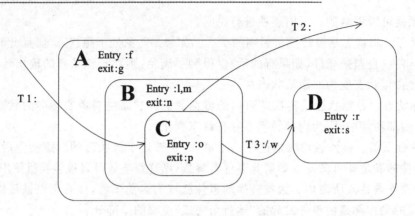

图 4.25 嵌套状态的动作执行

转换用从一个源状态到目标状态的实线箭头图形化表示,如 T3 转换。在实线侧边注有转换字符串。转换字符串的格式为:

name:$_{opt}$ event-name$_{opt}$ (parameter-list)$_{opt}$ [guard-condition]$_{opt}$ /action-list$_{opt}$

其中,所有的项目都是可选项,各项含义说明如下:

name:可以在表达式中用来引用的转换名。其后有一个冒号。

event-name 触发器事件名称,其后跟有参数列表。如无参数,参数列表可以省略。

guard-condition 是一个布尔表达式,由触发器事件参数、属性和用状态机描述的对象的链接等条目组成。监护条件还可以包括状态机中并发状态的测试或某些可达对象的显式指定的状态。例如,[in State1],[not in State2]。

action-list 是一个过程表达式,它在转换激发时得到执行。它可以由操作、属性、拥有对象的链接、触发器事件的参数等条目组成。动作包括调用、发送及其他种类的动作。动作列表可以包含多个动作。表达式的语法是与实现相关的。

3. 伪状态

伪状态(pseudostate)是状态机中具有状态的形式而其行为却不同于完全状态的顶点。当一个伪状态处于活动的时候,状态机还没有完成它的"运行至完成"步骤,也不会处理事件。伪状态用来连接转换段,通常到一个伪状态的转换意味着会有一个到另一个状态的自动转换而不需要事件触发。

伪状态包括选择、入口点、出口点、分叉、历史状态、初始状态和终止状态。说明:UML2.0 认为终止状态不是伪状态。但由于其语义上的相近性,因此在这里一并介绍。UML2.0 支持的伪状态如图 4.26 所示。

初始状态(initial state)表示的是在某个状态上下文中初始默认状态。这里的上下文可以是对象的整个状态空间或者一个嵌套的状态。如果转换进入该上下文,并且没有明确地给出

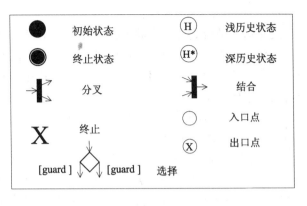

图 4.26 状态图中伪状态

目标子状态,则会进入初始状态。

终止状态(terminal state)表示一个局部状态的终止。当状态处于某个状态机的最外层上下文时,终止状态意味着对象将被销毁。在嵌套状态中的终止状态,意味着它在嵌套内的状态机已经完成,但在该状态中仍保持活动,不过从它出发的转换受到限制。

历史状态(history state)说明内部组成状态在退出之后仍然记得它之前的活动子状态。历史状态允许复合状态记住最近一次退出复合状态之前该状态中最后一个活动子状态。转向历史状态的一个转换将使前一个活动子状态在执行完所有指定的入口动作后再次成为活动的。进入历史状态的转换可以来自复合状态的外部状态或者复合状态中的初始状态。但历史状态不能有来自复合状态内的其他转换,因为在复合状态中其他转换可以发生时历史状态已经被经过了。或者说,历史状态只表示复合状态的一种开始状态。

历史状态可以记忆浅历史和深历史。浅历史状态表示组成状态的默认状态是该复合状态中被最后访问的直接子状态,而不包括嵌套子状态。深历史状态表示组成状态的默认状态是该组成状态中被最后访问的子状态,包括以任意深度嵌套的子状态。

选择(choice)是一个伪状态,有唯一的输入转换和多个输出的带监护条件的匿名转换。这等价于从源状态发出的多个输出转换,这些转换由相同的事件触发,但具有不同的监护条件。当执行到选择节点时,输出分支上的监护条件被动态计算,随后监护条件为"真"的输出分支节点会被引发。选择用来处理基于条件的分支转换,与 if－then－else 等价。如果没有输出分支节点监护条件为"真",那么模型就是非良构的。为了避免这种可能性,可以将监护条件[else]应用到其中一个分支节点上。如果所有的其他监护条件为"假",那么它会被选择作为触发分支。

分叉(fork)。在状态机中,分叉是一个有一个源状态、两个或多个目标状态的转换。在复杂转换中,一个源状态可以转入多个目标状态,使活动状态的数目增加。如果在源状态活动时出现转换触发事件,则所有目标状态都将成为活动状态。目标状态必须位于复合状态的不同区域中。

结合(join)。分叉的反义词。结合是多个源状态到一个目标状态的转换。如果所有源状态都处于活动且发生转换触发事件,则执行转换且目标状态为活动状态。

入口点(entry point)。子状态机的一个外部可见的伪状态,其外部转换可以将它作为目标。入口点是一种封装机制,它允许在子状态内定义多个初始状态以供外部转换使用。每个入口点指定了所属状态内的一个内部状态,并且其名字对外可见。和入口点相连的转换被有效地连接到指定的状态上,同时又不需要知道状态内部实现连接的细节。

出口点(exit point)。子状态机的一个外部可见的伪状态,其外部转换可以将它作为源。同入口点一样,出口点也是一种封装机制,它允许在子状态内定义多个终态以供外部转换使用。每个出口点指定了所属状态内的一个命名的终态,并且其名字对外可见。外部转换可以将出口点作为它的源。和出口点相连的转换被连接到指定的内部命名终态上作为其源,同时又不需要知道状态内部实现连接的细节。入口点和出口点这种机制对于子状态机特别有用,转换不仅可以引用子机,而且还可以直接连接到子机内部的状态上而不用递归地将子机复制到引用的状态机中来。

4.4.3 建立状态模型

首先,用多个状态来确定应用类的行为,并使用交互模型来寻找这些类的事件;然后用状态图为类组织允许的事件序列;接下来,检查不同的状态图,确保公共事件的匹配;最后,用类模型和交互模型检查状态图。可以使用以下步骤来构造应用状态模型:

- 使用状态来确定应用类;
- 寻找事件;
- 构建状态图;
- 检查其他状态图;
- 检查类模型和交互模型。

1. 使用状态来确定应用类

应用类模型增加了对用户而言非常突出的并且对于应用的操作而言非常重要的面向计算机的类。事实上,并不是所有的类都需要附加一个状态模型描述。思考每一个应用类,并确定哪些应用类有多个状态。用户界面类和控制器类是状态模型很好的候选对象。相反,如边界类、容器类等往往是静态的,用于集散数据的导入和导出,结果它们就不太可能包含状态模型。

2. 寻找事件

对于应用交互模型,已经获得了大量的场景。现在要研究这些场景,并提取事件。尽管这些场景并不能覆盖每一种可能性,但它们还是可以保证不会忽略普通的交互,而且它们还会突出主要事件。在状态模型中较早的注意事件是强调反应式行为的结果,因为用例要使用揭示事件的场景来阐述。

3. 构建状态图

经过以上两个步骤后,这一步用时序行为构建每一个需要状态建模的应用类的状态图。选择其中一个类,并考虑顺序图。把与这个类相关的事件组织成一条路径,路径弧用事件标识。任意两个事件之间的间隔就是一种状态。如果名称有意义的话,给每个状态赋予一个名称;如果此时没有意义,名称也可以不赋予名称。然后,将把所得到的状态和路径弧合并成状态图。初始状态图会是一系列事件和状态。每种场景或顺序图对应于沿着状态图的一条路径。

当初始状态图建立后,就要寻找图中的环路。如果事件序列可以重复无限次,那么它们就形成了环路。在环路中,第一个状态和最后一个状态是相同的。如果对象"记得"它遍历过的一条环路,那么这两个状态就不会真正相同。或者说无论怎样到达一个状态,对象所处的上下文应该完全相同。如果开始认为的一个状态在不同的进入情况下有不同的上下文,说明它不应该是一个状态,用简单环路建模就是不正确的。另外,在结构上一条环路当中,至少要有一个状态有离开这个环路的路径,否则它会是一个永远不会终止的环路。

一旦发现有环路存在,就要把其他顺序图合并到状态图中。寻找每张顺序图中自前一张图的分叉点。这个点对应着图中的已有状态。将新的事件序列附加在现有状态之后,作为一条候选路径。当检查顺序图时,可以考虑在每一种状态下可能会发生的其他可能的事件,并把它们加入到状态图中。较困难的问题是确定在哪一个状态下候选路径会重新结合到现有状态图中。如果对象"忘记了"要选用哪一条路径,则两条路径就会在一个状态结合。许多情况下,从对应用程序的了解中,很容易看出两条分离的路径中的哪两个状态是相同的。例如在自动售货机上插入两个五分硬币和插入一个一角硬币应该是同一个状态内的活动。

要注意看上去等同但在某些情形下有差别的两条路径。例如,PDA 在检验口令时,用户输入错误信息时,会重复输入序列,但在失败一定次数之后会进入适当处理。除了会记录之前的错误次数外,重复序列完全相同。这种差异可以通过引入一个参数来处理,例如记忆错误的次数。至少会有一次状态转换要取决于这项参数。

在考虑完普通事件之后,要增加变体和异常情况。考虑在难以处理的时刻会发生的事件。要想干脆利落地处理用户错误,通常需要比普通情形更多的思考和编码。错误处理常常会让清晰而紧凑的程序结构变得复杂,但它却是十分必要的。

当状态图涵盖了所有场景,并可以处理有可能会影响状态的事件时,状态图就完成了。可以使用状态图来提出新的场景,考虑未被处理的某事件会如何影响某个状态,提出"如果……会怎样"的问题可以测试状态机的完整性和错误处理能力。

如果对象与独立的输入有着复杂的交互,就可以考虑使用嵌套的状态图。但是,在嵌入式系统实际开发中,一般平面状态图就足够了。

4. 检查其他状态图

检查每一个具有状态图的类,这里主要是检查其状态图的完整性和一致性。每一个事件都应该有一个发送者和一个接收者,偶尔它们也可能是同一个对象。没有前驱或后继的状态是可疑的,遇到这样的状态要回到步骤3把它结合到状态图或丢弃。要确保每一条路径表示的是交互序列中的起点和终点。在整个系统内跟踪对象之间输入事件的效果,确保它们确实匹配了场景。由于对象具有内在的并发性,要注意在难以处理时刻发生输入所引发的同步错误,确保在不同状态图上对应的事件具有一致性。

5. 检查类模型和交互模型

当状态模型本身的检查完成后,接下来就要检查状态模型与框架内其他模型的一致性问题。首先,要检查状态模型与类模型的一致性问题,方法是检验某一个外部事件是否有类去最终处理它。如果发现某一事件(或某一组事件)的处理责任还没有得到落实,可能就要返回论证由哪个类或对象处理该事件。所谓处理责任并不意味处理细节,细节问题应到设计阶段才进行处理,这里只强调责任。

然后,返回来检查交互模型的场景。方法是手工模拟每个行为序列,并验证状态图是否表示出了正确的行为。如果发现错误,要么改变状态图,要么改变场景。有时候,状态图可以暴露出场景中无规律的事件,因此不要假定场景永远都是正确的。如果改变状态图,接着先描绘出它们在状态模型中的合法路径,这些内容表示额外的场景,想一想它们是否有价值。如果没有价值,就修改状态图。但是,用这种方法经常会发现一些以前没有注意到的有用行为。优秀方法的一种标志就是发现那些虽然由方法而来但却在预料之外的信息,以及发现那些"人人所见却不是人人所现"的有意义的信息[5]。

【例】4.3.5节所确定的类图的状态模型。

键盘输入管理器状态模型如图4.27所示。说明,由于开发平台上的小键盘只有17键,因此在输入数据时要分为三种情况:单字节数据,如在查询中的翻页;字节流数据,如电话号码数据;双字节流数据,如英文字母。因为通过一次按键在17键的键盘上不能产生ASCII字符。

录入管理器状态模型如图4.28所示。

显示管理器状态模型如图4.29所示。

本例中其他两种类:存储容器类和定时器类都属于服务器类,其状态机比较简单,这里就不再列举了。

第4章 面向对象的嵌入式系统分析

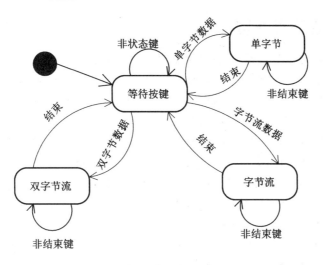

图 4.27 键盘输入管理器状态模型

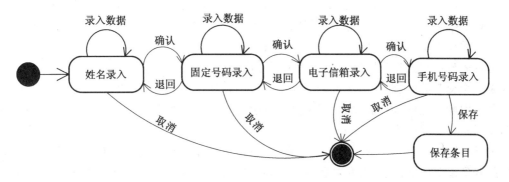

图 4.28 录入管理器状态模型

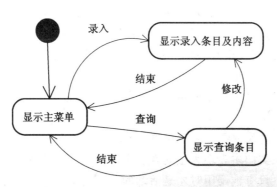

图 4.29 显示管理器状态模型

4.4.4 建立交互模型

如果说软件框架是一个三脚架的话,那么交互模型就是类模型和状态模型之外的第三条支架。类模型描述系统中的对象(类)及其关系,状态模型描述对象的生存周期,交互模型描述对象之间如何通过交互来完成所讨论问题边界之外可见的功能。

交互模型要描述对象如何交互才能产生有用的结果。交互模型跨越了所关心的问题,描述从问题外部的整体行为到其内部协作对象之间的交互行为。而状态模型仅是针对某一个对象并用适当简化的原则来描述它的生命全景。因此,每个对象(通常仅对具有状态行为的对象)需要一个状态图。所有对象的状态图的集合就是状态模型。从以上的讨论可知,为了完整地描述系统的行为,状态模型和交互模型两者都需要。它们可以互为补充,从两个不同的视角来观察行为。交互模型可以包括顺序图和通信图,但通常应用最多的是顺序图。

交互模型可以在不同的抽象层次上建模。在较高层次上,交互模型表现为描述用例,也就是描述系统如何与外部参与者交互。请参见 4.2.2 节。

进一步深入到系统内部,表现为通过系统内部元素的协作完成外部可见的功能,顺序图提供了更多的细节,并显示一组对象之间随着时间变化所交换的消息。消息包括异步信号和过程调用。顺序图擅长显示系统用户所观察到的行为序列。

通常表现内部协作的顺序图是用例描述顺序图的进一步细化。用例描述顺序图中系统部分仅是一个交互的"黑盒",而在这个层次的顺序图描述中要在系统"黑盒"中加入参与该用例的对象。因此,在这个层次的顺序图中除了系统与外部参与者交互的内容外,还会增加系统中参与交互的对象的内容。

关于用顺序图建立说明用例的交互模型,在 4.2.2 小节已经进行了讨论。当系统从外部用例深入到重要内部概念(类和对象)的协作时,就需要用顺序图来描述系统内部关键结构的协作。下面这些准则会有助于创建顺序模型。

① 为每一个参与交互的对象分配一列。顺序图中的每一列代表一个对象的生命,要为与所要描述的交互有关的每一个对象安排一列。每个对象都应该在类模型中找到它的描述类。类模型中的一个类可能在交互中有一个对象,也可能有多个对象。

② 至少为每一个用例创建一个顺序图。顺序图中的步骤应该是逻辑命令,而不是单一次的按钮点击。接下来,在设计过程中就可以确定每一个逻辑命令的确切的语法。从最简单的主线交互开始。

③ 区分主动对象与被动对象。主动对象具有自己的控制线程,如果有操作系统,通常表现为操作系统的任务,在类图中表现为主动类。主动对象总是活动的。在系统中,大多数对象都是被动的,通常情况下只有被调用时才是活动的。

④ 为每一个主线交互创建一个顺序图。主线交互是指没有重复、只有一项主要活动的交互。

第4章 面向对象的嵌入式系统分析

⑤ 划分复杂的交互。把大型交互划分成各个组成的任务,并为每一项任务绘制一张顺序图。

⑥ 增加错误或异常条件。如果错误或异常条件处理能加入到主线顺序图,就把它们加入到主线顺序图。否则,如果加入后图过于大或过于复杂,就为它们单独绘制顺序图。

⑦ 过程化顺序模型。顺序模型到了底层可以表示某一项功能或调用的实现过程。但通常只有那些复杂的或特别重要的顺序图才需要显示实现细节。

【例】4.3.5 小节所确定类图的录入管理部分的交互模型,如图 4.30 所示。说明:与图 4.8 比较,图 4.30 增加了通过内部对象交互分解来完成外部可见功能的细节。

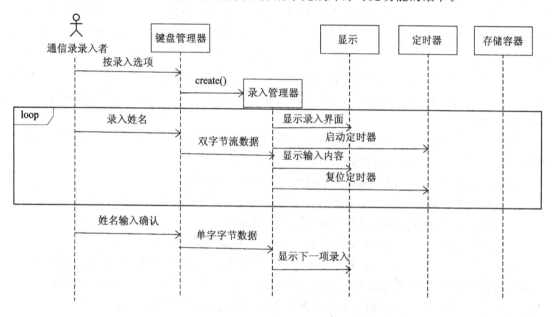

图 4.30 录入管理交互模型(部分)

4.4.5 增加类的主要操作

与传统的基于程序设计的方法不同,面向对象的分析风格在分析阶段较少地关注操作的定义。在分析到设计的过程中,具有潜在用途的操作清单是开放的,这些操作的增加是随时进行的。在这里要增加的是类的主要操作。操作来源于类模型和表示用例的交互两个方面。

来自类模型的操作。对于属性值和关联链接的读写是隐含在类模型中的。在分析阶段并不需要将它们显式地表示出来。这里只需要假定属性和关联都是可以访问的就可以了。

来自表示用例交互模型的操作。大多数复杂的系统功能都来自于系统的用例。在构造交互模型的过程中,用例会引发活动。许多活动与类模型上的操作相对应。例如,在交互模型中,有一个指向某个对象的调用事件,则说明该对象上有一个对应该调用的操作或服务。

检查类模型,寻找形式上与某项操作相似的操作和变体。要设法拓宽操作的定义,以包含此种变体和特例。要尽可能多地使用继承来减少相异操作的数量。按需要引入新的父类来简化操作,但要确定这种泛化不是被迫的,也不是勉强的。将每一项操作定义在类层次结构内的正确层次上。这种细化的结果是形成更少量和更强大的操作,但它们描述起来又会比原始操作简单,因为它们更加统一且通用。

所有操作不是亲自处理消息,就是帮助别的操作处理消息。这意味着一旦定义了某个类的状态机,并阐明了重要的场景,这些图上显示的消息和事件就变成了类的操作。操作是对象行为的表象。这种行为通常指定在状态图和场景图上。

在 UML 中,操作是行为的规格说明而不是行为的具体实现。而方法才是操作(行为)的具体实现。操作是对象行为的基本量子。对象总体行为被分解成一组操作,其中一些位于类接口内,另外一些则隐藏在类的内部而不被外部所见。很自然地,同一类的所有对象为它们的客户端提供了相同的操作。对象的操作必须直接支持它的行为,并且最终支持其职责。通常,行为被分解成更基本的操作,以产生总体的类行为。在最简单的情况下,类的行为与操作之间为一对一的映射。

为了使不同阶段的开发人员对操作有一个共同理解并且能够正确使用这些操作,需要使用一个操作说明协议。其协议组成如下:

➢ 前置条件不变量。即必须在调用操作之前满足的环境假设。
➢ 一个签名。包含参数及其类型的有序正式列表以及操作的返回类型。
➢ 后置条件不变量。保证操作完成必须满足的条件。
➢ 交互的规则。保证线程可靠运行的交互规则,也包括同步行为。

保证前置条件不变量的职责基本上是客户端实现的。也就是说,操作的用户需要保证满足前置条件不变量。然而,服务器操作应该尽可能多地检查这些不变量。接口是各种常见错误的温床,并且服务器操作中包含的前置条件不变量检查会使对象更加健壮和可靠。

为类接口定义一组好的操作可能很困难。有很多种方法可用来帮助如何确定这些操作。定义操作时可尝试综合地使用如下方法:

➢ 提供一组正交的基本操作。
➢ 隐藏具有接口操作的内部类结构,只显示必要的语义。
➢ 提供一组非基本的操作来强化协议规则,并捕获频繁用到的操作组合。
➢ 类和层次结构内的操作应该尽可能使用一组连续的参数类型。
➢ 共用的父类应该提供被各个子类所共享的操作。
➢ 类或对象需要满足的职责必须用操作、属性和关联的某种组合表示。
➢ 所有指向对象的消息必须被接受并产生一个指定的动作。
➢ 状态图上标识的动作和活动必须产生在提供这些动作的类上。
➢ 操作应该检查其前置条件不变量。

第 4 章 面向对象的嵌入式系统分析

思考练习题

4.1 嵌入式系统需求分析的目的是什么？需求分析会得到哪些结果制品？
4.2 用例是如何驱动需求分析的？
4.3 消息都具有哪些 QoS 特性？
4.4 UML 都定义了哪些事件？请分别解释这些事件。
4.5 在需求分析中如何发现用例？
4.6 为什么要对用例进行更具体的行为描述？通常都有哪些方法进行用例的行为描述？
4.7 需求模型是由哪些 UML 图组成的？
4.8 怎样获得系统的需求陈述？
4.9 嵌入式系统软件的类模型具有哪些作用？为什么说类模型是软件框架中最重要的模型？
4.10 在系统结构分析时,都有哪些方法可以发现用来实现用例的对象？
4.11 在系统结构分析时,都有哪些方法可以用来标识协作中对象间的关联？
4.12 有哪些方法标识对象的属性？
4.13 如何建立系统的类模型？建立类模型的输入都有哪些？
4.14 对象都有哪些典型行为？这些行为如何描述？
4.15 状态的转换都包括哪些因素？请分别描述它们。
4.16 状态图是用来描述 UML 哪种事物行为的？
4.17 如何建立类或对象的状态图？请画出图 4.22 类图中其他未给出的状态图。
4.18 如何建立交互模型？在软件框架中,交互模型都具有哪些作用？
4.19 请完成图 4.30 的未完成部分,并画出通信录修改和通信录查询的交互图。
4.20 如何给类增加操作？请给图 4.22 类图的所有类增加属性和操作。

第 5 章
面向对象的嵌入式系统设计

嵌入式系统的分析模型包含了实现用例的概念抽象,没有这些抽象,用例就无法得以实现。但分析模型一般不包含设计或实现细节,这些细节应该在设计活动中逐步指定。设计活动是关于实现方法的选择以及根据某些判别条件集,对分析模型进行优化的过程。这些判别条件可能包括性能、可预测性、计算资源、存储资源、实时性、保险性、可靠性、可维护性、可移植性、开发成本和生产成本等。

本章主要讨论以下内容:
- 嵌入式系统设计的内容与目标;
- 什么是设计模式?
- 设计模式在嵌入式系统设计中的作用;
- 嵌入式系统体系结构设计;
- 物理体系结构;
- 软件体系结构;
- 嵌入式系统机制设计;
- 设计优化;
- 嵌入式系统详细设计。

5.1 嵌入式系统设计的内容与目标

在分析阶段,重点是确定系统要做什么。分析模型定义了开发时要求的一组密切相关的系统性质[3]。分析的第一层是研究系统与环境的交互,并通过场景和用例图对这种交互进行揭示和表达。分析的第二层是对为满足外部环境而要求必要的系统内部结构的揭示。其中提取出一些系统的基本概念,这些基本概念最终必须用结构和动态方式表达出来。这些概念采用类和对象的形式来体现,而系统的动态行为则通过交互模型和状态模型来表示。

这里需要说明的一点是,在 UML 中用例不仅仅用来表示系统层级上的功能需求,实际上,用例表示的是在特定的上下文中的一个命名的行为。用例与称为参与者的对象关联,而参与者存在于该上下文的边界之外。就功能而言,用例可以在任意的详细层次上给出其定义,但是它从来都不隐含实现,用例的实现需要显式地通过协作完成。或者说,用例可以在子系统甚至是更低的层次上给出,并且它们的语义保持不变。用例无论是在哪一级层次被定义,实现某个用例的协作都必须与所定义的行为保持一致。在场景建模的情形中,一致性相对而言容易验证:在协作中的对象上执行场景,看是否产生所需要的结果。在设计的反复迭代过程中可以根据需要,逐级使用"用例→协作"方式深化系统的设计层次。

设计(design)过程是对一个与分析模型保持一致的解决方案的规格进行说明的过程。设计模型是分析模型如何实现得更具体一些的蓝图。一个分析模型可以有多个不同的设计实现,各种不同的实现具有不同的优化特征。设计是分析中所确定问题的具体解决方案,是对分析模型的优化。优化准则的集合就是要求的系统服务质量 QoS。设计较为困难的地方是许多不同的 QoS 性质要同时优化,而它们彼此之间常常是互相矛盾的。因此,这就需要有一个取舍和优化的过程。

系统设计的目标是编码人员拿到设计模型后能够顺利地实现所定义的系统。如果系统的设计人员和编码人员是完全不同的两部分人(像现在楼房建设),则对设计模型本身的要求以及对设计人员与编码人员的交流要求就会很高。就目前的实践来看,这种情形在软件开发活动中是不现实的。通常的做法是设计人员也要部分或全部地参加到编码活动中,这样编码人员对设计模型的逐步理解可以在编码活动中渐进地完成。编码活动也能如期进行,甚至在编码中也可以对设计模型提出修改意见。模型修改可以在本次或下一次迭代中进行。至于何时修改要根据修改的量以及对整个系统的影响程度来确定。

设计决策一般在体系结构层、机制层和细节层三个层次上分别做出。设计决策的层次与作用域如图 5.1 所示。

表 5.1 说明了设计子阶段和各阶段的作用域。

表 5.1 设计子阶段和各阶段的作用域

设计子阶段	作用域	所要处理的问题
体系结构设计	系统范围 处理器范围	处理器的数量和类型 运行在每个处理器上的对象、包处理器之间的通信介质和协议并发模型和线程之间的通信策略,软件分层和垂直分片全局错误的处理策略
机制设计	对象之间	互相协作的多个对象的设计模式实例,同一个功能由软件、硬件还是共同实现(职责分配) 设计级的类与对象中间级的错误处理策略
详细设计	对象内部	数据结构数据成员细节(类型,取值范围) 函数成员细节(参量,内部结构),关联的实现数据和操作的可见性用于实现这些操作的算法 被处理并抛出的异常

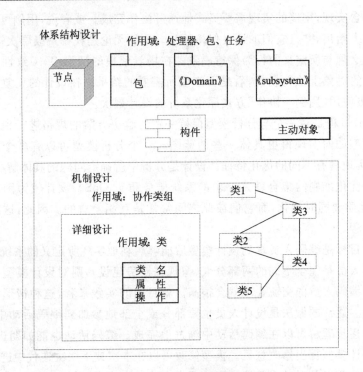

图 5.1 设计的层次与作用域

设计过程可以是翻译式或者细化式的。翻译式设计将分析模型作为一个翻译程序工具（如 Rational Rose XDE、Rhapsody 等）的输入，以一定的自动程度生成可执行系统。对于翻译工具的使用要格外小心，这类程序通常都针对特定的问题和业务环境作高度定制。工具对分析模型的规范性要求也非常高。一般大型应用程序（50 个类或更多）比较适合使用建模和翻译工具。使用工具的好处是有助于提高生产效率，可以帮助专家更快地构造出模型，并以一种便于搜索的方式来组织类信息。另外一种方法是通过增加越来越多的设计细节来对分析模型进行细化，直到系统被完全规约为止。UML 是过程独立的，因而它同等地适用于上面两种方法。由于细化方法更普遍、更具知识性，因此，本书采用细化的方式介绍嵌入式系统设计。

5.2 设计模式及其在嵌入式系统设计中的作用

5.2.1 什么是设计模式

有经验的开发者发现当他们试图解决一个新问题时，通常是问题中的部分解是曾经被做过的或是很面熟的。问题可能并不完全相同，当然，完全相同也就不是新问题了。问题可能很相似,而需要做的就是相似解。被泛化的并且形式化的这种相似解在面向对象技术领域称之为模式(pattern)。模式是一种业已验证的通用问题的解决方案。不同的模式面向软件开发周期的不同阶段。分析、架构、设计和实现当中都存在模式。模式应用是使用现有的模式来达成复用,而不是从头开始设计解决方案。使用模式的主要优点是模式已经被其他人仔细思考过,并在以往的问题中得到了应用。因此,与没有经过测试、定制的方法相比,模式会更加正确,更为健壮。

目前在面向对象技术领域,出现最多的也是最成熟的是设计模式。设计模式(design pattern)是在设计阶段,对于经常出现的类似问题运用面向对象技术总结出的经过验证的问题的解决方案。说到设计模式就不得不提到俗称"四人帮(gang of four)"的 Erich Gamma, Richard Helm, Ralph Johnson 和 John Vlissides 这 4 个人。他们在 1995 年出版了面向对象领域的第一本称为"设计模式"的书籍[43]。在实时系统领域,参考文献[3]是笔者所见到的关于实时设计模式的专门书籍。除此之外,几乎所有的面向对象分析设计书籍中都有十到十几个设计模式,如参考文献[1]、[2]、[9]和[22]。

设计面向对象软件比较困难,而设计可复用的面向对象软件就更加困难。因为,需要找到相关的对象,并以适当的粒度将它们归类,再定义类的接口和继承层次,建立类之间的基本关系[43]。

5.2.2 设计模式的基本结构

设计模式一般用于对象协作。协作是一个对象集合。协作的范围可大可小,小可以小到底层的对象,而大又可以大到子系统和构件。按照参考文献[43]中的提法,模式有名称、问题、解决方案和效果四个基本因素。

1. 名　　称

一个助记名,它用一两个词来描述模式的问题、解决方案和效果。名称(pattern name)提供了一个引用模式的句柄。模式的名称可以做两件事。首先,使用者可以以明确的方式引用这个模式,且细节是在模式内部表示的。其次,使用者可以使用较抽象的词汇(模式名)来说明其设计。基于模式的词汇表,系统设计和开发人员之间就可以讨论模式并在编写文档时引用它们。

2. 问　　题

问题描述了应该在何时使用模式。它解释了设计问题存在的前因后果,并提供了模式所要优化的问题的上下文和 QoS 的某些方面。问题的上下文确定了采用何种模式最合适。模式问题的焦点在于模式应用时所要求的基本问题的上下文以及模式试图优化的那些服务质量。模式问题也可能描述导致不灵活设计的类或对象结构,或者说,什么时候不适用该模式。

3. 解决方案

解决方案描述了设计的组成成分，它们之间的相互关系以及各自的职责和协作方式。因为模式就像一个模板，可以应用于多种不同场合，所以解决方案并不描述一个特定而具体的设计或实现，而是提供设计问题的抽象描述和怎样用一个具有一般意义的类元组合来解决所面临的问题。

4. 效 果

这部分内容描述了模式应用的效果及使用模式应权衡的问题。通常选择某一模式而不用其他模式时总要做出某种折衷。利与弊通常是以某些服务质量的完善或提高以及达到这些结果之后问题的环境可能得到的改进来表达。软件效果大多关注对时间和空间的权衡，因此在效果部分应作为重点进行讨论。此外，包括复用、对系统灵活性的影响、可扩展性和可移植性等都应有所讨论。

一个模式的命名、抽象确定了一个通用设计的主要方面，这些设计结构能被用来构造可复用的面向对象的设计。设计模式确定了所包含的类和实例，它们的角色、协作方式以及职责分配。每一个设计模式都集中于一个特定的面向对象设计问题或设计要点，描述了什么时候使用它，在另一个设计约束条件下是否还能使用，以及使用的效果如何取舍。

出发点的不同会产生什么是模式和什么不是模式的理解的不同。一个人的模式可能对另一个人来说只是基本的构造部件。在面向对象的世界理解和运用设计模式就像在文学世界欣赏名家名著和引用他们的警句一样。随着面向对象技术的不断成熟完善和广泛地被应用，各类应用模式还会不断涌现。或许将来，通过在模式世界里的遨游而深入理解和运用面向对象技术的设计会成为软件设计的主流。

5.2.3 在开发中使用设计模式

在开发中使用设计模式有模式孵化和模式挖掘两种方式[3]。所谓模式孵化（pattern hatching）是指在已有的模式库中找到最适合所面临的应用问题的模式的过程。模式挖掘（pattern mining）则是在应用的问题解决中标识和捕获新的模式并加入到模式库中的过程。

1. 模式孵化

每当面临设计问题时，怎样才能事半功倍地解决问题？首先在模式库中找到解决这个特定问题的模式将会是一个不错的选择。以下是 Douglass 在参考文献[3]中推荐的方法。其活动图如图 5.2 所示。

(1) 熟悉各种模式

在开始之前要熟悉有关模式的各种文献。有许多书籍、文章、网站都讨论了模式在各个领域的应用。一旦使用者掌握了更多的词条，特别是与所面临的应用密切相关的模式词条，就可

第 5 章 面向对象的嵌入式系统设计

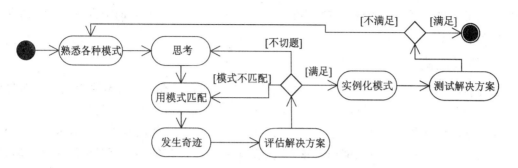

图 5.2 在开发中使用设计模式的活动

以进入到模式应用的更深层次。

(2) 思 考

在问题解决之前,重要的是要刻画所面临问题的本质。问题的范围是什么？是做体系结构、某个机制,还是详细设计？最切题的服务质量问题是什么？是最差性能、可重复性、可移植性、还是内存使用？要将这些问题按紧要程度分类。有时,一旦做到了这一步,本身就可能暗示某种设计的解决方案。

(3) 用模式匹配

在所熟悉的模式库里搜寻最适合或接近所处理问题的模式。如果模式已经存入到设计者的大脑,那大脑皮层就是一架奇妙的匹配机。这就是设计者有时在洗澡、入睡或吃饭时都可能体验到"我知道了"的原因。

(4) 发生奇迹

这时模式匹配机终于找到一个可能的解决方案。这个方案一般是模式的应用程序。这时,不必在意模式是否已显式地和系统地表达了一般解,也不意味着所建议的解决方案是最好的。只要是该模式和所设想的特性的匹配足以支持以后的演进就可以了。

(5) 评估解决方案

这是运用逻辑分析能力作线性推理的过程,对所建议的模式在"思考"步骤所思考的问题上进行评估。如果这个解决方案很好或者是可以使用,就可以继续进行。如果不能达到要求,就得再回到步骤"用模式匹配"甚至步骤"思考"继续寻找合适的模式或者合适的主题。

(6) 实例化模式

组织所处理问题的结构元素和所选取的模式一致。这时所选取的模式可能是一个或几个,并不一定就是一个模式。所做的事情包括拆开、合并对象,重新派定协作的职责,或在结构中引入新的元素补全结构。

(7) 测试解决方案

用协作元素再现分析场景,证实它们是否满足功能和行为需求。一旦满意了协作所做的事,就可以度量所希望的服务质量。如有必要,还需要保证这些模式能达到的性能和资源利用

第5章　面向对象的嵌入式系统设计

目标等服务质量。当测试的解决方案不能满足要求时，就要回到开始的地方重新审视孵化过程直到最后满意。

2. 模式挖掘

创建自己的模式是很有用的。对于企业组织，拥有自己的模式意味着拥有自己的软件组件，对于提高效率是不言而喻的。对于行业，若提交到模式库里或组织新的模式库，相当于提高整个行业的软件开发劳动生产率。当对某个特定领域的优化问题有了深入体验和理解，对解决方案的一般性质的理解足够深刻并足以把它们抽象为泛化的解决方案的时候，就可以创建自己的模式。创建自己的模式就称为模式挖掘。

模式挖掘并不是多么了不起的发明创造。其实，就是看一看在某个上下文中的这个解决方案和另一个上下文中的解决方案有无相似之处，并抽象出这个解决方案的共同特点。在大量的系统开发中，心中时刻要想到作出一个有用的模式，它必然就会在成熟时呱呱坠地。

5.3　嵌入式系统体系结构设计

嵌入式系统体系结构设计是设计活动的第一个阶段，目标是对已经在分析过程明确了的系统的可行性确认，并提出解决问题的基本方法。

由于分析阶段的重点在于理解和描述所要处理的问题，因此分析模型所确立的系统是否完全可行，或所涉及到的局部问题是否可行还需要得到最后的确认，这些问题可能包括处理速度、吞吐率、体积、功耗、保险性、资源性或成本等等。因为对于系统的主要部分，或者系统中的某项指标，不可行的系统是谈不上设计的。对于局部指标不可行的系统还可以进行指标调整或改变处理策略。例如，在铝电解控制系统中要求用测量电解炉温度的方法来感知控制对象的运行情况，而事实上，在当时的条件下所有的测温传感器，在950℃的高温铝水里不是在几天内被融化掉，就是在几个小时内被堵死，因此只好采用通过电流和电压计算内阻的间接方法来达到同样的目的或取得次优结果。而对于整体或问题的绝大部分不可行的系统，即使问题再清楚，也只能是忍痛割爱了。例如，最近电视报道有的农民提出要开发采摘棉花的自主机器人的要求，在当今时代的技术条件下，恐怕还没有哪个公司或组织能够完成这个要求。当然，像这类显而易见的问题，会在一开始就能作出正确的判断。但总会有些较具体或较具吸引力（比如资金方面）的应用问题，在开始时不能作出准确的判断，要等到分析过程结束才能得出最后结论。因此在这里进行可行性确认是必要的。通常，可行性确认的过程是一个估算的过程，既需要以往的开发经验，也需要对相关问题新型产品性能的查阅和检索。这里的估算不必担心细节，只需要逼近，如果必要还可以作出适当猜测，但注意要留有适当的余地。

在这个阶段，也要确定系统的整体结构和风格。体系结构设计涉及到与包、任务或处理器之间的协作有关的大规模的设计决策。系统体系结构设计所涉及的面比简单软件更广一些，它还涉及到物理体系结构的设计。物理体系结构包括电子和机械两个方面。自然,物理体系结构对于软件体系结构有着极大的影响。物理体系结构和软件体系结构一起构成系统体系结构。在大多数嵌入式系统中,系统体系结构的设计都要求各方面的协同努力,包括来自不同领域的广大工程师,比如软件、电子、机械、安全性以及可靠性等领域。系统设计必须保证所有的部件最终能够装配在一起,从功能、性能、安全、可靠性以及成本等各方面实现系统的目标。

软件最终必须反应到物理结构上,这主要发生在体系结构和详细设计的层次上。详细设计层次处理个别硬件的物理特性,保证遵循底层接口协议。体系结构将大规模软件构件,比如子系统、包以及任务映射到各个不同的处理器和设备上。

5.3.1 物理体系结构问题

电子设计决策,尤其是与软件体系结构相关的决策,是指系统中的设备(尤其指处理器)的数量和类型以及将它们连接在一起的物理通信介质。在这方面的决策中,电气工程师和软件工程师的合作对于该系统的成功与否起着至关重要的作用。如果电气工程师不理解软件的需要,他们就不能充分地适应这种需要。同理,如果软件工程师不能充分理解电气方面的设计,最好的情况下他们也仅能获得次优的软件体系结构决策。为此,在进行设备选择时必须同时考虑两个方面,尤其是在选择处理器、内存映像以及通信总线时。如果开发过程缺少这种协作,系统将很难成为一个优秀的系统。

关于软硬件协同设计的问题,诸多的嵌入式系统开发类书籍中都有所提及,它也是嵌入式系统不同于其他类型系统的一个主要方面。软硬件协同设计是一个概念范围更广大的系统实现技术设计领域,它强调软件与硬件统一的观点,涉及开发各种综合工具与仿真器的领域,支持利用软件与硬件实现系统的协同开发。具体到嵌入式系统设计,则是从分析模型出发,把实现系统的软硬件同时考虑,在实现功能上进行软硬件实现的取舍和划分,最大限度地利用有效资源,缩短系统开发周期并最终取得优化的系统实现效果。软硬件协同设计活动如图 5.3 所示。该图仅讨论软硬件协同设计部分,如果涉及到整个系统的迭代过程,需求模型和分析模型也应该参加迭代,关于整个系统的迭代请参见第 3 章所讨论的模型。软硬件协同设计与实现的问题在 7.1 节会有更多的讨论。

面向对象提供了一种很好的方式来考虑软件和硬件。每种设备都是一个与其他对象(这里指其他设备或软件对象)并发操作的对象。协同设计过程必须确定要用硬件和软件分别实现哪些子系统。划分的原则主要基于性能和成本两方面的原因。

在性能方面,由硬件实现通常提供比用软件实现更优越的性能。由于硬件实现的子系统与微处理器程序通常是并发的,而目前有广泛提供的各类高效处理专门问题的硬件(如 FFT 算法芯片、浮点运算芯片等),因此,硬件实现某些子系统可以降低对处理器速度的要求。在成本方面,硬件实现可以减少开发成本,但反过来会增加再现成本。关于这两种成本的关系请参见第 2 章相关部分。

第5章 面向对象的嵌入式系统设计

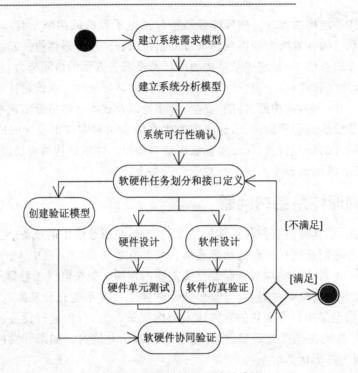

图 5.3 软硬件协同设计活动图

在物理体系结构设计中,处理器设计所涉及的软件方面的内容有:
- 在处理器上运行的软件的假想目标和作用域。
- 处理器的计算能力。
- 开发工具的可用性,比如开发语言、开发环境、调试器、仿真器等。
- 第三方构件的可用性,包括 RTOS、函数库、文件系统、通信协议等。
- 与处理器相关的经验知识,如寻址方式、寄存器数量、中断控制能力、栈模式、指针处理能力、指令集能力等。

如何将各个处理器连接在一起,是电子设计中另一个具有深远影响的决策,它包括:
- 通信介质的拓扑结构(总线或星型);
- 控制方式(总线或主从);
- 仲裁方式(优先权或竞争);
- 网络结构(对等或多点);
- 传输速率。

软件必须在这些介质上分层布置各种适当的通信协议,以确保消息交换时的时效性和可靠性。

很自然的,这些电子设计决策对软件体系结构会有巨大的影响。如果所选的处理器的数量较多，并且布局结构也合理，那么所选用的处理器指标要求就可以适当降低也同样能达到预期的目标。反过来，完成同样的任务，若所选择的处理器处理能力越强，处理器的数量就可以减少。如果总线主控问题不能在硬件中仲裁，那么要实现分布式处理所需要的对等通信协议在软件上就会变得复杂。

因此，只有通过合作，电子设计师和软件设计师才能在给定的系统约束条件下找到最佳方案。但需要注意的是，最佳方案本身是特定于应用领域与业务目标和设计方法的。

在物理体系结构设计中，其他硬件设计所涉及的软件方面的内容有：
- 硬件接口电路与微处理器的连接方式，如占用线性地址空间或不占用线性地址空间；
- 如果占用微处理器线性地址空间，则需要知道其接口寄存器的数量、地址、每个寄存器的格式；
- 如果不占用微处理器线性地址空间，则需要知道其命令字的数量、功能、格式。

关于系统硬件本身的设计问题，超出了本书的范围。关于硬件设计更多的讨论可参见参考文献[12]。在软件设计上，需要知道明确定义的软硬件之间的接口，更高层次的软件处理问题，如驱动程序如何建立，接口标准等都需要在软件本身的设计和实现范围内处理。

5.3.2 软件体系结构问题

在物理体系结构范围内，软件本身具有大规模的结构。UML 将子系统定义为一个大系统内部的从属系统。软件体系结构问题主要是如何划分子系统和确立子系统之间的关系。在嵌入式系统实践中，通常把软件子系统限制为驻留在单一物理处理器中的集成软件构件组。结合硬件体系结构，要把每个子系统布置在单一微处理器上。这些子系统通常是包，而这些包又包含其他包、任务、对象以及类。对于只有单一微处理器的嵌入式系统，也可以把在单一处理器范围内运行的应用系统在逻辑上划分成下面要介绍的各种结构的子系统。因此，软件体系结构的设计就成了如何设计子系统、包和任务，以及它们之间的连接的过程。在单一处理器范围内的软件体系结构的设计通常转化为软件框架设计。关于软件框架的组成和结构在前面章节中已经充分讨论，高层设计的任务就是要把分析框架（或称为模型）细化为设计框架（模型）。

子系统不是对象，也不是函数，而是一组相关的类、关联、操作、事件和约束，并有一个与其他子系统之间定义清晰的接口。子系统通常由它提供的服务来识别。服务是为达到某个共同目的而共享的一组相关功能，例如处理 I/O、显示结果、执行特定运算等。接口确定了跨越子系统边界的所有交互和信息流的形式，但不包含子系统在内部实现它们的内容。每个子系统都可以独立设计而不会影响其他子系统。在定义子系统时，要将大多数交互保持在子系统内部而不跨越其边界。这样就会减少子系统之间的依赖性，或者说，子系统的定义也需要遵守高内聚的原则。至于一个系统要拆分成多少个子系统，一般没有共同原则，要视系统本身的复杂性和功能内聚性而定。

第5章 面向对象的嵌入式系统设计

子系统的构建是包和任务的构建。包可以包含子包,但它们的最基本构件是对象和类。包可以用来建模有意义的单一区域,或称为域。在分析模型中,它们包含代表给定域中重要概念的对象和类。类的泛化层次结构常常是单一域内的包。对于包来说,另一个常见的用法是代表子系统。子系统是包的一种类型,它按一般行为组织运行时的元素(对象和组件)。图5.1所示的用来代表这些特性的图标将在本章中具体介绍。

子系统之间的关系可以是对等关系或者客户/服务器关系。在对等关系(peer-to-peer relationship)中,每个子系统都会调用其他子系统。从一个子系统到另一个子系统之间的通信并不总是要立即响应的。对等交互比较复杂,因为子系统们必须相互知道彼此的接口,或者说彼此相互可见。通信周期会更难理解,而且还容易出现设计错误。尤其当某一个子系统变更时,对整个系统的影响难以评估。因此,在嵌入式系统的开发实践中更多地采用客户/服务器关系结构。这是因为,与双向交互相比,单向交互更容易构建、理解和改变。

客户/服务器关系(client-server relationship)通常组织为分层结构。在这种结构中,子系统常常组织为一组层次化的包,许多复杂系统在层次结构上都具有若干个层次,从上层的最抽象到下层的最具体。最抽象层体现系统问题域的概念,而最具体层则与底层硬件紧密关联。分层系统是一套虚拟层集的有序集合,每一层都依据其下面一层来构建,同时为上一层提供实现基础。尽管不同层的对象之间有着一定的对应关系,但每一层中的对象都是互相独立的。在分层系统中,信息(或知识)是单向的,每一层都了解(或可见)它的下层,但不了解它的上层。在上层(称为服务调用者)和下层(称为服务提供者)之间存在客户/服务器关系。在嵌入式系统软件中,常见的层次从上到下有:应用程序层、用户接口层、操作系统层、硬件抽象层(HAL)或驱动程序或板级支持包(BSP)。

仅仅因为子系统和包在逻辑上按照抽象观点进行分层,并不意味着系统就应该以分层形式实现。事实上正好相反。实际上,首先以分层方式设计软件体系结构,然后将系统实现为一系列穿过各层的垂直功能片段。而物理实现的最终程序代码往往是按线性地址统一排列的flat分布方式。

OSI七层参考模型是通信协议中最著名的分层体系结构,如图5.4。分层结构是一组基本的客户端—服务器层次关系模式。客户端是站在较抽象的层次上,而服务器则处于较具体的层次上。在层次结构中的每一层能看到它的下面邻接层的接口,但却看不到它上面所有层的接口。这种单向的依赖关系使得在不同的上下文中使用同一低层服务器层次成为可能。

层次结构的实现策略可以采用独立地构建每一层,所有层都完成后再将它们链接起来。正如在参考文献[2]的分层模式(也称为微核模式)中所看到的,这种策略的优点是移植性好、可复用性和封装性。例如,单独改变某一层的实现而不变更其接口,则对系统功能没有任何影响。但是,同时这种结构的缺点也是明显的,即性能损失和缺陷问题在组装期间才能被发现。这个缺点在资源丰富的通用计算系统中可能算不了什么,但放到资源(主要是计算资源和存储资源)紧缺的嵌入式计算系统中可能就是很大的问题。因此,在嵌入式系统实现分层体系结构时通常采用开放式分层体系结构。

分层体系结构可以有封闭式分层体系结构和开放式分层体系结构两种[7]。所谓封闭式分层体系结构(closed layered architecture)是指层次结构中各层只能对它的直接下属的接口可见的体系结构。封闭式分层简化了层间依赖的结构,它允许各层以容易的方式发生变更。但它也带来了效率不高的缺点。而开放式分层体系结构(open layered architecture)是指层次结构中各层可以对它的任意下属的接口可见的体系结构。开放式分层降低了在其上的每一层重新定义同一个操作的需求,因此会产生更加高效和紧凑的系统。但是,开放式分层没有遵循信息隐藏的原则,对于某层的变更会影响到它所有的上层。

封闭式分层体系结构的最典型代表就是 OSI 七层通信模型。典型的开放式分层体系结构如图 5.5 所示。

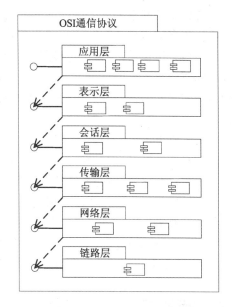

图 5.4　OSI 分层体系结构

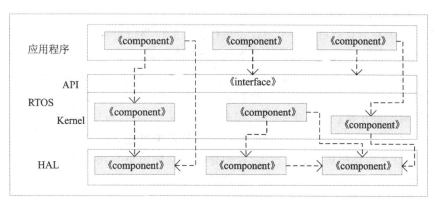

图 5.5　典型的开放式分层体系结构

根据迭代开发的一贯思想,在嵌入式系统开放式分层结构中往往采用垂直片段策略。每个垂直片段只实现与该片段目标有关的每个层次的对应部分,这时的每个垂直片段都被称为一个原型。原型实现法使每个原型都可以在先前片段已实现的性能的基础上进行构建。各个原型的顺序由逻辑上最先出现的特性,以及代表最大风险的特性来决定。进行基于风险的开发时,应该尽可能早地研究和解决具有更高风险的部分。一般来说,这样生成的系统需要返工的可能性会很小,集成性也更好,可靠性也更高。

软件体系结构中除了上面提到的分层模式外，常用的模式还有主从模式、代理模式、并发模式等。更多的软件体系结构模式请参阅参考文献[3]。

基本体系结构的最后一个目标是设计全局错误处理策略。这个策略的目标是保证系统在出现故障时仍有正确的性能。从对所有错误负责的每个对象到在所有的错误情况下决定采取正确动作的单一错误处理程序，有很多策略可以选取。大多数系统往往都采取几种方法的混合方法。使用一般规则处理多级错误是一个流行的方法。这个规则就是：每个错误都会在做出正确决策所需的足够的上下文的地方得到处理。典型的错误可能是：一个数据成员在处理由于安全需要已经多重存储的数据的一个备份而出现数据的不一致，或某个子系统发现一个具体错误而重新启动，但是系统的其余部分还在正常运行而引起的数据不一致等等。有些错误需要全局处理程序参与并协调正确的系统关闭，比如核电厂中的故障事件。错误处理策略的复杂性一般来说至少要和主要功能软件的复杂性一样，并且可能导致系统比原来大三倍，并且复杂了一个数量级。所谓复杂错误处理是指，它具有高度的系统依赖性，只有通过纯粹的错误处理策略，安全临界系统的布置才能真正安全。

5.4 嵌入式系统机制设计

所谓机制设计是指添加和组织各个类，以支持某种具体的实现策略。机制设计过程细化了分析模型，并通过添加对象或应用类使具体设计更容易反复迭代分析模型。正如前面所述，共同工作的一组类和对象被称为一个协作。协作是按照扮演指定角色的具体类定义的。当一个协作可以被其他能实现这些角色的协作取代时，该协作就叫做一个模式。角色从抽象的意义上为模式定义了形参列表。当和实参列表绑定在一起时，模式可以被实例化为协作。

机制设计主要处理小的类以及对象集合如何协作来完成共同的目标。机制设计主要围绕着发现并使用对象协作模式来组织。

典型的实时系统可以有多个协作在同时运行。分析模型包含一个最小的关联、属性和操作的集合，以支持所需要的协作。不过，对这种分析模型的简单实现即便是可能的，也远远不是最优的。因此需要进一步的设计过程。而机制设计则重新组织了这些实体，并添加了对象以便使它们的协作更有效。

机制设计的过程也是一个选择和优化的过程，往往在某些判别条件集合下，实现分析模型的模式或策略不止一个，所谓优化就是在所有可能达到目的的实现中找到最适合所处理问题的 QoS 约束的那一个。这类优化在一组较小的上下文协作中更有意义。

机制设计需要进行如下各项活动：
➢ 匹配合适的模式；
➢ 确定问题内部的并发性；
➢ 选择软件控制策略；

- 处理边界条件；
- 设置权衡优先级；
- 填补从高层需求到低层服务之间的空白；
- 用操作实现用例；
- 把操作分配给类；
- 设计优化；
- 组织类。

1. 匹配合适的模式

对于模式的学习和了解，有助于花更少的时间而在设计上取得事半功倍的结果。设计模式是协作的抽象，即模式在某种意义上是协作的类型，因此协作就是模式的实例。设计模式是一种参数化的机制，或者说，设计模式通常包含带有参数列表的参数化元素。在创建可实例化的协作时，通过指定所使用的实际参数来精化模式。例如，一个设计模式可能需要某种类型的容器，这个容器要实现对多个对象的包容，但这个设计模式并不关心所采用的容器具体是什么类型。在实例化时，可以选择容器的类型，以实现具体的应用。

机制设计模式在设计模式中属于中等规模的，较小的情形时可能只牵涉到几个类。很大一部分机制设计问题可以归结为标识和应用机制设计模式的问题，这些模式能够在满足系统设计约束的条件下对协作进行优化。

机制设计通常也会有一些不是很普遍的元素，不适合使用设计模式，这时可以通过下面的过程完成相应的机制设计。有时即使有可以利用的模式，下列过程也是不可缺少的。当然，这里所列出的活动也不是需要一一按顺序遍历的。只要设计的目的明确，在运用中按需要采用以下的各项活动是有助于达到目的的。

2. 确定问题内部的并发性

正如在真实世界中或在硬件系统当中一样，分析模型中的所有对象也都是并发的。但是在实现中，并不是所有的软件都是并发的，因为一个处理器可以支持多个任务。实际上，如果对象不都是活动的，也可以在单任务上实现多对象。机制设计的一个重要活动就是识别必须并发活动的那些对象和具有互斥关系的活动对象。通常将具有互斥关系的活动对象通过 RTOS 多任务机制处理。

状态模型可以引导识别并发问题。如果两个对象在不交互的情况下，在同一时刻可以接受事件，并且事件之间不存在同步关系，它们就是并发的。在单一微处理器内部，通过硬件中断、RTOS 任务分派机制可以实现多对象的逻辑并发性。但在传感器和执行器类硬件上执行的任务，同处理器中运行的多任务可以实现物理并发。

尽管所有对象在概念上都是并发的，实际上系统里面的许多对象通常却是相互独立的。通过检查单个对象的状态图以及它们之间的事件交换，通常能够把许多对象放在一个任务控制上。在状态图上,通过一组状态路径,其中每次只有一个对象是激活的。任务线程会在状态图中存在,一直到对象给另一个对象发送事件,并等待另一个事件时,线程才会暂时停止。这时,任务线程递交事件给接收者,直到最后将控制权返回给原始对象。如果对象发送事件后还需要继续执行,任务线程就会形成并发。

另外,顺序图是描述和理解并发任务线程的最好工具,但需要注意的是,顺序图只是描述某一个特定场景而不是全景。实际设计时可以结合两者来确定问题内部的并发性。

3. 选择软件控制策略

软件系统中有两种控制流:外部控制和内部控制[7]。

外部控制关注于在系统中对象之间产生外部可见的事件流。外部事件有三种控制:过程驱动型顺序控制、事件驱动型顺序控制和并发控制。究竟要使用哪种控制依赖于可用资源(程序设计语言、RTOS)和应用程序中的交互种类。

内部控制指的是任务线程内部的控制流,它仅在实现过程中存在。在设计过程中,开发者往往会将一个较复杂对象上的操作扩展成同一个对象或其他对象上的低层操作。与外部事件不同,内部控制在对象或操作之间互相转移。外部交互可能会等待事件,这是因为多个任务线程都是独立运行的,一个任务不能强迫另一个任务响应事件。内部控制则把所有的行为叠加在同一个任务线程内,一般通过过程调用作为实现其算法的一部分,因此它们的响应形式是可预测的。内部控制也可以实现任务间的调用,但要在任务线程控制之下完成。

以下就几种外部控制范型进行简要介绍。

(1) 过程驱动型控制

在过程驱动型顺序控制系统中,控制存在于程序代码内部。过程请求外部输入,然后等待输入;当输入到达时,控制就会在请求外部输入的过程中继续。程序计数器的位置和过程调用堆栈以及局部变量完全界定了系统的状态。按第 2 章操作系统的观点,过程驱动型控制不是控制意义上的前/后台系统,因为它不是通过中断技术响应外部事件的。

过程驱动型控制最大的好处在于用常规语言很容易实现。不利之处是它需要将对象内部的并发性映射成顺序控制流。设计中必须把对事件的处理转换成对象之间的操作。事件的处理操作对应于请求输入事件和交付新值事件对。这种控制不容易处理异步输入事件,因为程序必须显式地请求输入。当应用系统的状态模型表现为有规律地交替请求输入和显示或处理数据时,就比较适合使用这种控制范型。而对于具有灵活用户界面和具有异步事件控制的反应式系统,就需要采用下面要讨论的控制范型。

(2) 事件驱动型控制

在事件驱动型顺序控制系统中,控制存在于语言、子系统或操作系统所提供的调度程序或监视器中。开发者将应用程序过附加在事件上,当发生了相应的事件时,调度程序或系统硬件(如中断控制器)就会激活该过程。如果该过程可以与调度器并发,则调度器不必在线等待如果该过程是中断服务程序,则调度器的 CPU 使用权被过程强占,过程结束后再把 CPU 使用权交回给调度器。CPU 使用权返还给调度器后由哪个任务线程使用 CPU,要看系统使用的是占先式还是非占先式内核[14]。在事件驱动型控制中,程序计数器和堆栈都不能界定系统或任务线程的状态,这时的状态要通过具有全局性的数据结构任务控制块(TCB)来进行。事件驱动型控制要比过程驱动型控制更难以用标准语言直接实现,通常要依赖嵌入式系统商业化组件 RTOS,但总是物有所值的。

事件驱动型系统所支持的控制要比过程驱动型更加灵活。事件驱动型系统可以较好地模拟多任务线程(主动对象)间的协作过程。事件驱动型系统对于需要复杂用户界面的系统尤其有用。当系统中只有一个任务线程时,系统结构就是第 2 章所讨论的前/后台系统。当系统中有多个任务线程时,就称为多任务系统。

(3) 并发控制

在并发控制系统中,控制并发地存在于若干独立的任务线程当中,每一个任务会分配一部分独立的系统功能。这种系统会直接把事件实现为任务线程之间的单向消息。一个任务可以等待输入,但别的任务可以继续执行。在并发控制系统中,任务之间的调度冲突或关联由 RTOS 机制管理。但也需要注意,这种系统的任务代码设计要正确地处理好函数的可重入、互斥、死锁、任务间通信等任务间关系问题,否则可能会阻塞整个应用程序。

在多微处理器系统中,并发是在任何时刻真正进行的。而在单一微处理器系统中,只能通过 RTOS 多任务机制实现伪并发。

显然,过程驱动控制、事件驱动控制和并发控制之间不是正交的。事实上,在并发的控制范型里,每一个独立运行的任务既可以是过程驱动的,也可以是事件驱动的。

(4) 其他控制范型

以上三种控制范型主要是针对过程化程序设计而讨论的。在目前的嵌入式系统开发实践中,尤其是智能机器人的开发中,可能会遇到其他的控制范型。例如,基于规则的系统(或称为知识系统)、逻辑程序设计系统、神经元网络计算控制系统、模糊数学计算控制系统等非过程化程序控制范型。它们组成了另一种控制风格,其中显式控制会被带有隐含评价的说明规则所代替,有时可能是不确定性的或者复杂度很高的。对于这类控制范型的详细讨论,超出了本书的范围,有兴趣的读者可参阅有关书籍,例如,参考文献[32]。

4. 处理边界条件

尽管大多数软件机制设计关注的都是稳态行为,但是还是需要考虑边界条件问题。需要考虑的边界条件问题主要有初始化、终止和失效。

① 初始化。任何系统必然会从静止的初始状态进入到持续性稳定状态。系统必须要初始化常量数据(如堆、栈、中断向量等)、参数、全局变量、任务、监护条件对象以及层次结构本身。在初始化过程中,通常只会提供系统功能的一个子集。初始化也包括并发任务的初始化

第 5 章　面向对象的嵌入式系统设计

问题。

② 终止。终止通常要比初始化简单，因为许多内部对象都可以简单地丢弃掉。任务必须要释放它所保留的外部资源。在并发系统中，一项任务必须要将它已被终止的消息通知给其他任务。

③ 失效。失效是系统的意外终止。失效可能会来源于用户的错误、系统资源耗尽以及外部故障。优秀的系统设计师会对有规律的失效做出规划。失效也可能源于系统中的错误，并常常会被检测到被想当然地认为"不可能会出现的"不一致现象。在完善的设计中，此类错误永远不应该发生。优秀的设计人员会预先规划好，在出现致命错误的时候合理地退出，让环境中其余部分尽可能地保持完好，并且会尽可能多地在终止前将大部分失效信息记录下来，以便在系统恢复时达到最佳效果。

5. 设置权衡优先级

在机制设计阶段，需要设置系统开发策略的优先级，用来指导其余设计的权衡策略。这些优先级策略需要协调合乎需要但并不兼容的设计目标。例如，系统中使用了多余的内存（例如 Cache RAM），会使处理速度加快，但这样也增加了能耗，再现成本也会增加。设计权衡有时不仅包含软件与硬件及软件组件，而且也可以包含软件的开发过程。例如，有时候牺牲部分功能来换取一部分软件更早地投入使用是必要的。事实上，这也正是迭代式软件开发的优势。问题陈述部分也许会确定优先级，但必须在机制设计过程中得到确认，调解客户提出的不兼容要求并确定如何做出权衡。

机制设计不需要做出所有的权衡，但要建立这些权衡的优先顺序。例如，一款事务助理机是在有限内存的处理器上运行的，那么，这时节约内存的优先级高，而执行速度就只好次之。程序开发人员就不得不利用各种技巧用牺牲可维护性、可移植性和可理解性为代价来达成这一目标。

设计权衡会影响到整个系统的特性。最终产品的成功与否可能取决于目标选择的好坏。如果没有在系统范围内建立起优先次序，那么系统中的不同部分可能会优化出一些相互对立的目标。也就是说，所有的局部都是按自己的目的而进行的最优化，这样组合的整个系统往往不是最优化的。例如，一个按照封装性优化的组件加上一个按效率优化的组件加在一起可能是一个浪费资源的系统。

6. 填补从高层需求到低层服务之间的空白

面向对象技术的一个好处是分析模型中的框架和类可以直接代入到设计阶段，而机制设计就成了在分析框架下增加细节和执行精细决策的过程。因此在整个系统演进的过程中，分析模型与设计模型是始终保持一致的。在设计阶段，需要在不同的实现方法之间进行选择来实现分析类，并希望把执行时间、内存和其他一些成本降到最低。尤其是必须通过选择算法把复杂的操作分解为更简单的操作。分解是一个迭代过程，在越来越低的抽象层次上持续重复，直到确定了每一个具体有实例化对象的类。在迭代过程中,也需要避免过度优化的倾向,只要从实现便利、可维护和可扩展几个方面达到综合平衡就可以了。

图 5.6 概括了从分析模型到设计模型填补中间层空白的原理。(a)图表示系统需要实现的功能与可用资源之间差距空白区(用"?"表示)。设计的工作就是架设桥梁,跨越空白区。高层需求有几项来源:用例、应用程序命令、系统层级的操作与服务。资源包括设计模式、软件组件、以前开发的或前期版本的应用程序。如果能够直接从资源构造出每项功能,那就没什么设计工作了。但通常是不会那么容易的。因此必须找到一些中间元素,以使下面一层的每项元素可以由中间层上少量的元素来表达,如图 5.6(b)所示。如果差距过大,还可以把中间层元素再划分成更多的层。中间元素可以是操作、类、协作、模式或其他 UML 制品。创造出合适的中间元素是成功设计的本质。

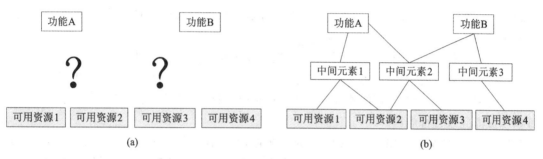

图 5.6 填补空白的设计

中间元素通常并不明显。有许多方法可以用来分解高层的类元。通常的做法是,首先推出一组中间元素,然后试着把它们构建出来。需要注意那些相似但不相同的类元。通过把这些相似的类元合并成数量更少的公共类元,可以降低代码的规模和增加代码的清晰性。对于一些较高层类元,这些重新定制过的类元可能不太理想。通常需要作出妥协,因为优秀的设计可以优化整个系统,而不是只优化每项独立的决策。

设计工作很难,因为它并不是纯粹机械的活动。不可能只研究系统需求,就能直接推导出十分理想的系统。中间元素的选择方案往往不止一个,因此有必要采用试探法或者依靠以往的设计经验。设计需要综合能力,因为必须要创造(或选择)中间元素,并把它们配合在一起。这是一项创新性的活动,就像解决难题、证明定理、下棋、盖大楼或谱曲一样,不能期望按下按钮或拿着配方就能自动获得优秀的设计。在开发过程中可以获得指导,就像棋谱和工程手册以及音乐理论课程可以有所帮助一样,但最终还是要有创造性的劳动才能完成设计工作。

7. 用操作实现用例

在分析模型中已经给出了协作类的主要操作,这些操作大都来源于用例。在机制设计过程中,要详细描述这些复杂的操作。

用例定义了所需要的行为,但它们没有定义行为的实现。事实上,设计的目标就是在能够达成实现的技术中做出恰当选择,为用例所定义的行为实现做好准备。正如图5.6中所表示的,设计中需要发明出提供这种行为的新的操作和对象。然后,根据包含了更多对象的底层操作,依次来定义每项新操作。最后,则根据已有的操作来直接实现操作。或者说,"填补空白区"的过程不仅包括加入中间结构元素过程,而且也同时包括在中间结构元素上加入操作的过程。

在一开始,要先列出用例或操作的职责。职责(responsibility)是指对象了解或者必须要做的那些事情。职责不是一个精确的概念,它意味着要让对于该问题的思考过程活动起来。例如,在一个航空定票系统里,职责"预定客票"可能包括搜索满足要求的航班和航班上还未预定出的座位,将座位标记为占用状态,收取客户的付款,安排送票,以及将收到的支付款记入正确的账户。客票管理系统自身必须要跟踪航班和航班上座位被预定的情况,了解不同航班和不同座位的价格等等。

每项操作都有不同的职责。一些操作会被其他操作共享,而其他操作在未来也可能被复用。要将职责组织成簇,并努力保持这些簇的一致性。也就是说,每一个簇都应由相关的职责组成,这些职责是由单项底层操作来支持的。有时候,如果这些职责范围广泛,而且独立,那么每项职责都应该自行成簇。

接下来,要定义每个职责簇的操作。定义操作,既要让它不受限于特定的环境,又要让它不能太过通用,从而造成重点不明确。这时参考第1章给出的职责分配原则是有益的。如果在你的设计中,一个操作会在几个不同的地方被使用,那么设计成一个更通用的操作一定是有利的,不过这个通用操作要包含现有的所有用途。

最后,把新的底层操作分配给类。如果没有比较合适的类可以容纳某一项或几项操作,则表明需要设计新的底层类。

8. 把操作分配给类

如果一个类在真实世界中有意义,那么类中的操作通常就会很清晰。但在设计过程中会引进一些内部类,这些内部类并不对应真实世界的对象,而只是对应于其中的某个方面。既然内部类是发明出来的,它们就会有一些随意性,它们的边界与其说是逻辑上的,还不如说是权宜措施。

怎样确定由哪个类来拥有一项操作呢?当操作只包含一个对象时,这种决策很容易:询问对象是否需要执行这项操作。当操作中涉及多个对象时,决策会更加困难。这时不妨查找一下有没有相关的职责分配模式是相当有建设性的。参考文献[9]中有5种职责分配模式,它们是:

> 专家模式。将操作职责分配给掌握了履行职责所必须的信息的类。
> 创建者模式。存在A和B两个类,如果B集聚了A,或者B包含了A,或者B记录了A

第 5 章 面向对象的嵌入式系统设计

的实例,或者 B 要经过 A,或者当 A 的实例被创建时 B 具有要传递给 A 的初始化数据。满足以上一个或几个条件时,称为 B 是 A 的创建者。创建 A 的实例的操作职责应该分配给 B。

- 低耦合度模式。在分配一个操作职责时要保持类的低耦合度。
- 高聚合度模式。在分配一个操作职责时要保持类的高聚合度。
- 控制者模式。将处理系统事件消息的操作职责分派给代表下列事物的类:代表整个系统的类;代表整个组织的类(虚包控制者);代表真实世界中参与职责的主动类;代表一个用例中所有事件的人工处理者的类。

此外,通过提问并回答下列问题,也会有助于把操作分配给类的活动。

- 活动的接收者。当一个对象执行活动的时候,另一个对象可以起作用吗?一般而言,要把操作职责加入到消息或事件的接收者类上,而不是发起类。
- 查询与更新。当其他对象只是查询它们的信息时,是不是有一个对象被这项操作修改了?这时,被改变的对象就是操作职责的所在。
- 焦点类。寻找在操作中涉及到的类和关联,哪个类位于这个类模型子网的中心?如果这些类和关联围绕着单个中心类而运转的话,中心类就是操作职责的所在。

有时候,给泛化层次中的类分配操作职责会很困难。在设计过程中,随着细节的逐步进入,将操作沿着层次结构上下移动的做法很常见。因为,层次结构中子类的定义经常是不确定的,可以在设计阶段进行调整。设计过程一般是由上至下展开的,即从高层操作开始,进而定义低层操作,高层操作调用低层的操作。如果自下至上的定义操作,就有可能产生永远也不会用到的操作,这对于资源有限的嵌入式系统来说尤其是不可取的。向下递归地定义操作可以按功能和实现机制两种方式混合交替进行。

① 按功能分层。按功能递归从高层功能开始,逐步将它拆分成更小和更具体的操作。这是一种自然的进化方式,但如果随意地进行分解操作,并且操作分层与类分层(实现机制)相关性不好,就会有麻烦。因此,为了避免出现这种麻烦,就要确保组合了相似的操作,并在类上附加这些操作。功能递归的另一个危险是它可能会过多地依赖于顶层的功能的准确描述。如果顶层有微小的变更就会显著地改变下层的分解。克服这种危险的方法是,必须把操作依附在类上,并拓宽它们以求得尽可能的复用。操作应该是有意义的,它不会是随意的一部分代码。

② 按机制分层。按机制递归意味着从支持系统的实现机制的分层中构造系统。在提供功能的时候需要不同的机制来存储信息、实现控制、协调对象、传输信息、执行计算以及提供其他类型的计算框架。这些机制在系统高层的功能或职责中并没有明确地出现,但系统缺少它们就不能有效地运转。例如,在建设大厦时,会需要一个地基支撑由钢筋水泥构成的框架,需要公共管道以及控制设备为大厦提供公共服务。这些都不是用户对于空间需求的内容,但大厦离开它们就不能建造。类似地,计算框架包括不同类型的通用机制,例如,数据结构、算法和控制模式等。这些都不是特定于单项应用领域的,但它们却是与软件风格相关的。

任何大型系统都会混合使用这两种分层方法。完全按功能递归设计的系统会很脆弱，这是因为它对需求变化过分敏感。而完全用机制递归设计出的系统实际上不能完成任何有用的工作。递归的设计过程就是要合理混合使用这两种方法。

9. 设计优化

需要说明的是这里讨论的设计优化问题及原则，在嵌入式系统开发的其他阶段（如代码设计）也同样适用。由于这个问题在机制设计期间更为突出，因此在这里一并讨论。

一组操作的初始设计肯定会有不一致、冗余和低效的地方。这是很自然的，不可能一遍就得到完全正确的设计，因为设计是一项智力劳动。随着设计的演进，决策和选择中会出现与其他决策相关的问题，这些问题可能当时处于权宜的考虑并没有进行优化。因此，有必要对已经产生的设计进行重构和优化。

通常，将一个类或一项操作用于多种目的是一个很好的做法。但是，在嵌入式系统设计中，有时也会不可避免地为了专门目的而构造一些不能通用的类和操作。因此，这时需要重新思考设计，重新构造类和操作，要让它们完全兼容各种的用法，并在概念上也是合理的。后退一步，纵览以下多个不同的类和操作，将它们重新组织，会使设计更加简洁。这项活动看上去像是在浪费时间，但它却是所有优秀的计算制品的组成部分。只交付一个可用的制品是远远不够的，如果期望能维护一个设计的话，就必须使这份设计保持简洁、模块化和可理解。

设计系统的一种好的方法是首先保持其逻辑正确性，然后对逻辑进行优化。这是因为通常很难在构建设计的同时就优化它。而且，过早地关注效率也经常会导致产生扭曲和低劣的设计。一旦逻辑正确了，就可以运行应用程序，测量其性能，然后微调性能。经常会由一小部分类元在系统中承担大部分时间和空间成本。也可以考虑集中在关键性部分的优化，而不是平均分配优化的工作量，这对代码优化更为有效。以上的讨论并不意味着在初始设计阶段可以完全忽略效率，嵌入式系统的开发实践证明这将是十分错误的。通常在实现方案选择上首先要考虑到实现功能，功能都不能实现的设计，效率再高恐怕也不能算是好的设计。其次在实现功能的基础上选择那些整洁、简单而且高效的方法。或者说，设计不仅要完成功能，而且要知道在怎样的优化条件上完成功能。

设计模型构建在分析模型之上。分析模型捕获系统逻辑，而设计模型会增添实现细节。设计优化是一种在功能、效率和清晰性上适当平衡的艺术。设计优化包括提供高效的访问路径，重新调整类和操作，提取公共行为，保存中间结果，重新调整算法等。

(1) 提供高效的访问路径

在分析过程中，通常都不会欢迎冗余的关联，因为它不会增加任何信息。但设计的动机不同，在这个阶段会因为实现的原因而专注于模型的可行性。可以重新调整关联，甚至增加冗余的关联和使用限定关联来提高路径的访问效率。

(2) 重新调整类和操作

有时候，几个类定义了相同的操作，这样就可以给它们新建立一个共同父类，而让它们从父类那里单向继承这些相同的操作。这个问题在下一个优化方法中讨论。实践中,更为常见的是不同的类中的操作相似但却不同。对于后一种情况,也可以通过调整操作定义,使用单向继承操作来覆盖它们。

在使用继承之前,这些操作必须要匹配。或者说,要调整这些操作而使它们的签名相同。所谓操作签名是指操作名称、输入参数个数及类型、输出结果及类型。除了签名之外,操作的语义也必须相同。可以通过下列调整来增加使用继承的机会:

➢ 带有可选参数的操作。通过增加一些可以被忽略的候选参数,就可以调整操作的签名。例如,单色显示器上的绘制操作不会需要彩色参数,但为了保持与彩色显示器的兼容,它可以接收这个参数,在绘制时忽略彩色参数或者通过彩色参数产生单色显示的亮度就可以了。

➢ 有特例存在的操作。一些操作可能只有较少的参数,而它们的操作可以通过一个带有更多参数的通用操作来完成。这时,就可以把带有较少参数的操作增加一些具有固定参数值,并通过调用相关的通用操作来完成这些操作。

➢ 不一致的命名。不同类中的相似属性可能会有不同的命名名称。在这样的情况下赋予这些属性以相同的名称并将其移到共同的父类。对于操作的命名也有可能存在同样的问题。

(3) 提取公共行为

在分析过程中,一般不会注意到类之间共同点的问题,因此在优化设计的时候重新检查并寻找类之间的共同点是值得的。另外,在设计过程中也会增加新的类和操作。如果看起来两个类好像重复了几次操作和属性,那么在更高的抽象层次上来识别的时候,这两个类可能真的是同一事物的特化。

如果有公共行为,就可以为这组共享功能创建一个公共父类,只留下专用功能在这些子类中。类模型的这种转换就是面向对象的抽象或泛化过程。这时可以只生成抽象父类,因为抽象类没有直接实例,它所定义的行为会属于其子类的全部实例。有时,甚至在应用程序中只有一个继承子类的时候,提取父类也是有意义的。尽管这样做并不会产生任何形式的行为共享,但抽象的父类在未来的项目中也可以复用。运用面向对象技术时,在完成了一个项目后,就应该考虑一些潜在的可复用的类,为未来的项目应用做些准备。

抽象父类除了共享性和复用性之外可以有其他的好处。将一个类拆分成两个类,会将特定因素与更通用层面分离开来,这也是模块化的一种形式。这使得每个类都是一个可独立维护的组件,有着归档完好的接口。

(4) 保存中间结果

有时候,定义新的类来缓存派生属性,避免重新计算对系统效率是有益的。不过在这种情况下,如果缓存所依赖的对象发生变化,就必须更新缓存。可以采用以下方法之一达成此目的:

➤ 显式更新。将源属性更新时的操作直接调用派生属性的更新操作，以显式的更新依赖于源属性的派生属性。

➤ 周期性重新计算。定期重新计算所有的派生属性，而不是在每个源发生变化时才进行。定期重新计算要比显式更新简单，更不容易出现错误。

➤ 主动取值。也称为观察者模式。派生属性对象会通过登记记录机制关联对源属性的依赖。这种机制会监视源属性的取值，每当它发生变化的时候，就会更新派生属性的取值。

(5) 重新调整算法

在调整类模型的结构后，接下来可以优化算法本身。算法优化的关键是要尽可能早地清除死路径，比较各种实现算法的执行效率、时间需求、空间需求等。由于优化问题合并在一起讨论，这里仅提出这个问题。算法问题主要在详细设计中解决，详细内容请参见 5.5 节。

10. 组织类

在分析过程中没有考虑信息的可见性，因为分析的重点是理解应用。而在设计过程中调节了分析模型，让它更适合实现和维护。一般可以通过信息隐藏、增加类的内聚性和微调包的定义等方式来改进设计模型中类的组织方式。

(1) 信息隐藏

改进设计可见性的一种方法是仔细地将外部规约与内部实现区分开来。这样，就好像围绕着类建立起了一道防火墙，使关于内部的变动不为外部所见，因而限制了变动的影响。这种方法称为信息隐藏(information hiding)。信息隐藏是面向对象的主要核心技术之一。信息隐藏有以下几种方式：

① 限制类模型遍历的范围。在极端的情况下，操作会遍历模型中所有的关联来定位和访问一个对象。在分析过程中，当需要试图理解问题的时候，这种无约束的可见性是适合的。但是，在实现中存在到处可见的操作的系统将是一个脆弱的系统，因为系统中的任何变化都会对全局产生重要影响。在设计过程中，应该努力限制一个操作的作用范围。一个对象应该仅访问那些直接相关的对象。

② 不直接访问外部属性。总的来说，子类访问其父类的属性是可以接受的。但是，类不应该访问一个关联类的属性。通常要通过调用关联类的操作来访问其属性。

③ 在较高的抽象层次定义接口。面向对象设计要求类之间具有低耦合度。一种方法是提升接口的抽象层次。高层接口的操作往往具有比低层接口更强大的功能和更好的调用效果。

④ 隐藏内部对象。使用边界对象来将系统内部与外部环境隔离开来。边界对象的目的是仲裁内部和外部之间的请求与响应。它以一种客户端友好的方式接收外部请求，然后把这些请求转变成一种方便的内部实现形式。

⑤ 避免级联操作的调用。避免将一个操作应用到产生另一个操作的结果上。如果这两个操作在同一个类中,尚可以研究。但是,若两个操作不在同一个类中就会增加两个类之间的耦合,并且这种耦合很可能是未建模的。两个类之间的关系可能涉及前面提到的可重入、并发等很复杂的问题,因此这种操作级联调用要尽量避免。

(2) 增加类的内聚性

内聚性是另一项重要的设计原则。一个类不应该服务于多个目的。如果太过复杂,可以使用泛化或者聚合把它分解开。较小的片段要比大型复杂的片段更有可能被复用。如果属性、关联或者操作可以明确地分成两个或更多个无关的分组,那么就可以把它们分开。落实到类的操作,每个操作的最终实现应只做好一件事情。当然,设计中的任何一项原则都不是绝对的,关于如何取舍这里就不再讨论了。

(3) 微调包的定义

在分析过程中,通常把类模型划分成包。初始的组织结构可能不适合实现,或者不是最优的实现组合。因此应该重新审视这些包,以便使其接口保持最小化,接口的定义也清晰和完整。两个包之间的接口包括一个包中的类与另一个包中的类的关联和跨越包的边界来访问包内部类的操作。

可以用类模型的连通性作为指导来构造包。从经验上粗略地说,通过关联紧密联系在一起的类应该放在同一个包里,而无连接或者松散的连接的类应该放在独立的包中。实际上,也可以通过相关主题、子系统、功能上的连贯性等目标划分包。

遍历给定关联的不同操作的数目是测量其耦合度的一种有效方法。要尽量保持单个包中的强耦合度。

5.5 嵌入式系统详细设计

面向对象系统中最基本的分解单元就是对象。正如第 1 章所讨论的,它是一个自然单元,系统可以从中指定和实现。对于大规模设计,这是必要但不充分的条件。机制设计主要与协作对象打交道,而体系结构设计关心的则是更大规模的粒子(域、任务和子系统)。但最根本的东西还是类和对象本身,所有的结构和行为的实现最终要通过类和对象来完成。在一般中小规模或者说低端嵌入式系统中,体系结构设计的内容相对要小,设计的主要部分应在机制设计和详细设计过程中。

对象紧密地与其操作绑定,组成了一个内聚数据的实体。详细设计要考虑信息的结构及其操纵。一般而言,在详细设计阶段所作的决策如下:

➢ 数据结构;
➢ 关联的实现;
➢ 对象接口;

第5章 面向对象的嵌入式系统设计

- 操作和操作的可见性；
- 用于实现操作的算法；
- 异常处理。

1. 数据结构

算法需要数据结构才能工作。在分析阶段，主要关注的是系统信息的逻辑结构，但在设计阶段则必须要设计出支持高效算法的数据结构。数据结构不会给分析模型增加信息，但它们却能将信息以方便算法的形式进行组织。许多数据结构都是容器类的实例，通常包括数组、链表、队列、栈、集合、包、字典、树等。

对象中的数据格式通常都很简单，因为如果不这样的话，将有另外一个单独的对象来容纳这些数据。然而，在详细设计阶段，不但必须定义数据结构，还必须指定数据的有效范围、精度、前置条件以及初始值。数据结构主要关心3个问题：

- 用来保存属性的基本表示类型；
- 相应的基本类型中有用的子范围；
- 如何将多个这类属性收集到封装后的容器中。

(1) 用来保存属性的基本表示类型

UML 要求属性在结构上是简单的，类似整数、浮点数这种形式。但在实际应用中的数据组织应该根据对信息的使用方式或使用效率来确定，而不应拘泥于 UML 的要求。例如，对于一个字符串数据，如果当作一个独立的对象来看待，并通过与之建立关联的方式来操作，这样通常就不是很有效率的。这时，通常把字符串作为一个对象的属性而不要单独作为另一个简单对象，因为几乎所有开发语言都有字符串数据类型。但如果这个字符串是多个任务之间相互传递的消息，那就会有很大的不同。而这时，字符串最好作为一个独立的对象，在使用时再与相关的任务相关联。同样的道理，如果要处理由 10 000 个数据采集的波形，也要根据这些数据的使用方式来决定处理策略。如果系统对这些波形数据有及时显示的要求，或者说数据本身带有严格的定时约束，那么对于整个数据集合的组织就必须有助于对它的处理。这时，通过链表用指针来把这些采样数据连接起来对于使用目的而言是缺乏效率的。更可能的情况是把这些数据作为属性封装到某种类型的数组中，通过简单的指针增量就可以高效地访问和处理理这些数据，当然这时指针会是该对象的另一个属性。但如果这些数据是作为记录需要保留在系统中，并对其经常有查询、排序、插入和删除等处理操作时，链表常常又是一个不错的选择。

应用中的所有属性都必须采用实现语言所提供的基本类型实现。在详细设计阶段，必须检查先前对这些基本类型的选择，并确保这些选择是适当的和正确的。

(2) 基本类型中有用的子范围

通常，尽管使用的是一个基本数据类型，但并不需要它的全部值域。例如，数组的下标可以用整数表示,但是负数就是不需要的。如果属性取值的合理集合是表示基本类型的子集,那么合法的属性值范围被称为基本类型的子范围(subrange)。对于有序类型而言,比如整数和长整数,通常都具有子范围。

基本类型中子范围检查与否主要根据系统对该属性的约束性要求而定。比如,有一个属性是放射线剂量,如果用 int xray 来定义属性,而正常的剂量是 0～50 000,而 int 的取值范围是 $-2\,147\,483\,648$～$2\,147\,483\,647$。如果运行中其取值(可能是由于干扰)为 34 567 678,那将会发生非常严重的后果。如果程序员主观地认为这种情况不会发生,因而忽略了限定范围的处理,那么灾难就有机会降临(请参见第 2 章 Therac-25 的致命事故)。

子范围检查的另一个常见情况是 C 语言中的数组指针边界问题。

因此,从原则上说,对象的所有属性都要进行子范围的论证。如果是安全紧要或系统性能紧要的属性,就要用约束或实现技术(如使用枚举类型,定义限定类等)进行设计。限于篇幅,这里仅提出子范围限定的问题,关于各种限定技术的更多实现,请参阅参考文献[1]。

(3) 如何将多个这类属性收集到封装后的容器中

基本数据属性的集合可以按多种方式来构造,包括堆栈、队列、链表、向量和树等。数据集的布局是很多研究性和实用性应用的主题。UML 提供了一种角色约束符号来表示不同类型的集合,这些集合类型可能是分析模型中本来就有的。对多值角色而言常用的角色约束包括:

- {ordered}　集合以一种有序的方式来维护;
- {bag}　　　集合中可以包含同一个元素的多个副本;
- {set}　　　集合中针对每个给定元素至多只能包含一个副本;
- {hashed}　集合可通过带键值的哈希结构访问。

其中,某些约束可以组合出现,如{ ordered set }。

另外一种设计范型是使用关键字值来从集合中检索元素。这被称为限定关联(qualified association),键值称为限定符(qualifier)。UML 引入限定关联的主要动机是需要对具有自然而且重要的实现数据结构的重要语义情况进行建模。如图 5.7 所示,在正向方向上,限定关联就是一个查询表。对于一个限定对象,每个限定值对应一个目标对象。查询表通过数据结构来实现,如哈希表、对数或有序表。

　　　　(Drectory,Filename)→0 or 1 File
　　　　File→many(Drectory,Filename)

在通常情况下,使用限定关联来建模并使用有效的数据结构来实现它们,对于良好的编程是很重要的。

2. 关联的实现

关联是类模型中的"胶水",提供对象之间的访问路径。实现关联的途径有多种,要根据对象及对象间关联的本质特性以及所

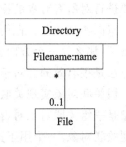

图 5.7　限定关联

第5章 面向对象的嵌入式系统设计

显现的局部特性来决定选用哪种途径。在分析模型中,往往假定关联天生就是双向的,从抽象意义上来说这当然是正确的。但如果应用程序里有一些只能在一个方向上的遍历,关联的实现就可以被简化。但也需要注意,未来的需求可能会发生变化,那时候就要增加新的操作,以实现在反方向上遍历关联了。

通常在原型处理阶段总是使用双向关联,这样做可以增加新的行为,快速地修改应用程序。而在进入到产品阶段,就会优化一些关联。不管怎样,都应该隐藏实现的内容,使用访问器方法遍历和更新关联,那样决策变动就会更加容易。类之间的关联存在同一任务线程内部对象之间的关联、任务线程间的关联和跨越处理器间对象之间的关联的区别,处理这几种类型关联的方式也会有所不同。详细设计的目的之一就是要解决如何管理对象间关联的问题。

(1) 单向关联

如果一个关联只能在一个方向上遍历,就要把它实现成指针,也就是说在关联的发起端对象上增加一条对象引用属性。

例子,如公司与员工关系的类模型如图 5.8 上部所示,则可以实现为该图下部的类指针属性。

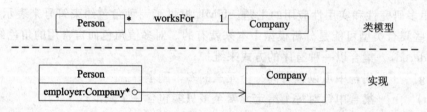

图 5.8 用指针实现单向关联

(2) 双向关联

许多关联都可以在两个方向上遍历,尽管往往它们的几率并不是对等的。有三种实现方法,即单向实现关联、双向实现关联和用关联对象实现关联。

单向实现关联。用指针实现一个方向,在需要反向遍历的时候,执行一次搜索。这个方法只是在两个方向上遍历几率相差很大,并且要最小化存储和更新成本的时候才是有效的。因为要进行对所有对象的搜索,这时反向遍历的代价是很高的。

双向实现关联。把两个方向都实现成指针。这个方法允许快速访问,但只要有一个方向更新了,那么另一个方向也就必须更新以维持链接的一致性。如果访问次数超过更新次数,这种方法是很有效的。对于图 5.8 中的同一个类模型,双向关联实现方法如图 5.9 所示。

用关联对象实现关联。关联对象独立于任何一个类,它用独立的关联对象来实现。关联对象是一组关联对象对,存储在单个大小可变的对象中。为了效率,可以使用两个词典对象来实现关联对象,一个用于正向,一个用于反向。访问速度会比使用指针慢一些,但如果使用散列表,访问时间就是常数级的。对于一个不能修改的库,如果要扩展其预定义的类,这种方法

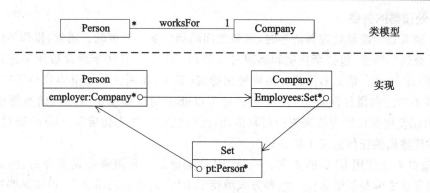

图 5.9　用指针实现双向关联

就会很有用,因为关联对象不会在原始类上增加属性。如果类的大部分对象都不会参与关联,就这种稀疏关联而言,独立的关联对象也会是有用的,因为只有真实的链接才会使用空间。用关联对象实现关联的方法如图 5.10 所示。

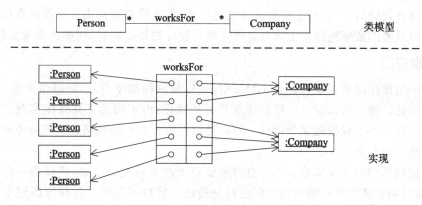

图 5.10　用关联对象实现关联

(3) 跨任务关联

以上所描述的关联实现在嵌入式系统的单任务内关联是可行的。但在具有 RTOS 多任务系统中,如果关联的边界跨越了任务边界,对关联的解析就比较复杂,因为可能会存在互斥和可重入性等问题。在这种情况下,关联的实现要结合 RTOS 本身的能力来确定。一般 RTOS 都会提供信号量、消息邮箱、消息队列和消息管道等实现跨任务关联的手段。

RTOS 消息队列是跨任务边界请求服务的最常见方案。消息接受任务的主动对象读取消息队列,并将消息分派到适当的成员对象。这种方案运行时的开销相当大,但可以维持任务本身的异步执行特性。

RTOS 管道是消息队列的一种替换方案。客户端和服务器端都要打开管道,对客户调用服务器提供的服务而言,这是一种更为直接的方案。

第 5 章　面向对象的嵌入式系统设计

(4) 跨处理器的关联

当服务请求必须跨越处理器边界时,对象之间的耦合度一般更低。通常,操作系统为跨处理器通信所提供的服务,包括套接字和远程过程调用(RPC)。套接字常常被用来跨网络实现特殊的 TCP/IP 协议。常见的协议有传输控制协议(TCP)和用户数据报协议(UDP)。TCP/IP 协议族并不对定时做任何保证,但是协议族可以处于能够提供定时保证的数据链路层之上。TCP 协议使用窗口的应答来支持可靠传输,而且也支持流式套接字。UDP 要简单一些,但不对可靠传输提供任何意义上的保证。

最后,有些系统使用 RPC 的方案。一般,RPC 是通过一种阻塞协议实现的,因此客户端在远程过程完成之前是被阻塞的。这种方式维持了 RPC 的函数调用语义,但在某些情况下有可能不太适用。

这里的讨论没有牵涉到处理器间通信的底层介质。这些物理介质的实现可以通过共享内存、以太网络或者多种类型的总线来提供。使用分层可复用的协议可以根据不同的物理介质的适合程度,将一种数据链路层替换为另一种,并且不会造成系统逻辑结构上的修改。这部分问题会在软硬件划分后,由硬件工程师具体物理实现,数据链路要同实现硬件介质配套。软件工程实现可以只考虑数据链路以上部分。关于硬件设计的更多内容,请参见参考文献[12]。

3. 对象接口

接口是一组操作的命名集合。在 UML 中,接口是一种抽象符号,可以由类或构件实现,但不能被实例化。接口可以定义一组操作及其特征标记,但不能定义其具体实现。接口也不能包括属性。客户类可以依赖某个接口。接口可以把服务集合的规格说明与服务提供的实体以及具体实现分离开来。

接口可以用不同的类来实现。这一点带来了很大的灵活性。比如,接口是一种可泛化的元素,所以接口和实现类可以参与独立的泛化分类法。接口可以出于各种原因用不同的类来实现。一种常见的原因是一组类可能实现相同的操作集合,但可能针对各种不同的目的作了优化。一个可能针对受限的最坏情况下的行为作了优化,另一个则针对最佳平均情形作了优化,而其他的可能针对可预测性、精准度作了优化,甚至还可能是针对最小化动态内存使用作了优化。将接口与实现类分离开来的另一个原因是不同的实现类的具体实现可能因为底层技术的原因而呈现差异。将接口分离出来使得系统的不同组成部分能够很容易地互相链接而生成定制的应用。

不仅一个接口可以用多个类来实现,反过来也成立,一个类可以实现多个不同的接口。接口可以近似地映射到对象角色,就是说,对象在协作中所扮演的角色。角色在类图和协作图中使用角色名称来表示。角色是对象参与某个协作上下文的目的或职责。从逻辑角度,类所扮演的每个角色都定义了一个接口,这个接口是类必须实现的。

4. 操作和操作的可见性

类所定义的操作规定了数据的处理方式。一般来说,提供基本操作的完全集能够使可用性达到最大。一个集合类模板通常提供多个操作符,比如添加元素或集合,删除元素或者子集、测试元素或者子集的归属。即便当前应用程序并不使用这些操作,添加原语的完整列表可以使得类更可能满足下一代(或版本)系统的需求。

分析过程中把类操作建模为对消息的接收者(在类图、对象图、序列图和协作图中)、状态事件的接收者以及动作和行为(在状态图中)。在大多数时间里,这些消息是利用能够支持消息传递的关联策略,直接用服务器类中定义的操作来实现的。

分析模型和早期的设计模型都仅仅指定公有的操作。详细设计通常要添加仅在内部使用的内部操作。这些操作的添加是源于对公有操作的具体实现的进一步说明或状态图中的活动与动作的分解。

5. 用于实现操作的算法

许多操作都很简单,因为它们通常只是遍历类模型以检索或改变属性。如果效率不是问题的话,应该使用简单的算法。实际上,只有少数操作会变成应用程序的瓶颈。一般来说,20%的操作会消耗80%的执行时间,或者说操作执行的 2∶8 现象。对于那80%中的操作,花费大气力做小的改进,还不如把设计做成简单的、可以理解和易于编程的方式。把设计师那宝贵的创造力用在那些可能会成为瓶颈的操作上是值得的。

算法是计算期望结果的逐步过程。算法的复杂度可以用多种方式来定义,不过最常用的是时间复杂度(time complexity),即计算结构所需要的时间长度[44]。算法复杂度采用"数量级"的方式来表达。常见的算法复杂度有:$O(c)$、$O(lbn)$、$O(n)$、$O(nlog_2 n)$、$O(n^2)$、$O(n^3)$、$O(2^n)$。这里 c 是常数,n 是参与算法计算的元素个数。

复杂度相同的所有算法之间的区别仅是常数的乘与加。因此有可能一个 $O(n)$ 算法的性能比另一个 $O(n)$ 算法的性能高 100 倍,但被仍然看作是相同的时间复杂度。甚至可能出现一个 $O(n^2)$ 算法的性能高于一个 $O(c)$ 算法的性能的情况。算法复杂度在所操纵的实体数量相当大时最有用,因为这时常数的作用相当小,复杂度的数量级决定了性能。对于小的 n 值,只需要对这种复杂度问题加以注意就可以了。关于算法和复杂度的理论,在任何关于算法设计和可计算性理论的书籍中都有全面的讨论,因为对于这些问题的讨论超出了本书所要讨论的主题,因此这里仅进行简要说明。如果有兴趣深入研究这方面的问题,作者认为参考文献[44]会是一个不错的选择。为了使读者有一个直观印象,将以上所列各种复杂度情况下的计算所需要的时间在表 5.2 中给出,表中假定每次独立计算的时间为 1 ns。

设计对象时可以针对以下几个方面进行优化:

- 运行时性能,比如,平均性能、最坏情况性能、可预测性等;
- 运行时内存需要;

第5章 面向对象的嵌入式系统设计

表5.2 各种复杂度算法所需要的计算时间

n	c/ns	lgn	n/μs	nlgn	n^2	n^3	2^n
2^3	1*c	3 ns	0.01	0.02 μs	0.06 μs	0.51 μs	0.26 μs
2^4	1*c	4 ns	0.02	0.06 μs	0.26 μs	0.26 μs	65.5 μs
2^5	1*c	5 ns	0.03	0.16 μs	1.02 μs	32.7 μs	4.29 s
2^6	1*c	6 ns	0.06	0.38 μs	4.10 μs	0.26 ms	5.85 世纪
2^7	1*c	7 ns	0.13	0.90 μs	16.38 μs	0.01 s	10^{20} 世纪
2^8	1*c	8 ns	0.26	2.05 μs	65.54 μs	0.02 s	—
2^9	1*c	9 ns	0.51	4.61 μs	0.26 ms	0.13 s	—
2^{10}	1*c	0.01 μs	1.02	10.24 μs	1.05 ms	1.07 s	—
2^{11}	1*c	0.01 μs	2.05	22.53 μs	4.19 ms	8.59 s	—
2^{12}	1*c	0.01 μs	4.10	49.15 μs	16.78 ms	1.15 min	—
2^{13}	1*c	0.01 μs	8.19	0.11 ms	67.11 ms	9.16 min	—
2^{14}	1*c	0.01 μs	16.38	0.23 ms	0.27 s	1.22 h	—
2^{15}	1*c	0.02 μs	32.77	0.49 ms	1.07 s	9.77 h	—
2^{16}	1*c	0.02 μs	65.54	1.02 ms	4.29 s	3.26 日	—
2^{17}	1*c	0.02 μs	131.07	2.22 ms	17.18 s	26 日	—
2^{18}	1*c	0.02 μs	262.14	4.72 ms	1.15 min	7 月	—
2^{19}	1*c	0.02 μs	524.29	9.96 ms	4.58 min	4.6 年	—
2^{20}	1*c	0.02 μs	1 048.6	20.97 ms	18.3 min	37 年	—

- ➢ 简单性和正确性;
- ➢ 开发时间和成本;
- ➢ 可复用性;
- ➢ 可靠性;
- ➢ 保险性。

当然,在某种程度上,这些目标之间是存在冲突的。例如,某些对象必须按已排序的形式来维护其元素。倍受声讨的"冒泡排序"算法相当简单,因此其开发时间就会很短。尽管其最坏情形的运行时性能会是$O(n^2)$,但实际上如果 n 足够小,其性能可能会比更高效的算法好。快速排序通常要快得多($O(\log_2 n)$),但实现却相当复杂。因此,对实时嵌入式系统来说,使用快速排序并不总是最好的选择,使用冒泡排序也不见得总是最差,即便快速排序对数据集排序的速度可能会更快。大多数系统中都花费大量的时间来实现很小部分的代码。如果排序所耗费的开销与其他系统功能相比微不足道,额外的用来正确实现快速排序的时间可以花费在其他地方,可能会更划算。

有些算法的平均性能很好,但最坏情形性能却是不可接受的。在实时系统中,一般性能通常不是最终需要的评价指标,运行的可确定性可能更为重要。例如,通常嵌入式系统要在内存最小的情况下运行,因而对现有资源的高效利用可能是至关重要的。而对于航空系统,一次最坏情况下的失误可能就是致命的。实际上,设计人员的任务就是给出设计选择的集合,以得到整体最佳的目标系统。

行为丰富的类不仅要正确地运行,还必须有助于满足系统层次的服务需求。如上所述,算法的选择需要综合考虑。一旦选定了适当的算法,类的操作和活动都应该设计成对该算法的实现。这通常又会引发新的属性和操作被添加进来,以辅助所确立的算法的执行。

总之,还是那句老话"没有最正确的设计,只有最适当的设计"。

6. 异常处理

正如设计活动所经历的,系统在行为方面也是分层次的。对象的方法在概念上处于最低级,有机会对每一个事件作出反应。因此,应用程序能够定制关于事件行为的各个方面,同时对于不能处理的事件(包括异常事件)返回较高层级。对于面向对象系统最底层的异常处理,从基于语言的异常处理和基于状态的异常处理两个方面进行思考。

(1) 基于语言的异常处理

对于编程语言而言,异常处理是一种功能强大的附加功能。基于语言的异常处理可以有两个主要的好处:异常无法被忽略和把异常本身从通常的执行路径中剥离出来。

每个操作都应该定义所抛出的异常和它自身所处理的异常。异常从来都不应该被当作终止一个函数的候选方式,这就像不能用撬棍来作为前门钥匙的候选物一样。事实上,异常表明的是发生了一项需要明确处理的严重错误。

从计算上来讲,抛出异常的代价比较高,因为堆栈必须被回滚,而堆栈上的局部对象都必须被销毁。代码中加入异常处理后,即便是异常没有被抛出,会对代码执行带来大约3%的额外开销[1]。

在详细设计每个操作时,对于对象拥有足够的上下文信息来处理的异常,以及那些对于操作的调用者毫无意义可言的异常,操作本身要把它们自动处理掉。而对于该对象本身不具备决定如何处理的异常,就把它抛出。因为,操作的调用者可能知道如何处理,如重试一组操作或者执行另一种替换算法等等。

这样,可能会使异常处理在回滚过程中跑出到堆栈外,因此需要在一定的全局层次设计实现某种异常策略。这一层的动作取决于异常的严重程度、异常对系统的影响以及系统所处的上下文环境。在某些情况下,可能引起保险性后果的严重错误应该直接导致系统关闭,并进入某种失效安全的系统状态。例如,钻压机或机器人系统通常会在出现这类故障时关闭动力来源。而另一些系统,比如医疗监视系统,可能会继续提供受到影响的功能或者复位后重新尝

第5章 面向对象的嵌入式系统设计

试。当然,某些系统可能不具备失效安全状态,比如,在12 000 m的高空,关闭喷气式飞机的引擎可能就不会是"转换到失效安全状态"的一个处理。

(2) 基于状态的异常处理

在反应式类中,异常处理是很直接的。异常可以与类状态中给出的触发事件关联,从而导致某种转换或者动作。这样做的合理性在于对象的状态代表了它可能存在的条件,包括故障条件。

在状态图中处理异常是独立于语言的异常管理通用方式,尽管它可以结合基于语言的异常处理机制一同使用。例如,如果一个操作不具备足够的上下文信息以确定如何处理某个异常,它可以把这个异常抛出。如果这个异常被某个反应式类的某个操作捕捉到,那么该操作可以通过生成一个事件来对它进行处理。生成的这个事件与异常信号相关联,反过来可以导致状态转换,或者执行一些错误恢复动作。

思考练习题

5.1 嵌入式系统设计的目的是什么?设计需要达到怎样的目标?
5.2 设计分为几个层次?每个设计层次的作用域是什么?
5.3 每个设计层次分别需要处理哪些问题?
5.4 有几种设计的方式?请分别说明它们。
5.5 什么是设计模式?设计模式在嵌入式系统设计中具有哪些作用?
5.6 设计模式的基本结构是怎样的?
5.7 在嵌入式系统开发中怎样使用设计模式?
5.8 什么是软硬件协同设计?在物理体系结构设计中,处理器的选择会涉及哪些软件方面的内容?
5.9 软件子系统之间通常都有怎样的关系?请分别描述它们。
5.10 封闭式分层体系结构具有哪些优缺点?请分别说明它们。
5.11 开放式分层体系结构具有哪些优缺点?请分别说明它们。
5.12 嵌入式系统机制设计需要进行哪些活动?
5.13 嵌入式系统的并发性问题通常是如何解决的?
5.14 机制设计中需要考虑哪些边界条件问题?
5.15 嵌入式系统通常都有哪些控制策略?请分别描述它们。
5.16 设计优化都包括哪些内容?请分别描述它们。
5.17 在嵌入式系统详细设计中通常需要进行哪些决策?
5.18 在嵌入式系统中,关联都有哪些类型?如何实现它们?
5.19 为什么说在设计过程中,异常处理的设计非常重要?在整个设计过程中都会遇到哪些异常处理问题?

第 6 章
以框架为中心的嵌入式系统程序设计

当一个应用系统完成了分析和设计活动后,就开始进入到编码实现阶段。嵌入式系统程序设计需要在特定开发环境下进行。另外,嵌入式程序设计与通用计算程序设计也具有许多不同。如何在特定的开发环境下实现面向对象设计元素和根据系统的特定约束条件优化软件设计是程序设计中的重点内容。

本章主要讨论如下内容:
- 嵌入式计算程序设计与通用计算程序设计的区别;
- 嵌入式系统程序设计的开发环境;
- 有限状态机的本质;
- 有限状态机的实现方法;
- 嵌入式程序设计与优化。

6.1 嵌入式系统程序设计与通用计算程序设计的区别

目前 C/C++语言是当今嵌入式系统开发最为常见的语言。早期的嵌入式系统程序大都是用汇编语言开发的,但由于嵌入式系统本身所处理问题的规模不断增长和复杂性的不断增加,使得完全用汇编语言开发整个大型嵌入式系统已经成为不可能。这主要是因为汇编语言本身所固有的难移植、难复用、难维护和可读性差等特点[26]所决定的。很多用汇编语言编写的程序会因为当初开发人员的离开而必须重新编写代码,甚至许多程序员会连自己几个月前完成的程序都看不懂了。C/C++语言在解决汇编语言所遇到的以上问题方面却是有所长的。作为一种相对"低级"的高级语言,C/C++语言能够让嵌入式系统开发程序员更自由地控制底层硬件,同时享受高级语言带来的所有便利。对于 C 语言和 C++语言,很多的程序员会选择 C 语言,而避开庞大复杂的 C++语言。这一方面是因为 C 语言写成的代码比 C++语言所写成的代码更小些和执行效率更高一些,另一方面也与目前程序员所处理的系统规模和复杂性有关。前面已经讨论过,如果嵌入式系统开发采用面向对象的语言(如 C++或 Java),会使面向对象的系统开发从分析、设计到实现具有一致性的便利。但就面向对象技术而言却是与语言无关的。鉴于目前大多数系统都采用 C 语言开发,因此本书在开发语言的使用上选择C语言作为基本开发语言。

对于嵌入式系统来说,能工作的代码并不等于是"好"的代码。"好"代码的指标很多,包括易读、易维护、易移植和可靠等。其中可靠性是嵌入式系统的关键性指标,尤其是在那些对保险性要求很高的系统中,如航空航天系统、军工系统、汽车和工业控制等。这些系统的特点是:只要系统运行稍有偏差,就有可能造成重大事故和损失。对嵌入式系统最通常的要求是一个不容易出错的系统。对于一个这样的系统,除了要有很好的硬件设计(如抗干扰设计、电磁兼容设计等),还要有很健壮或者说"保险"的程序。然而,对于开始进入嵌入式系统程序开发的程序设计人员来说,他们很少知道什么样的程序是安全的程序。很多程序表面上能够工作,但实际上可能存在着大量的隐患,一旦遇到某种偶然的事件或条件就会制造故障或引发严重事故。C语言是一门难以掌握的语言,其灵活的编程方式和语法规则对于一个编程经验较少的程序员来说很可能就会成为机关重重的陷阱。同时,C语言的定义还并不完全,即使是国际通用的C语言标准,也还存在着很多未完全定义的地方。

在嵌入式系统程序设计方面,就其使用语言技巧完成应用程序功能意义上来说与通用计算程序设计没有多大区别。但在程序运行环境上却与通用计算有着很大的区别,换句话说,一个在通用计算系统里出色的程序员不一定就是一个"好"的嵌入式系统程序员。运行环境方面主要有:

① 资源约束。如处理器数量和计算速度、数据内存以及程序内存大小、堆和栈的大小及使用方法、可使用的中断的数量和方式、输入/输出接口的数量和方式、电子硬盘的大小和文件存储方式等。

② 性能约束。如实时性、执行时间等。

③ 安全性约束。如程序可靠性、保险性等。

④ 底层硬件约束。如对底层硬件的了解、汇编语言的支持等。

嵌入式系统软件越来越普遍地应用于处理每天发生的各种问题中。不久以前,汽车发动机几乎完全是机械设备,仅带有少数几个简单的电子元器件。到了今天,汽车装配了"丰富的计算机",并且使用局域网总线(例如,CAN总线)来连接这些计算机。随着设备变得越来越"智能",以前仅通过机械或者电气互锁来满足保险性的方式正逐渐被软件保险所替代。尚科技医疗设备(如麻醉剂传输机、病人监控器以及植入式心脏起搏器)和非医疗设备(如汽车、飞机以及核电厂)都是这方面的实证。在这些系统中出现的故障会危及到人的生命安全。在与保险性相关的系统中,随着软件所起的作用的日益增大,嵌入式软件编程人员就更应该了解软件控制系统的风险以及如何去应对这种挑战。关于安全性约束方面,参考文献[26~29,45,46]给出了关于汽车安全规范MISRA-C的详细介绍,对于嵌入式系统编程极具有价值的参考意义。

充分认识高级语言(如C语言)如何能够产生不安全系统,对理解嵌入式系统程序设计与通用计算程序设计的区别是十分有必要的。借鉴汽车工业软件可靠性联合会MISRA(The

Motor Industry Software Reliability Association)对于 C 程序设计中可能存在风险的认识,对嵌入式系统编程是具有积极意义的。下面的资料来自于参考文献[26]。

MISRA-C:2004 认为 C 程序设计存在的风险可能由如下 5 个方面造成:

① 程序员的失误。程序员的失误是司空见惯的。程序员是人,人就难免会犯错误。程序员(尤其是那些初级程序员)犯下的很多错误通常可以被编译器及时地发现(如错误地引用变量或函数名等),但也会有很多错误(尤其是逻辑错误)会逃过编译器的检查。例如,在监护条件中把"=="错写成"="(如把 if(x==y)写成 if(x=y)),两者会得到完全不同的结果。

② 程序员对语言的误解。C 语言非常灵活,它给了程序员非常大的自由空间。然而,任何事情都具有两面性。自由越大,犯错误的机会就越多。尤其对于初级程序员,往往在还没有真正理解 C 表达式的含义时,就把它盲目地应用到自己的程序中。作者在嵌入式项目实践教学中,经常会遇到一些学员在还没有真正理解程序的机制(尤其是涉及硬件时)时拷贝一大段程序到自己的程序中,当程序出现问题时却束手无策。关于对语言的理解,不妨试着计算当 $i=10$ 时,printf("%d",++i),printf("%d",i++),printf("%d",-i++),printf("%d",i+++i),printf("%d",i+++++i)的输出各是多少。

③ 程序员对编译器的误解。编译器是针对特定微处理器的。当开发由特定微处理器组成的嵌入式系统制品时,会使用不同的开发环境。不同的开发环境中通常会引入不同开发商的编译器。虽然所处理的源代码语言相同,但如数据类型、表达式、或一些具体问题的处理是会有所不同的。有时,由于程序员非常熟悉某种开发环境,因此在使用新的开发环境时会想当然地处理一些不经意出现的细节问题,这样有时就会造成错误。例如,同样是 ARM 程序开发,ADS 开发环境与 GNU 环境,在标号、伪操作、语句格式等方面都具有很大不同。

④ 编译器的错误。正如前面所讨论的,由于在嵌入式系统开发中所使用的微处理器不同,因而所使用的开发环境也大不相同。由于开发编译器商家的目的和技术水平不同,有时编译器本身也会存在错误(因为开发编译器的也是人,尤其是新推出的编译器)。编译器的错误是最难发现的。但对于嵌入式系统用户来说,嵌入式系统制品的任何错误,都是制造开发商的错误。因此,有时在制品开发中也需要非常了解开发中所使用的编译器,才能为客户提供放心的产品。

⑤ 运行出错。运行错误指的是那些在运行时出现的错误,如除数为零、指针地址无效、监护条件错误等。运行错误在语法检查时通常都难以发现(这是因为编译器并不是神仙,请参见 6.3.4 节关于状态机程序实现的说明)。运行错误一旦发生,轻者导致不能完成正确计算,重者可能会导致系统崩溃。C 语言可以产生非常紧凑、高效的代码的一个原因是它提供的运行错误检查功能较少,虽然运行效率得以提高,但也降低了系统的安全性。

综上所述,嵌入式系统程序设计与通用计算程序设计是不能完全等同的。它们具有各自的特殊性。在实际产品开发中程序设计人员需要注意它们之间的差别。它们的主要区别如下:

① 程序员不仅需要完成功能，而且需要知道在怎样的约束条件下完成功能。

② 程序员不仅要熟悉语言要素本身的语法和句法，而且还需要熟悉所应用硬件的各类寄存器的功能、用途和每一个比特的定义。甚至还需要清楚硬件的运行原理和运行特性（如延时特性、同步特性、启动特性、关闭特性、抗干扰要求等）。

③ 程序员需要熟悉编译器的特性。不仅需要知道怎样的语句不会产生编译错误，而且需要知道编译器是如何把源语句转换成目标代码的，或转换成怎样的目标代码的。

④ 程序员需要熟悉所使用微处理器的汇编语言的能力，因为在程序设计中或者程序优化时不可避免地会使用到汇编程序。

⑤ 使用实时操作系统时需要针对特定微处理器进行移植，而不是像通用操作系统那样安装。

⑥ 程序设计广泛使用裁剪技术。

⑦ 程序需要根据资源紧缺等特定的约束条件进行优化。

⑧ 程序调试要求针对具体的硬件甚至是物理波形进行。

6.2 嵌入式系统程序设计的开发环境

除了运行环境约束以外，嵌入式系统程序员对于编译器和开发调试环境也应该具有深入的了解。嵌入式系统开发环境往往都是针对具体 CPU 的，不同系列的 CPU 会有不同的开发环境。开发环境的提供一般有 CPU 厂家和第三方专业软件开发公司两种。目前比较常见的开发环境有：针对 Intel 51/98 系列指令系统的 Wave 仿真集成开发调试软件；针对 AVR 系列的 ATMEL AVR Studio 集成开发环境；针对 MSP430 系列的 IAR Embedded Workbench 和针对 ARM 系列的 ADS/SDT 等。虽然各类开发环境都有其各自的特点，但目前嵌入式系统开发环境已趋于标准化[15]。由于用于 ARM 开发的 ADS 开发环境具有典型的代表性，本节仅以该软件为例介绍嵌入式系统程序设计开发环境所应具备的功能和概念。

目前绝大多数嵌入式系统程序设计并发环境都是集成所有软件开发所需要的功能组件，使得在不离开其环境的情况下完成整个软件系统开发工作。ADS 集成开发环境由命令行开发工具、ARM 运行时库、GUI 开发环境（包括 CodeWarrior 开发环境和 AXD 调试环境）、实用程序和软件组件组成。

命令行开发工具是向传统命令行式开发过程兼容的一种开发手段，是早期嵌入式系统开发所使用的方法。ADS 提供的命令行开发工具包括：

➢ armcc。用于将 ANSI C 编写的源程序编译成 32 位 ARM 指令代码。

➢ armcpp。用于将 ISO C++和 EC++编写的源程序编译成 32 位 ARM 指令代码。

➢ tcc。用于将 ANSI C 编写的源程序编译成 16 位 Thumb 指令代码。

➢ tcpp。用于将 ISO C++和 EC++编写的源程序编译成 16 位 Thumb 指令代码。

- armasm。ARM 和 Thumb 的汇编器,用于将 ARM 或 Thumb 汇编语言编写的源程序汇编成目标文件。
- armlink。用于将编译得到的一个或多个目标文件和相关的库文件链接生成可执行文件或目标文件。
- armsd。ARM 和 Thumb 符号调试器。它可以进行源码级的程序调试。用户可以在用 C 或汇编语言编写的代码中进行单步运行、设置断点、查看变量值、查看内存单元内容、查看 CPU 内部寄存器内容等调试工作。

ARM 运行时库提供 ARM 系统软件开发时的库支持,包括 ANSI 运行时库和 C++运行时库。

GUI 开发环境包括 CodeWarrior 开发环境和 AXD 调试环境。CodeWarrior for ARM 是一套完整的集成开发工具,充分发挥了 ARM RISC 的优势,使产品开发人员能够很好地应用前沿的 ARM 片上系统技术。该工具是专为基于 ARM RISC 的处理器而设计的,它可以加速并简化嵌入式开发过程中的每一个环节,使得开发人员通过几个集成软件开发环境就能研制出 ARM 产品。在整个开发周期中,开发人员无需离开 CodeWarrior 开发环境,因此节省了花在操作工具上的时间而使开发人员有更多的精力投入到代码编写上来。CodeWarrior 集成开发环境(IDE)为管理和开发项目提供了简单多样化的图形用户界面(GUI)。用户可以使用 ADS 的 CodeWarrior IDE 开发目标为 ARM 和 Thumb 的 C、C++或 ARM 汇编语言的源程序代码。开发过程中能够让用户将源代码文件、库文件还有其他相关文件以及配置设置等放在一个工程中,每个工程可以创建和管理生成目标的多个配置。CodeWarrior 开发环境提供的功能主要有:

- 源代码编辑器。能够根据语法格式,使用不同的颜色显示代码。
- 源代码浏览器。保存了在源代码中定义的所有符号,能够使用户在源代码中快速、方便地跳转以及检查符号的定义、声明等。
- 查找和替换。用户可以在多个文件中,利用字符统配符进行字符串的搜索和替换。
- 文件比较功能。可以使用户比较路径中的不同文本文件的内容。
- 编译器。
- 链接器。
- 项目配置管理。

随着应用系统复杂性的提高,调试阶段在整个系统开发过程中所占的比重越来越大。因此拥有高效、强大的调试系统可以大大提高系统的开发效率。ARM QUI 开发环境虽然包括调试器,但调试器本身并没有集成到 CodeWarrior IDE 中。调试器(debugger)本身是一个软件,用户通过这个软件使用调试代理(debug agent)可以对包含有调试信息的、正在运行的可执行代码进行变量查看、断点的控制等调试操作。

ARM 体系的调试技术为嵌入式系统调试增加了许多新概念,使嵌入式系统的调试功能

第6章 以框架为中心的嵌入式系统程序设计

更加强大,也使得调试更加标准化。ARM体系调试结构如图6.1所示。

在嵌入式系统中,通常将运行目标程序的计算机系统称为目标机。由于目标系统中常常没有进行输入/输出处理的必要的人机接口,通常需要在另一台计算机上运行调试程序。这个运行调试程序的计算机通常是一台PC机,称为宿主机(或者调试机,主机)。宿主机上运行的调试程序用于接受用户命令,把用户命令通过主机和目标机之间的通信信道发送到目标机,接收从目标机返回的数据并按着用户制定的格式进行显示。宿主机调试器只发送宏观的命令,比如:程序运行、终止、读内存、读ARM寄存器等。

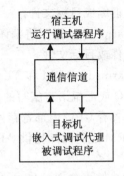

图6.1 ARM体系调试结构

ADS所支持的调试器包括AXD(ARM eXtended Debugger)、ADW/ADU(Application Debugger Windows/Unix)和armsd(ARM Symbolic Debugger)。通常调试器能够发送如下指令到调试代理,并由调试代理控制目标完成具体动作。

① 装载程序到目标内存。

② 启动或停止程序的执行,包括单步执行,显示内存、寄存器或变量的值,改变内存、寄存器或变量的值。通信的信道可以是串口、并口、以太网、USB等。在主机和目标机之间进行数据通信时使用了一定的协议,这样主机上的调试器就可以使用一个统一的接口与不同的调试代理进行通信。在早期使用的一个称为RDP(Remote Debug Protocol)的协议,它是一个基于字节流的简单协议,没有纠错功能。后来广泛使用ADP(Angel Debug Protocol),它是一个基于数据包的通信协议,具有纠错功能。

调试代理通常运行在目标机上(ARMulator除外,它运行于主机上),它接受主机上调试器发来的命令,可以在目标程序中设置断点,单步执行目标程序,显示断点处的运行状态(寄存器、变量和内存的值)。在ARM体系中,调试代理可以有下面四种方式:

① ARMulator是一种比较特殊的代理。它与其他的调试代理运行在目标机上有所不同,它是一个指令级的仿真程序,运行在主机上。使用ARMulator,不需要硬件目标系统就可以开发运行于特定ARM处理器上的应用程序。由于ARMulator可以报告各类指令执行时间,因此它还可以用来进行应用程序的性能分析。

② 基于JTAG的ICE类型的调试代理。ARM公司的Multi-ICE以及Embedded ICE属于这种类型的调试代理。这类调试代理利用ARM处理器中的JTAG接口以及一个嵌入式调试单元,可以和主机上的调试器进行通信,完成实时地设置断点、控制程序单步执行、访问并且可以控制ARM处理器的内核、访问ASIC系统、访问系统中的存储器、访问I/O系统等调试工作。这类调试代理可以简单地称为硬件调试代理。

③ Angel调试监控程序。它是一组运行在目标机上的程序,可以接收主机上调试器送来

的命令，执行诸如设置断点、单步执行目标程序、观察或者修改寄存器/存储器内容之类的操作。使用 Angel 调试监控程序可以调试目标系统上运行的 ARM 程序或 Thumb 程序。这类调试代理可以简单地称为软件调试代理。

④ 调试网关。通过调试网关，主机上的调试器可以使用 Agilent 公司的仿真模块开发基于 ARM 的应用系统。

6.3 有限状态机的程序实现方法

前面的分析和设计过程已经讨论了在面向对象的可编程对象中，主要有控制器和服务器两类。控制器是一个主动对象，它的全景行为可以通过有限状态机描述。状态机的所有活动或动作最后都要演化成类的操作(或对象方法)。而服务器的行为通过状态机也可以直接转化为操作，这是因为服务器的状态行为通常表现为简单行为。

状态机所描述的行为不像传统的数据处理，它完全是事件驱动的，事件能以任何顺序和在任何时刻出现，控制器程序必须随时准备好处理这些事件。最常见的反应式系统包括 GUI 系统和嵌入式系统。

参考文献[22]从面向对象的行为维度与结构维度的相似性观点出发，讨论了状态层次和类分类学之间的对应。面向对象的基础之一是类继承的概念。这使开发人员能根据已有的类来定义对象的新类，因此能建造层次式的分层分类学。状态的层次概念引入了继承的另一种类型，这也是同等基本的，称为行为继承。

6.3.1 有限状态机的本质

控制器对象在不同的时段，其活动不同，其行为被分解成所谓状态的有限和不重叠的程序块时，它所呈现的是状态行为。并不是所有的系统或它们的构件都会显现出状态行为。有些系统构件，如基本的数学函数 $\sin(x)$ 或服务器对象所经常表现的都是简单行为。在本书的第 1 章曾经讨论过把所描述的实体或对象看成一个整体时所表现出来的简单行为、连续行为和状态行为。在嵌入式系统中，状态行为主要是系统中控制器的行为。其他对象主要表现为简单行为或连续行为。建模状态行为的普遍的、直观的方法是通过有限状态机。处在某一状态意味着对象只响应所有允许输入或事件的一个子集，只产生可能响应的一个子集，并且改变状态也只是所有可能状态的一个子集。

1. 状　态

状态是对象生命中的一种状况或条件。这期间，某些不变量维持着对象完成某些活动，或者对象等待着处理某些外部事件。状态非常有效地抓住了系统历史的有关方面。例如，当按键盘上的键时，所产生的字符可能是大写字符，也可能是小写字符，这要看 Caps Lock 键是否为活动的,也就是看键盘是处在 capsLocked 状态,还是处在 default 状态。键盘的行为仅与其历史的某个方面有关,即与 capsLock 是否已经激活过有关,但却与以前有多少个或哪个字符被按过无关。如图 6.2 所示。事实上,状态能除去所有可能无关的事件序列,而只捕获有关的。

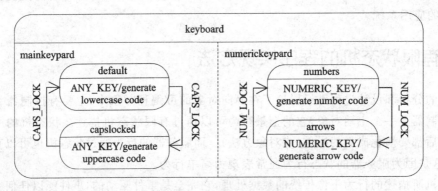

图 6.2 计算机键盘状态机

就软件系统而言,对于状态的一个可能的解释是:每个状态代表所有的程序记忆装置有效的一个特殊集。甚至对于只有少许基本变量的简单程序,此种解释也会导致天文数量的状态。例如,一个 32 位整数能给出 2^{32} 个不同的状态。显然,这种解释是不实用的。因此,在实际处理上程序变量一般是与状态分离的。对象状态往往是通过定性方面和定量方面以及两者相结合来确定的。这样,变量的变化如果不意味着对象行为和定性方面的变化也就不会导致状态的改变。

2. 层次式状态机

经典的状态机是平面式的,即状态机的所有状态和转换都是在同一个平面内表示的,一般表示为 FSM(Finite State Machine)。UML 对经典状态机作了一些改进,这些改进主要体现在层次嵌套状态(组合状态)和正交区域的引入。因此 UML 状态机也称为层次式状态机 HSM(Hierarchical State Machine)。包含另外状态的状态称为组合状态。反之,没有内部构造的状态就被称为简单状态。当被嵌套状态不为任何另外的状态所包含时,称为直接子状态。否则它就是一个过渡被嵌套的子状态。因为组合状态的内部构造可以是任意复杂的,因此任何层次上的状态机都可被视为某种更高一级组合状态的内部构造。这便于在概念上定义一个组合状态作为状态机层次的终结根。在 UML 规范中,每个状态机都有一个顶状态(即状态机层次上的根),包含了整个状态机的所有其他元素。不过这种全封闭的顶状态在图形绘制时是可选的。

可见,层次式状态机分解的语义学被设计为允许行为共享。也就是说,子状态只须规定对超状态在行为上的差异,就能容易地复用其超状态的公共行为。这是因为若子状态简单地放弃公共处理事件，则它会自动地被更高一层的状态进行处理。这样，子状态就可以共享其超状态行为的所有方面。层次式状态是隐藏内部细节的理想机制，因为设计师能够轻易地变换镜头焦距来隐藏或显现被嵌套状态。这种信息隐藏机制本身并没有降低系统的复杂性，但它却是很有价值的，因为它减少了某个时刻需要处理问题的细节的数量。其实，这就是面向对象技术中十分重视的抽象在行为维度的应用。组合状态通过行为复用，不仅能够隐藏而且也降低了每次要处理的问题的复杂性。没有这样的复用，即使系统复杂性的中度提高也经常会导致状态和转换数量的爆炸性增长。经典的非层次式 FSM 甚至对于中度复杂的系统也容易成为不可控制的，这是因为传统的状态机形式方法会产生重复。

3. 行为继承

层次式状态具有简单而且深刻的语义。被嵌套状态不仅是一组事件施于几个子状态时大的图形的简化，而且状态和转换数量的减少是真实的[1]。或者说，组合状态或层次式状态机的真正意义是实现行为的复用，而图形的简化仅是其副作用而已。状态嵌套的主要特性来自于抽象与层次的结合。这是一种降低复杂性的传统途径，也就是软件中的继承。在面向对象技术中，类继承概念描述了父类和子类之间的关系。类继承描述在类中"is a"关系，例如，Bird（类） is a kind of Animal（类）。如果一个对象是鸟（Bird 类的实例），那么它自动地是动物，因为使用于动物的操作（例如吃、繁殖等）也适用于鸟。但是，鸟更为特殊一些，因为它们有一些操作并不适用于一般意义上的动物，例如，飞翔适用于鸟却不适用于熊。

类继承的益处由 Gamma 及其同事在文献[43]总结为：由复用来自父类的功能，继承使得能根据一个老的类快速地定义一新的类。它允许按差别规定新的类，而不是每一次都从头产生。因为继承了来自先辈所有工友的绝大多数公共的行为，这几乎可免费得到的新的实现。

从事物的结构维度与行为维度对称的观点来看，继承的所有这些基本特性也同样适用于被嵌套状态，这时只要以"状态"代替"类"就可以了。这是不足为奇的，因为状态嵌套是基于同样基本的"is in"分类法[22]。正如一个生物"is a"熊，那它也一定是一个动物一样；一个对象"is in"子状态，那它也一定是处在超状态。因此，在被嵌套状态的情况下，只需以 is in 某状态关系代替"is a"某类关系，就同表述类关系一样表述状态之间关系。换句话说，它们是等同的基本分类法。状态嵌套允许子状态继承来自其超状态的状态行为，这被称为行为继承（behavior inhertance）。需要指出的是，行为继承仅是从事物的结构维度与行为维度对称的观点出发得到的结论，它并不是来自 UML 的规范。这方面的语义和行为特性还有待于进一步深入的研究。参考文献[22]通过量子力学类比的方式讨论了行为继承的语义以及实现，这里仅介绍其主要观点，有志深入这方面研究的读者可以查阅该文献。

确定子状态和超状态在继承上的关系有着许多实际的意义，或许最重要的是用于状态层次的 Liskov 替换准则（LSP）。行为继承只是一类特殊的继承，LSP 可应用于嵌套状态和子类。LSP 一般化到状态意味着子状态的行为应和超状态一致。也就是说，一个对象处于一个子状态,则它也一定是处于该子状态的所有超状态。这些超状态的行为或基本状态特征,都是被这个子状态所共享的。正如本书图1.1所描述的,与LSP一致,能建造更好的状态层次,以及使抽象的使用更为有效。

继承概念在软件构造中是很重要的,类继承对更好的软件组织代码复用是必要的,所以继承是面向对象技术的基石。同样,行为继承对HSM的有效使用和行为复用也是必要的,行为继承是层次状态机编程的基石[22]。

6.3.2 标准状态机的实现

目前,就有限状态机编程实现的文献资料还相对较少。但就有限状态机描述对象状态行为,而对象的行为最终是要通过某种语言代码实现的这样一个事实,就能充分说明有限状态机与程序实现之间必然存在着对应的映射关系。各种类型的状态机与编程语言代码的映射关系还有待于进一步的深入研究。本小节重点讨论几种简单的实现技术,它主要适用于经典平面(非层次式)式UML状态机。目前就作者的所见所限还没有HSM的标准实现,这方面的进展还有待于业内同仁更多的研讨。

在高级编程语言(如C或C++)中状态机的典型实现包括嵌套的switch语句、状态表、面向对象状态设计模式和这三种技术的结合[22]。这里仅讨论用C和C++实现状态机的几种可能方法,例子取材于参考文献[22]。

实现状态机建模的是C语言词法分析器,用于从C代码源文件中提取出C格式的注释(/*……*/),并计算注释符的数量,最后将结果送给分析器。该状态机的状态空间由四个状态组成,它们分别是代码状态(code)、斜杠状态(slash)、注释状态(comment)和星号状态(star)。分析器读到的字母代表事件,分别是星号STAR(*)、斜杠SLASH(/)和字母CHAR(不同于"*"和"/"的任何字母)三种。其状态模型如图6.3所示。

1. 嵌套的switch语句

实现状态机最流行的技术是嵌套的switch语句,这种方法使用标量状态变量作为switch第一级中的鉴别器,并在第二级中使用事件信号。程序清单6.1给出了C注释分析器状态机嵌套的switch语句实现。

程序清单6.1 使用嵌套的switch语句实现C注释分析器状态机

```
/* Cparser example1 */
enum Signal {                          /* CParser 信号枚举 */
    CHAR_SIG, STAR_SIG, SLASH_SIG
};
enum State {                           /* Cparser 状态枚举 */
    CODE, SLASH, COMMENT, STAR
```

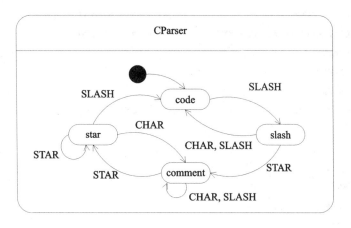

图 6.3　C 注释分析器状态机

```
};
typedef struct CParser1 CParser1;
struct CParser1 {
    enum State state__;                    /* 状态变量 */
    long commentCtr__;                     /* 注释符计数器 */
    /* ... */                              /* 这里可以定义其他属性 */
};
#define CParser1Init(me_) \
    ((me_)-> commentCtr__ = 0, CParser1Tran(me_, CODE))
void CParser1Dispatch(CParser1 *me, unsigned const sig);
#define CParser1Tran(me_, target_) ((me_)-> state__ = target_)
#define CParser1GetCommentCtr(me_) ((me_)-> commentCtr__)
void CParser1Dispatch(CParser1 *me, unsigned const sig) {
    switch (me-> state__) {
    case CODE:
        switch (sig) {
        case SLASH_SIG:
            CParser1Tran(me, SLASH);       /* 转换到 SLASH */
            break;
        }
        break;
    case SLASH:
        switch (sig) {
        case STAR_SIG:
```

```c
            me -> commentCtr__ += 2;        /* SLASH-STAR 计为注释 */
            CParser1Tran(me, COMMENT);      /* 转换到 COMMENT */
            break;
        case CHAR_SIG:
        case SLASH_SIG:
            CParser1Tran(me, CODE);         /* 转换到 CODE */
            break;
        }
        break;
    case COMMENT:
        switch (sig) {
        case STAR_SIG:
            CParser1Tran(me, STAR);         /* 转换到 STAR */
            break;
        case CHAR_SIG:
        case SLASH_SIG:
            ++ me -> commentCtr__;          /* 计数注释符 */
            break;
        }
        break;
    case STAR:
        switch (sig) {
        case STAR_SIG:
            ++ me -> commentCtr__;          /* 计数星号为注释 */
            break;
        case SLASH_SIG:
            me -> commentCtr__ += 2;        /* 计数星号和斜杠为注释 */
            CParser1Tran(me, CODE);         /* 转换到 CODE */
            break;
        case CHAR_SIG:
            me -> commentCtr__ += 2;        /* 计数星号和当前字符为注释 */
            CParser1Tran(me, COMMENT);      /* 转换到 COMMENT */
            break;
        }
        break;
    }
}
```

信号和状态类型表示为枚举,这样就可以保证在 switch 的各种 case 中不会出现其他值,否则要使用 default。主函数需要通过 CParser1Init(me_)宏调用使状态机进入 CODE 状态。对于 C 语言实现,由于对于全局状态变量不具有封闭性,这可以通过模块化方法加以解决。因为,在嵌入式系统开发中,状态机通常只有一个实例,因此可以把一个状态机编码为一个编译模块,而封闭于状态机内部的变量用 static 加以声明或者直接把状态变量作为事件处理器的局部变量就可以了。

嵌套的 switch 语句实现状态机具有如下特点:
- 简单。
- 要求枚举状态和触发事件。
- 占用内存较少,这是因为只需要一个状态变量表示平面状态机中的状态。
- 适合只有一个实例的情况,复用性不好。
- 事件分发的时间不是常数,而与 switch 语句的两极性能有关,随着 case 的增加,后边 case 的分发时间会增加(O(logn))。

2. 状态表

另一种流行的 FSM 状态机编程方法是使用状态表。FSM 状态表是一个包含所有状态和所有触发事件(信号)的二维表。这样,在表中就可以表示出所有标出的和未标出的 FSM 的转换。表 6.1 给出了图 6.3 所表示的状态机的状态表。

表 6.1　C 注释分析器状态表

信号 状态	CHAR_SIG	STAR_SIG	SLASH_SIG
code	DoNothing(),code	DoNothing(),code	DoNothing(),slash
slash	DoNothing(),code	a2(),comment	DoNothing(),code
comment	a1(),comment	DoNothing(),star	a1(),comment
star	a2(),comment	a1(),star	a2(),code

表 6.1 的列为所有的触发事件(本例是信号 CHAR_SIG,STAR_SIG,SLASH_SIG),行为所有的状态(本例为 code,slash,comment,star),网格中的内容代表转换。在表中所有转换都表示成{动作,下一个状态}对。例如,在 slash 状态中,当接收到 CHAR_SIG 信号时,将不引发任何动作(DoNothing()),但需要转换到 code 状态。同理,在 commnet 状态中,当接收到 CHAR_SIG 信号时,将引发 a1()动作,并保持在 comment 状态。该表与图 6.3 所定义的状态机一一对应。不过需要说明的是,图 6.3 并没有定义在 code 状态下接收到 CHAR_SIG 和 STAR_SIG 的转换,其实是默认保持在原状态并不做任何动作。在状态表中需要明确给出这两个转换。

第6章 以框架为中心的嵌入式系统程序设计

程序清单6.2给出了状态表技术的一种初步实现。

程序清单6.2 C注释分析器的状态表实现

```c
/* Cparser example2 */
enum Signal {                                    /* CParser 信号枚举 */
    CHAR_SIG, STAR_SIG, SLASH_SIG, MAX_SIG
};
enum State {                                     /* Cparser 状态枚举 */
    CODE, SLASH, COMMENT, STAR, MAX_STATE
};
void (*Tran)(Cparser2 *me);                      /* 声明一个函数指针 */
static void f00(Cparser2 *me);                   /* 声明内部转换函数 */
static void f02(Cparser2 *me);
static void f11(Cparser2 *me);
static void f20(Cparser2 *me);
static void f21(Cparser2 *me);
static void f31(Cparser2 *me);
static void f32(Cparser2 *me);
static void doNothing(void);                     /* 声明内部动作函数 */
static void CParser2A1(CParser2 *me);
static void CParser2A2(CParser2 *me);
static void *TranTable[MAX_STATE][MAX_SIG] = {   /* 定义函数指针数组 */
    {f00,f00,f02},{f00,f11,f00},{f20,f21,f20},{f11,f31,f32}};
typedef struct Cparser2 Cparser2;
struct Cparser2 {
    enum State state__;                          /* 状态变量 */
    long commentCtr__;                           /* 注释符计数器 */
    /* ... */                                    /* 这里可以定义其他属性 */
};
void (*Tran)(Cparser2 *me);                      /* 声明一个函数指针 */
#define Cparser2Init(me_) \
    ((me_)-> commentCtr__ = 0, Cparser2Tran(me_, CODE))
void Cparser2Dispatch(CParser1 *me, unsigned const sig);
#define Cparser2Tran(me_, target_) ((me_)-> state__ = target_)
#define Cparser2GetCommentCtr(me_) ((me_)-> commentCtr__)
/* 函数定义 */
void Cparser2Dispatch(Cparser2 *me, unsigned const sig) {
```

```
        Tran = TranTable[me -> state__][sig];
        *Tran(me);
}
static void doNothing(void){}
static void CParser2A1(CParser2 * me) { me -> commentCtr__ += 1; }
static void CParser2A2(CParser2 * me) { me -> commentCtr__ += 2; }
static void f00(Cparser2 * me){doNothing();Cparser2Tran(me, COMMENT);}
static void f02(Cparser2 * me){doNothing();Cparser2Tran(me, SLASH);}
static void f11(Cparser2 * me){ CParser2A2(me);Cparser2Tran(me, COMMENT);}
static void f20(Cparser2 * me){ CParser2A1(me);Cparser2Tran(me, COMMENT);}
static void f02(Cparser2 * me){doNothing();Cparser2Tran(me, STAR);}
static void f31(Cparser2 * me){ CParser2A1(me);Cparser2Tran(me, STAR);}
static void f32(Cparser2 * me){ CParser2A2(me);Cparser2Tran(me, CODE);}
```

这里仅是一种抛砖引玉的状态表实现，实际使用中可以有很多种优化的方法。这里的关键部分是使用一个函数指针和一个二维指针数组，分析器的分析过程只是一个查表的过程，因此它分发时间是确定的(O(const))。这个分析器的使用方法与 CParser1 相同。

状态表实现具有如下特点：
- 直接映射到状态机的高度规则的状态表表示。
- 要求状态和触发事件的枚举。
- 对于事件提供了相对较好的性能(O(const))。
- 要求一张大的状态表，典型的情况是稀疏而不经济的，但因为状态表是恒定的，通常可以存储到 ROM，而不是 RAM。
- 要求大量表示动作的细粒度函数。

3. 面向对象状态设计模式

实现状态机的面向对象的办法就是状态设计模式(参见参考文献[43]STATE 模式)。这里简要介绍该状态模式和该模式应用到 C 注释分析器的实例。

(1) STATE 模式的意图

允许一个对象在其内部状态改变时改变它的行为。

(2) 别　名

状态对象(Objects for State)。

(3) 动　机

一个 Context 对象的状态处于若干子状态之一{Substate1, Substate2, ……, Substaten}，如图 6.4 所示。当该对象接收到若干事件之一{Request}时，它根据自身当前所处的不同子状态作出相应的反应。这一模式的关键思想是引入了一个称为 State 的抽象类来表示 Context

对象的状态。该抽象类为所有的子状态(状态子类)声明了一个公共接口。各子类实现与特定状态相关的行为。

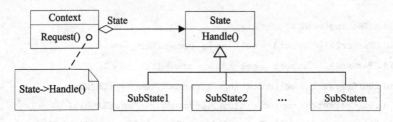

图 6.4 状态模式

Context 对象维护一个抽象类的一个子类的实例(表示当前所处的状态)。Context 对象将所有与状态相关的请求(事件)委托给这个状态对象。Context 对象使用它的抽象类的一个子类的实例来执行特定于对象状态的操作。一旦状态改变,Context 对象就会改变它所使用的状态对象。

(4) 适用性

在如下两种情况下适合于使用 State 模式:

① 一个对象的行为取决于它的状态,并且它必须在运行时刻根据状态改变它的行为。

② 一个操作中含有庞大的多分支的条件语句,并且这些分支依赖于该对象的状态。这个状态通常用一个或多个枚举常量表示。通常,有多个操作包含这一相同的条件结构。State 模式将每一个条件分支放入一个独立的类中。这使得在实现时可以根据对象自身的情况把对象的状态作为一个对象,这一对象不依赖于其他对象而独立变化。

(5) 参与者

- Context(上下文环境)。定义客户感兴趣的接口,并维护一个抽象子类的实例,这个实例定义当前状态。
- State(抽象状态)。定义一个接口以封装与 Context 的一个特定状态相关的行为。
- SubState(抽象子状态)。每一个子类实现一个与 Context 的一个状态相关的行为。

(6) 协 作

- Context 将与状态相关的请求委托给当前的抽象状态 State 的实例处理。
- Context 可以将自身作为一个参数传递给处理该请求的状态对象。这使得状态对象在必要时可以访问 Context。
- Context 是客户使用的主要接口。客户可以用状态对象来配置一个 Context,一旦一个 Context 配置完毕,它的客户不再需要直接与状态对象打交道。
- Context 和 SubState 都可以决定一个状态的后继状态,以及需在何种条件下进行状态转换。

(7) 效 果

- State 模式将与特定状态相关的行为局部化,并且将不同的行为分割开来。
- State 模式使得状态转换显示化。
- State 对象可以被共享。

(8) 应 用

State 模式应用于 C 注释分析器状态机的实例如图 6.5 所示。

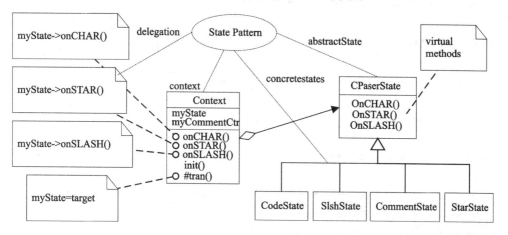

图 6.5 State 模式在 CParser 上的应用实例

模式是基于委托和多态性的。具体状态表示为抽象状态类的子类。该抽象状态类规定处理各事件的共同接口(每个事件对应一个虚方法)。上下文类把要处理的所有事件委托给现行状态对象,该对象由 myState 属性确定。状态转换是明显的,并由重新赋值 myState 指针来完成。增加新的事件要求对抽象状态类增加新方法,而增加新的状态需要由子类构造该状态类。程序清单 6.3 给出了基于 C++的一种实现。该程序取材于参考文献[22]。

程序清单 6.3 用 State 模式实现 C 注释分析器

```
/* Cparser example3 */
class CParser3;                           //上下文类,预申报
class CParserState {                      //抽象状态类
public:
    virtual void onCHAR(CParser3 * context, char ch) {}
    virtual void onSTAR(CParser3 * context) {}
    virtual void onSLASH(CParser3 * context) {}
};

class CodeState : public CParserState {   //具体的状态"Code"
public:
```

第6章 以框架为中心的嵌入式系统程序设计

```cpp
        virtual void onSLASH(CParser3 * context);
};
class SlashState : public CParserState {           //具体的状态"Slash"
public:
        virtual void onCHAR(CParser3 * context, char ch);
        virtual void onSTAR(CParser3 * context);
        virtual void onSLASH(CParser3 * context);
};
class CommentState : public CParserState {         //具体的状态"Comment"
public:
        virtual void onCHAR(CParser3 * context, char ch);
        virtual void onSTAR(CParser3 * context);
        virtual void onSLASH(CParser3 * context);
};
class StarState : public CParserState {            //具体的状态"Star"
public:
        virtual void onCHAR(CParser3 * context, char ch);
        virtual void onSTAR(CParser3 * context);
        virtual void onSLASH(CParser3 * context);
};
class CParser3 {                                   //上下文 class
        friend class CodeState;
        friend class SlashState;
        friend class CommentState;
        friend class StarState;
        static CodeState      myCodeState;
        static SlashState     mySlashState;
        static CommentState   myCommentState;
        static StarState      myStarState;
        CParserState * myState;
        long myCommentCtr;
public:
        void init() { myCommentCtr = 0; tran(&myCodeState); }
        void tran(CParserState * target) { myState = target; }
        long getCommentCtr() const { return myCommentCtr; }
        void onCHAR(char ch) { myState -> onCHAR(this, ch); }
        void onSTAR() { myState -> onSTAR(this); }
```

```cpp
        void onSLASH() { myState -> onSLASH(this); }
protected:
        void tran(CpaserState * target){myState = target; }
};
CodeState     CParser3::myCodeState;
SlashState    CParser3::mySlashState;
CommentState  CParser3::myCommentState;
StarState     CParser3::myStarState;
void CodeState::onSLASH(CParser3 * context) {
        context -> tran(&CParser3::mySlashState);
}
void SlashState::onCHAR(CParser3 * context, char ch) {
        context -> tran(&CParser3::myCodeState);
}
void SlashState::onSTAR(CParser3 * context) {
        context -> myCommentCtr += 2;
        context -> tran(&CParser3::myCommentState);
}
void SlashState::onSLASH(CParser3 * context) {
        context -> tran(&CParser3::myCodeState);
}
void CommentState::onCHAR(CParser3 * context, char c) {
        context -> myCommentCtr ++ ;
}
void CommentState::onSTAR(CParser3 * context) {
        context -> tran(&CParser3::myStarState);
}
void CommentState::onSLASH(CParser3 * context) {
        context -> myCommentCtr ++ ;
}
void StarState::onCHAR(CParser3 * context, char ch) {
        context -> myCommentCtr += 2;
        context -> tran(&CParser3::myCommentState);
}
void StarState::onSTAR(CParser3 * context) {
        context -> myCommentCtr ++ ;
```

```
}
void StarState::onSLASH(CParser3 * context) {
    context -> myCommentCtr += 2;
    context -> tran(&CParser3::myCodeState);
}
```

State 模式应用于 C 注释分析器具有如下特点：
➢ 分离出与状态有关的行为，并将其局限于各自的类中。
➢ 状态转换效率较高（重新赋值一个指针）。
➢ 为事件分发提供了较好的性能（O(const)）。
➢ 不要求枚举状态和事件。
➢ 事件处理器典型地是细粒度的。

4. 关于状态机程序实现的说明

目前，关于对象的连续行为和简单行为的编程实现已经十分成熟，而有限状态机的程序实现问题还在进展之中。有限状态机描述对象的状态行为，而对象的行为最终是要通过某种语言代码来实现的，因此有限状态机与程序实现之间存在着必然的映射关系。

初步进入程序设计的软件开发人员可能会比较某种语言的编程能力，如汇编语言、C 语言、C＋＋或者其他面向对象程序设计语言。其实，不管用什么语言编程源代码，这些代码最终都要转换成某种微处理器的机器代码才能真正运行。对于微处理器来说，并不存在什么高级语言。也就是说，其实是横在微处理器与开发者之间的编译器（或开发环境）误使开发者认为微处理器认识某种开发语言。每个程序员编程过程其实并不是在与微处理器对话，而是在与编译器对话。编译器把它认为正确的（实际上可能有错误）文本经过解析、编译和优化等过程映射成目标微处理器的机器代码。编译器能力逐步增强的原因是通过计算所要解决的问题的复杂性在增加。根据前面讨论的关于抽象的原则，对于越复杂的问题，就要越抽象到更高的层次才能把握。这就是为什么问题计算越来越需要高层语言的原因。

从相反的方面来看，不管用什么样方法描述的设计，都完全可以在任何抽象层次上使用任何编程语言实现。只不过是开发人员能否控制所编码层次上的复杂度而已。编程语言功能的强弱主要是反映开发环境（或编译器）的强弱，而与微处理器的强弱无关。微处理器的能力仅与目标代码的执行效率相关。

由于在嵌入式系统问题描述中，广泛使用有限状态机作为行为描述的手段。因此，如何将各种形式的状态机描述高效率和标准化地转换成各类层次的源代码，将会是一个很重要的研究主题。本小节仅是抛砖引玉地简要介绍了几种可能的方法，相信随着嵌入式系统面向对象技术运用的深入，对各类状态机（包括层次式 HSM）的源代码实现的好方法会不断涌现。这也非常有利于标准 UML 工具的开发实现。

6.4 程序设计与优化

笔者在嵌入式系统教学中遇到最多的问题是:"嵌入式系统软件开发与通用软件开发有何区别?"这个问题在 5.1 节已经作了部分回答。但除了前面的说明以外,程序针对特定目标的优化也是嵌入式系统程序设计与通用计算程序设计的一个很重要的区别。对初级程序员来说,优化可能不是嵌入式系统程序编码的主要工作,但对于一个最后投入运行的嵌入式计算制品来说,某些优化怕是必不可少的,只是这项工作会由高级程序员完成。即使是对于初级程序员,如果在进入编程之前知道系统需要优化,并且也知道编译器是如何把自己的高级语言代码转换成目标代码的,这无疑会提高他们的编码效率,同时也为他们及早进入高级嵌入式系统程序员的行列提供必要积累。

由于本节所讨论的问题要涉及具体开发环境和目标代码,这些问题的讨论必须结合具体开发环境和程序设计语言。这里以 ADS 开发环境和 ARM 目标代码为例,介绍 C 程序设计以及优化问题。这些问题在其他任何开发环境和目标代码的情况下都是成立的。完全熟悉本节需要熟悉 C 语言,也要有一些 ARM 汇编语言方面的知识。但就理解本节所说明的问题,只要有些高级语言和任何一门汇编语言知识就足够了。

众所周知,优化代码需要花费时间,而且会降低源代码的可读性。所以通常只对经常被调用且对性能影响较大的程序部分或组件进行优化。C 编译器通常来说是保守的,因为它经常并不知道实际的使用情况而只能按照最安全的方式产生目标代码。另外编译器也会受到处理器结构的限制,如,对于 4 字节边界对齐的字节数据块传送,ARM 同其他处理器就会有所不同。

本节只列出对于编译器优化的几种比较典型的问题类型,以引起嵌入式系统开发者对这方面问题的重视,关于优化的大量的例子可能还要开发者根据自己的开发环境具体总结。参考文献[20]有更多的关于 ARM 处理器目标代码优化的例子。

6.4.1 基本的 C 数据类型在目标微处理器上的映射

ARM 处理器内部是 32 位寄存器和 32 位数据处理操作。其体系结构是 RISC Load/Store 结构。数据在使用前必须先将其从内存装载到 CPU 内部寄存器。ARM 的任何算术或者逻辑处理指令的操作数都不能直接来自于存储器。当熟悉 ARM 编译器如何处理 C 数据类型时,将会发现其中一些数据类型用作局部变量时,执行效率要比其他类型高。而在一定的寻址模式下,Load/Store 用不同类型数据时效率也是不一样的。表 6.2 列出了 ARM 体系结构支持的 Load/Store 指令。

第 6 章 以框架为中心的嵌入式系统程序设计

表 6.2 ARM 体系结构支持的 Load/Store 指令

版本	指令	执行的功能
ARMv1~v3	LDRB	装载一个无符号 8 位数据
	STRB	存储一个有/无符号 8 位数据
	LDR	装载一个有/无符号 32 位数据
	STR	存储一个有/无符号 32 位数据
ARMv4	LDRSB	装载一个有符号 8 位数据
	LDRH	装载一个无符号 16 位数据
	LDRSH	装载一个有符号 16 位数据
	STRH	存储一个有/无符号 16 位数据
ARMv5	LDRD	装载一个有/无符号 64 位数据
	STRD	存储一个有/无符号 64 位数据

ARM 的早前版本在把 8 位数据从存储器装载到寄存器之前要先扩展成 32 位，无论是有/无符号数都把 0 作为扩展位。ARMv4 及以后的体系可以使用新增的指令来直接装载和存储一个带符号 8 位和 16 位数据。对于无符号数把 0 作为扩展位，有符号数则按照符号位扩展。如图 6.6 所示。其中 W[7-0] 代表一个字数据的低 8 位，SB[7-0] 代表有符号字节数据，SH[7-0] 代表有符号半字数据的低 8 位，其他类推。由于这些指令都是后来增加的，它们并不支持早于 ARMv4 指令集的许多寻址方式。比 ARMv4 早的 ARM 处理器并不能很好地处理有符号的 8 位或者 16 位数据。因此在 ARM C 编译器中定义的 char 类型是 8 位无符号数，而不像其他编译器默认是 8 位有符号数。在 ARM 中 int 类型数据是 32 位的，因此在装载 32 位 int 数据时是不需要多余的操作来进行位扩展的。

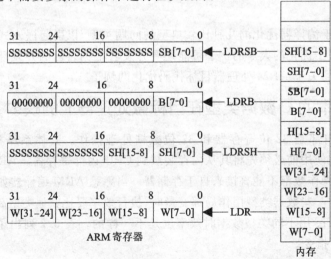

图 6.6 ARM 数据扩展

第 6 章 以框架为中心的嵌入式系统程序设计

对于数据从寄存器存储到存储器的过程,无论是有符号数还是无符号数,无论是 8 位还是 16 位数据,都不存在扩展问题。但在存储前必须把 8 位或 16 位数据放到寄存器的低 8 位或低 16 位。而对于一个 int 类型的数据存储传送就不需要花费额外的指令了。

表 6.3 是 ARM C 编译器对各种数据类型的映射关系。当把代码从其他体系结构的处理器移植到 ARM 处理器时,对于 char 类型的数据需要特别注意,因为它可能会引入一些问题。比如经常使用一个 char 类型的数据 i 作为循环计数器,循环的持续条件是 i>=0。这样就会造成循环永不会结束的现象,这是因为无符号数总是大于或等于 0 的。

表 6.3 ARM C 编译器对各种数据类型的映射

C 数据类型	表示的意义	C 数据类型	表示的意义
char	无符号 8 位字节数据	long	有符号 32 位字数据
short	有符号 16 位半字数据	Long long	有符号 64 位双字数据
int	有符号 32 位字数据		

从以上的讨论中可以看到,数据类型的选择对于目标程序的效率是有影响的。下面仅就几个典型例子来进一步说明数据类型对程序的影响。

1. 局部变量类型

基于 ARMv4 体系结构的处理器能高效地装载和存储 8 位、16 位和 32 位数据。但是,大多数的 ARM 数据处理操作都是 32 位的。基于这个原因,在 ARM 程序中局部变量应尽可能地使用 32 的数据类型 int 或 long。即使在处理 8 位或者 16 位的数值时,也应避免使用 char 和 short 数据类型作为局部变量。唯一的例外情况是,需要使用 char 或者 short 类型的数据的溢出归零特性时,如模运算 255+1=0,就要使用 char 或者 short 类型。

为了说明局部变量类型的影响,先来看一个简单的例子:checksum()(校验和)函数的功能是计算一个数据包内的数据总和。这个例子具有很普遍的意义,因为大多数的通信协议(例如 TCP/IP)都有校验和或者循环冗余校验(CRC)程序来检查一个数据包里是否有数据传输错误。下面的程序用来计算一个包含 64 个字的数据包的校验和。用来说明为什么对局部变量应该避免使用 char 类型。

程序清单 6.4 局部变量问题说明例子——C 程序

```
int Checksum_1(int * data)
{
    char i;
    int sum = 0;
    for(i = 0;i<64;i ++ )
    {
```

```
            sum += data[i];
        }
        return sum;
}
```

这段程序初看起来似乎声明 i 为 char 类型没有什么问题,甚至可能会想当然地认为一个 char 类型的数据会比 int 类型数据占据较小的寄存器空间或者更小的堆栈存储空间。其实对于 ARM 来说,情况是与较小位数 CPU 不同的。ARM 所有的寄存器都是 32 位的,所有堆栈入口宽度也至少是 32 位的。所以说嵌入式系统的程序开发要具体情况具体分析。

以上 C 程序经 ADS 的 C 编译器编译后生成的 ARM 目标代码如下,其中的符号注释是为了使对于 ARM 汇编不太熟悉的读者加深理解而加上的。

程序清单 6.5 局部变量问题说明例子——汇编程序对

```
Checksum_1                         ;ADS 汇编器的所有标号不带分号";"
    MOV    r2,r0                   ;使 r2 指向 data 数组,因为函数所传递的参数在 r0 中
    MOV    r0,#0                   ;r0 用于存放 sum,因为函数返回值要在 r0 中
    MOV    r1,#0                   ;i = 0,i 分配给 r1
Checksum_loop_1
    LDR    r3,[r2,r1,LSR #2]       ;r3 = data[i] = [r2 + r1 * 2²],由于是字操作,每个字 4 字节
    ADD    r1,r1,1                 ;i = i + 1
    AND    r1,#0xff                ;保证 i 为无符号字节
    CMP    r1,#0x40                ;比较 i 是否超过 64
    ADD    r0,r3,r0                ;sum += data[i]
    BCC    Checksum_loop_1         ;if(i<64)继续循环
    MOV    pc,r14                  ;ARM 子程序返回指令
```

ADS 汇编器为了保证变量 i 为无符号字节,在 i+1 后要进行与 0xff 相"与"的操作,因为 r1 寄存器是 32 位寄存器,r1+1 操作是一个 32 位数加法操作,要使操作后的结果继续为 8 位无符号数,这项操作是必需的。如果把程序 6.4 中 i 的声明改为 unsigned int,则编译器会自动去掉"AND r1,#0xff"一行。这是因为一个 32 位数的加操作,在 ARM 微处理器中始终都是一个 32 位数。

因此,按照以往经验,本来节省宝贵的栈或寄存器空间的做法,在 32 位 ARM 上却得到了相反的结果。这个 char i 的声明不仅使目标程序增加了一行代码(4 个字节),而且还以级数级地增加了程序的执行时间。当循环次数很大时,浪费的执行时间是不能忽略的。

如果把程序 6.4 中的数据包中的数据改为 16 位的,则如程序清单 6.6 所示。

程序清单 6.6 局部变量中函数参数问题说明例子——C 程序

```
short Checksum_2(short *data)
```

```
{
    unsigned int i;
    short sum = 0;
    for(i = 0;i<64;i ++ )
    {
        sum = (short)(sum + data[i]);
    }
    return sum;
}
```

程序 6.6 经过 ADS 编译器编译后的目标代码，如程序清单 6.7 所示。

程序清单 6.7   局部变量中函数参数问题说明例子——汇编程序对

```
Checksum_2
    MOV    r2,r0              ;使 r2 指向 data 数组,因为函数所传递的参数在 r0 中
    MOV    r0,#0              ;r0 用于存放 sum,因为函数返回值要在 r0 中
    MOV    r1,#0              ;i = 0,i 分配给 r1
Checksum_loop_2
    ADD    r3,r2,r1,LSR #1    ;r3 = r2 + r1 * 2,r3 作为操作数的地址,每个字 2 字节
    LDRSH  r3,[r3,#0]         ;取操作数,即 r3 = data[i]
    ADD    r1,r1,1            ;i = i + 1
    CMP    r1,#0x40           ;比较 i 是否超过 64
    ADD    r0,r3,r0           ;sum += data[i]
    MOV    r0,r0,LSL #16
    MOV    r0,r0,ASR #16      ;保证 r0 为有符号 16 位数
    BCC    Checksum_loop_2    ;if(i<64)继续循环
    MOV    pc,r14             ;ARM 子程序返回指令
```

由于 LDRSH 是后期版本增加的指令，因此它不支持基地址加移位偏址的地址格式，因此必须用两条指令才能完成取有符号半字操作数到 CPU 内部寄存器的作业。另外为了保证 r0 中的计算结果为有符号半字数据，加运算后，逻辑左移结果 16 位而使符号位移位到 32 位数据的符号位 data[31]，然后再算术右移 16 位而使符号位保持在有符号半字(short)类型数据的符号位 data[15]。如果说程序 6.4 的方式使程序执行时间增加了 n，则程序 6.6 的方式使程序执行时间增加了 3n。

关于局部变量以及函数参数类型引起的程序优化问题，例子有很多。这里仅是以两个典型例子来说明问题，更多的例子请参见参考文献[20]。

6.4.2　C 循环结构的效率

循环体是程序设计与优化重点考虑的部分。本小节讨论不同循环结构和其在 ARM 目标

代码上的影响。首先讨论固定循环次数的循环体,然后再讨论可变次数的循环体,最后讨论循环体展开技巧。

1. 固定循环次数的循环体

程序仍然以程序清单 6.4 为例,从它的汇编程序对 6.5 来看,程序循环体由 3 条语句构成:
- ADD r1,r1,1,用来实现增加循环控制变量 i 的值;
- CMP r1,♯0x40,检查循环控制变量 i 的值并设置标志位;
- BCC Checksum_loop_1,如果循环控制变量 i 的值达到边界 64,则停止循环,否则继续循环。

如果把程序清单 6.5 改成程序清单 6.8,其中的循环控制变量 i 自动优化为 32 位无符号数,循环边界由加判断改为减 1 后是否为零来判断,则其 C 程序与汇编程序对如程序清单 6.8 和 6.9 所示。

程序清单 6.8　固定循环次数判断减 1 为 0 问题说明例子——C 程序

```
int Checksum_3(int * data)
{
    unsigned int i;
    int sum = 0;
    for(i = 64;i! = 0;i--)
    {
        sum += *(data++);
    }
    return sum;
}
```

程序清单 6.9　固定循环次数判断减 1 为 0 问题说明例子——汇编程序对

```
Checksum_3
    MOV     r2,r0               ;使 r2 指向 data 数组,因为函数所传递的参数在 r0 中
    MOV     r0,♯0               ;r0 用于存放 sum,因为函数返回值要在 r0 中
    MOV     r1,♯0               ;i = 0,i 分配给 r1
Checksum_loop_3
    LDR     r3,[r2],♯4          ;后变址方式取操作数到 r3
    SUBS    r1,r1,♯1            ;循环变量减 1,并设置标志位
    ADD     r0,r3,r0            ;sum += r3
    BNE     Checksum_loop_3     ;if(i! = 0)继续循环
    MOV     pc,r14              ;ARM 子程序返回指令
```

从程序清单 6.9 可以看出,完全用于循环的汇编语句从程序清单 6.5 的 3 句减少到 2 句,即:

第6章 以框架为中心的嵌入式系统程序设计

- SUBS r1,r1,#1,用来使循环变量减 1,并设置标志位;
- BNE Checksum_loop_3,用来判断循环变量是否为 0,为 0 循环结束,否则继续循环。

由于 ARM 微处理器可以根据需要设置或不影响状态寄存器的标志位,因此当 SUBS 执行完成后,即使有 ADD 指令,但标志位并不受影响,BNE 指令仍然判断的是 SUBS 设置的标志位。

从上面的讨论可知,在不熟悉编译器以及最后生成的目标代码的情况下,想得到一个优化的目标程序是困难的。

2. 可变次数的循环体

现在假定 checksum()函数要处理任意长度的数据包,这样就必须传递一个变量 N 作为数据包的长度。按照前面讨论的经验可知,可以使用减 1 计数,然后判断 N 是否为 0,也不需要另外再设寄存器循环计数变量(因为在 ADS 中函数参数通常就是寄存器变量)。其 C 程序与汇编程序对如程序清单 6.10 和 6.11 所示。

程序清单 6.10 可变次数的循环体判断减 1 为 0 问题说明例子——C 程序

```c
int Checksum_4(int * data,unsigned int N)
{
    int sum = 0;
    for( ;N! = 0;N -- )
    {
        sum += * (data ++ );
    }
    return sum;
}
```

程序清单 6.11 可变次数的循环体判断减 1 为 0 问题说明例子——汇编程序对

```
Checksum_4
    MOV     r2,#0           ;r2 为总和,因为 r0 作为数组指针已被占用
    CMP     r1,#0           ;比较 N 是否为 0,函数所传递的第 2 个参数在 r1 中
    BEQ     Checksum_end_4  ;i = 0,i 分配给 r1
Checksum_loop_4
    LDR     r3,[r0],#4      ;后变址方式取操作数到 r3
    SUBS    r1,r1,#1        ;循环变量减 1,并设置标志位
    ADD     r2,r3,r2        ;sum += r3
    BNE     Checksum_loop_4 ;if(N! = 0)继续循环
Checksum_end_4
    MOV     r0,r2           ;r0 保存返回结果
```

```
        MOV    pc,r14              ;ARM子程序返回指令
```

从程序清单6.11可以看出,ADS编译器为了保证安全,要检查计数N是否为0,这样要自动增加CMP和BEQ两条指令。通常数组的长度是不会为0的,如果程序能保证数组的长度不为0,用程序清单6.12可以得到更优秀的代码密度。其C程序与汇编程序对如程序清单6.12和6.13所示。

程序清单6.12 可变次数的循环体循环结构问题说明例子——C程序

```c
int Checksum_5(int * data,unsigned int N)
{
    int sum = 0;
    do
    {
        sum += * (data ++);
    }while( -- N! = 0);
    return sum;
}
```

程序清单6.13 可变次数的循环体循环结构问题说明例子——汇编程序对

```
Checksum_5
    MOV    r2,#0               ;r2为总和,因为r0作为数组指针已被占用
Checksum_loop_5
    LDR    r3,[r0],#4          ;后变址方式取操作数到r3
    SUBS   r1,r1,#1            ;循环变量减1,并设置标志位
    ADD    r2,r3,r2            ;sum += r3
    BNE    Checksum_loop_5     ;if(N! = 0)继续循环
    MOV    r0,r2               ;r0保存返回结果
    MOV    pc,r14              ;ARM子程序返回指令
```

3. 循环体展开技巧

从前面的讨论可知,最优化的循环体也需要两条ARM机器指令。其中:一条减法指令用来减少循环控制变量值;一条分支指令用来实现程序的跳转。通常把专门用来构造循环结构的指令称为循环开销(loop overhead)。在ARM7或ARM9微处理器上,减法指令需要1个机器周期,条件分支需要3个机器周期。这样每次循环就需要4个机器周期的循环开销。如果循环体很小并且循环次数较少时,把循环体展开反而会得到更快的时间约束优化效果。例如,前面的Checksum()函数例子的循环次数为3时,其按时间优化的C程序与汇编程序对如程序清单6.14和6.15所示。

程序清单 6.14　循环体展开问题说明例子——C 程序

```
int Checksum_6(int * data)
    {
        int sum = 0;
        sum += * (data ++);
        sum += * (data ++);
        sum += * (data ++);
        return sum;
    }
```

程序清单 6.15　循环体展开问题说明例子——汇编程序对

```
Checksum_6
    MOV    r1,r0            ;r1 为数组指针
    MOV    r0,#0            ;r0 为总和
    LDR    r2,[r1],#4       ;后变址方式取操作数到 r2
    ADD    r0,r2,r0         ;sum += r2
    LDR    r2,[r1],#4       ;后变址方式取操作数到 r2
    ADD    r0,r2,r0         ;sum += r2
    LDR    r2,[r1],#4       ;后变址方式取操作数到 r2
    ADD    r0,r2,r0         ;sum += r2
    MOV    pc,r14           ;ARM 子程序返回指令
```

对于 ARM7 微处理器的情况，以上程序为 15 个机器周期，如使用循环结构，在最好的 Checksum_5 的情况下为 27 个机器周期。根据以上的讨论，如果所优化的不是公用函数，在输入条件固定的情况下，如，循环次数 N 是 3 或 4 的整数倍，则还可以结合循环和展开各自的优点进行综合性优化，请参见参考文献[20]。

6.4.3　寄存器分配

通常，编译器为了提高程序执行效率，在打开并运行一个函数时会试图对函数中的每一个局部变量（包括函数实参数，函数实参数被视为局部变量）分配一个寄存器。如果局部变量数多于微处理器内部可用寄存器数时，编译器会把多余的变量存储到堆栈。由于这些变量被写入到存储器，所以被称为溢出（spilled）或替换（swapped out）变量，它们就像虚拟存储器的内容被替换到硬盘上一样。由于对存储器的访问需要增加额外的机器周期，因此与被分配在寄存器中的变量相比，对溢出变量的访问要慢得多。

为了提高函数的执行效率，应尽量做到以下两点：

➢ 尽量避免溢出变量或使其数量达到最少；

第 6 章 以框架为中心的嵌入式系统程序设计

> 确保最重要的和经常使用的变量被编译器分配到寄存器中。

在具体说明问题之前,首先针对本书举例的应用开发环境和 ARM 微处理器说明 ADS 编译器能够分配给局部变量的寄存器数目。ARM 公司为了统一寄存器的使用方法以及完成汇编语言与 C 语言之间的函数相互调用,推出了 ARM - Thumb 过程调用标准 ATPCS(ARM - Thumb Produce Call Standard)。表 6.4 说明了 ATPCS 规定的 ARM 微处理器内部寄存器的编号、名字和分配方法。

表 6.4 ATPCS 寄存器名称及使用规则

寄存器	别 名	特殊名	使用方法
r0	a1		
r1	a2		参数寄存器。在调用函数时,用来存放前 4 个函数参数和返回值。在函数内部,如果把这些寄存器作为临时过渡寄存器使用,则会破坏它们的值
r2	a3		
r3	a4		
r4	v1		
r5	v2		
r6	v3		通用变量寄存器。被调用函数必须保存调用函数存放在这些寄存器中的变量值
r7	v4		
r8	v5		
r9	v6	sb	通用变量寄存器。在与读/写位置无关(RWPI)的编译情况下,r9 中保存读/写数据的静态基址;否则必须保存这个寄存器中调用函数的变量值
r10	v7	sl	通用变量寄存器。在使用堆栈边界检查的编译情况下,r10 中保存堆栈边界地址;否则必须保存这个寄存器中调用函数的变量值
r11	v8	fp	通用变量寄存器。在使用结构指针的编译情况下,r11 中保存一个结构指针;否则必须保存这个寄存器中调用函数的变量值
r12		ip	通用临时过渡寄存器,函数调用时会破坏其中的值
r13		sp	堆栈指针。使用满递减堆栈
r14		lr	连接寄存器。在函数调用时保存函数返回地址
r15		pc	程序计数器

假如编译器不使用软件堆栈检查或结构指针(frame pointer),那么编译器就可以使用寄存器 r0~r12 和 r14 来存放变量。如果要用到这些寄存器,那么就必须用堆栈来保存 r4~r11 和 r14 中的值。

理论上,编译器可以分配 14 个变量到寄存器而不会溢出。但实际上,一些编译器对某些寄存器有特定的用途。例如,草稿版的编译器把 r12 作为临时过渡寄存器使用。编译器就不再分配变量给这些具有特定用途的寄存器了。另外,对于复杂的表达式,也需要过渡寄存器来计算求值。因此,为了确保对寄存器有良好的分配而取得较好的性能,应尽量控制函数局部变量在 12 个以内。

在 C 语言中,关键字 register 表示编译器应该分配给由它所指定的变量一个微处理器内部寄存器。但是,不同的编译器对这个关键字的处理也不是完全相同的。因为不同类型的微处理器(如 ARM、MSP430、8051 系列等)内部寄存器数目也大不相同。即使在同一个微处理器的同一个编译器下,不同的结构和编译配置状态下可供分配的寄存器数量也不相同。因此在程序设计中应尽量避免使用 register 关键字,而应依靠编译器的正常分配策略来分配微处理器内部寄存器。

从以上的讨论中可以看出,正如 6.1 节所指出的,对于编译器的深入理解有助于设计优秀的嵌入式系统程序。

6.4.4 函数调用的效率

前一节介绍了 ATPCS 寄存器的分配规则,这一节继续介绍函数调用中参数的传递方法和优化例子。ATPCS 中函数的参数传递方法如图 6.7 所示。

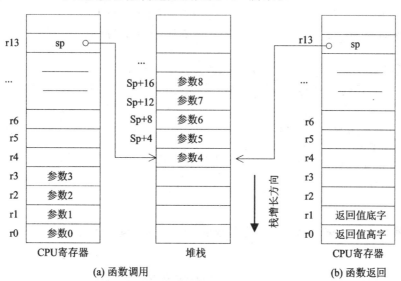

图 6.7 ATPCS 函数参数传递方法

在输入参数是整型参数或者参数能被 32 位二进制数表示时,函数调用后的 ARM CPU 寄存器和栈的状态如图 6.7(a)所示。当函数执行完成后,如果返回值能用 32 位二进制数表示,则它在 r0 中;如超过 32 位二进制数所能表示的范围,则通过 r0 开始的连续寄存器传递。编译器可以通过寄存器或命令行选项参考来传递结构体。

应该指出的是,ATPCS 是 4 寄存器规则(four-register rule)。带有 4 个或者更少参数的函数,要比多于 4 个参数的函数执行效率高得多。对带有少于 4 个参数的函数来说,编译器可以用寄存器传递所有的参数;而对于多于 4 个参数的函数,函数调用者和被调用者都必须通过访问堆栈的方式传递其他参数(如果在 C++中,则是 3 个。因为 C++对象方法中第一个参数总是 this 隐含指针)。

如果一个 C 函数的参数多于 4 个或者 C++中的显示参数多于 3 个,那么通常使用结构体传递参数,执行效率会更高。将多个相关的参数组织到一个结构体中,传递一个结构体指针来代替多个参数,至于将哪些参数归结到一个结构体中,要取决于具体程序。下面的两对例子分别说明采用结构体和不采用结构体时 ADS 编译器的处理方法。这是一个典型的子程序:在数组队列中插入由指针 data 指向的 N 个字数据。

程序清单 6.16　不采用结构体传递参数的例子——C 程序

```
int * queue_ints_1(
    int * q_start,              /*队列缓冲区开始地址*/
    int * q_end,                /*队列缓冲区结束地址*/
    int * q_ptr,                /*当前队列指针的位置*/
    int * data,                 /*待插入的数据指针*/
    unsigned int N)             /*待插入的数据的数目*/
{
    do{
        *(q_ptr++) = *(data++);
        if(q_ptr == q_end){
            q_ptr = q_start;
        }
    }while(--N);
    return q_ptr;
}
```

程序清单 6.17　不采用结构体传递参数的例子——汇编程序对

```
queue_ints_1
    STR    r14,[r13,#-4]!        ;保存函数返回地址到栈顶
    LDR    r12,[r13,#4]          ;在栈中取出数目 N 到 r12
queue_ints_loop_1
    LDR    r14,[r3],#4           ;后变址方式取数据到 r14
    STR    r14,[r2],#4           ;后变址方式存数据到队列
    CMP    r2,r1                 ;比较是否到队列尾
    MOVEQ  r2,r0                 ;如果到队列尾则 r2 指向队列头
```

```
    SUBS    r12,r12,#1                  ;计数减 1
    BNE     queue_ints_loop_1           ;没传送插入完继续
    MOV     r0,r2                       ;保存返回指针
    LDR     pc,[r13],#4                 ;子程序返回,调整栈指针到开始位置
```

程序清单 6.18 和 6.19 是同一个程序,采用结构体传递参数的例子。

程序清单 6.18 采用结构体传递参数的例子——C 程序

```
Typedef struct{
    int * q_start,                      /* 队列缓冲区开始地址 */
    int * q_end,                        /* 队列缓冲区结束地址 */
    int * q_ptr,                        /* 当前队列指针的位置 */
}queue
void * queue_ints_2(queue * queue,
    int * data,                         /* 待插入的数据指针 */
    unsigned int N)                     /* 待插入的数据的数目 */
    {
        int * q_ptr = queue -> q_ptr;   /* 局部指针变量 */
        int * q_end = queue -> q_end;
        do{
            *( q_ptr ++ ) = *(data ++ );
            if(q_ptr == queue -> q_end){
                q_ptr = queue -> q_start;
            }
        }while( -- N );
        queue -> q_ptr = q_ptr;
    }
```

程序清单 6.19 采用结构体传递参数的例子——汇编程序对

```
queue_ints_2
    STR     r14,[r13,# -4]!             ;保存函数返回地址到栈顶
    LDR     r3,[r0,#8]                  ;为局部指针 r3 赋值结构中的队列指针
    LDR     r14,[r0,#4]                 ;为局部指针 r14 赋值结构中的队尾指针
queue_ints_loop_2
    LDR     r12,[r1],#4                 ;后变址方式取数据到 r12
    STR     r12,[r3],#4                 ;后变址方式存数据到队列
    CMP     r3,r14                      ;比较是否到队列尾
    LDREQ   r3,[r0,#0]                  ;如果到队列尾则 r3 指向队列头
```

```
        SUBS    r2,r2,#1                    ;计数减1
        BNE     queue_ints_loop_2           ;没传送插入完继续
        STR     r3,[r0,#8]                  ;保存返回指针
        LDR     pc,[r13],#4                 ;子程序返回,调整栈指针到开始位置
```

queue_ints_2 比 queue_ints_1 多了一条指令,但实际上总体效率却更高。从参数的数量上来说,前一个函数有 5 个参数,而后一个函数仅有 3 个参数。所以,在函数调用时,调用函数在栈的处理和准备上是不同的。调用前一个函数需要设置 4 个寄存器,并且还需要一个压栈,函数返回后还需要一个退栈。而调用后一个函数仅需要设置 3 个寄存器,函数返回后不需要再增加任何操作。这种优化函数调用效率的方法,对于被调用函数来说由于需要重新配置队列指针和队尾指针到寄存器(因为在比较循环中使用这两个变量,这样有利于提高执行效率),因此并没有产生明显的变化。

本节仅是提出函数调用优化的问题,并给出了问题说明的例子。关于函数调用效率问题,在不同的微处理器和不同的开发环境下情况是完全不同的,读者应该根据具体情况总结在所使用的开发环境下优化这一问题的更多的例子。

6.4.5 指针别名和冗余变量

在 C 语言程序设计中,当两个指针指向同一个地址对象时,这两个指针被称为对象的别名(alias)。如果对其中一个指针进行写入,就会影响从另一个指针对该对象的读出。在一个函数中,编译器通常不知道哪一个指针是别名,哪一个不是;或者哪一个指针有别名,哪一个没有。编译器必须悲观地认为,对于任何一个指针的写入,都会影响从任何其他指针的读出,但是这样会明显降低代码执行的效率。

下面的两对例子分别说明对于指针别名 ADS 编译器的处理方法和对该类问题的改进办法。这是一个非常简单的子程序:对两个定时器使用一个由指针指向的步长增量。

程序清单 6.20 指针别名的例子——C 程序

```c
void timer_inc_1(int * timer1,int * timer2,int * step)
{
    * timer1 += * step;
    * timer1 += * step;
}
```

程序清单 6.21 指针别名的例子——汇编程序对

```
timer_inc_1
        LDR     r3,[r0,#0]                  ;r3 为定时器 1 的值
        LDR     r12,[r2,#0]                 ;r12 为步长 1 的值
```

```
ADD    r3,r3,r12              ;增加定时器1的步长
STR    r3,[r0,#0]             ;保存增加后的步长到变量
LDR    r0,[r1,#0]             ;r0为定时器2的值
LDR    r2,[r2,#0]             ;再一次取步长的值
ADD    r0,r0,r2               ;增加定时器2的步长
STR    r0,[r1,#0]             ;保存增加后的步长到变量
LDR    pc,r14                 ;子程序返回
```

编译器不能确定第一次访问步长变量以后该变量是否有变化,因此只能在再次使用该变量的值时重新从存储器中获取。或者说,编译器认为指针 timer1 和 step 可能互为别名。或者说,编译器不能确定对指针 timer1 的写入是否会影响从指针 step 的读出。所以,它只好把 step 转载两次,确保程序不会出错。但实际上访问存储器的时间开销是很大的,因此这样做降低了该函数的效率。解决的办法是增加局部变量。相似的原理,参考文献[19]把这类问题称为增加冗余变量。程序清单 6.22 和 6.23 是增加局部变量改善该函数的程序对。

程序清单 6.22　指针别名通过增加局部变量改善的例子——C 程序

```
void timer_inc_2(int *timer1,int *timer2,int *step)
{
    int localstep = *step
    *timer1 += localstep;
    *timer1 += localstep;
}
```

程序清单 6.23　指针别名的例子——汇编程序对

```
timer_inc_2
    LDR    r3,[r2,#0]             ;r3为步长1的值
    LDR    r2,[r0,#0]             ;r2为定时器1的值
    ADD    r2,r2,r3               ;增加定时器1的步长
    STR    r2,[r0,#0]             ;保存增加后的步长到变量
    LDR    r0,[r1,#0]             ;取定时器2的值
    ADD    r0,r0,r3               ;增加定时器2的步长
    STR    r0,[r1,#0]             ;保存增加后的步长到变量
    LDR    pc,r14                 ;子程序返回
```

6.4.6　结构体内的变量安排

通常使用结构体是因为觉得结构体可以明显地改善程序运行性能或提高目标程序的代码密度。在以 ARM 为处理器的系统上使用结构体需要考虑结构体边界对齐和结构体的总体大

第6章 以框架为中心的嵌入式系统程序设计

小问题。对 ARMv5TE 及其以后版本的体系结构，LDR 和 STR 指令仅仅保证从与访问宽度尺寸对齐的地址来装载和存储数据。这样，当在该版本体系结构下的系统访问不按边界对齐方式存储数据时，就会增加存储器的访问时间。各种 LDR 和 STR 指令的边界限制如表 6.5 所列。

表 6.5　ARM 中 LDR 和 STR 指令的边界限制

指　　令	传递的字节数	字节地址
LDRB,LDRSB,STRB	1	任何字节对齐的地址
LDRH,LDRSH,STRH	2	2 字节的倍数对齐的地址
LDR,STR	4	4 字节的倍数对齐的地址
LDRD,STRD	8	8 字节的倍数对齐的地址

基于数据对齐有利于提高存储器访问速度的原因是，ADS 编译器将会自动把一个结构体起始地址与该结构体中最大访问数据宽度的倍数对齐，并通过插入填充位把结构体地址边界与它们的存取宽度对齐。例如对于下面的结构体：

```
struct{
    char    x;
    int     y;
    char    z;
    short   h;
}
```

对于采用小端对齐(little-endian)的存储器系统，编译器会增加填充位(pad)安排数据，以确保下一个目标与尺寸要求符合其对齐空间。对于前面讨论读数据结构，ADS 编译器安排的存储空间如图 6.8 所示。

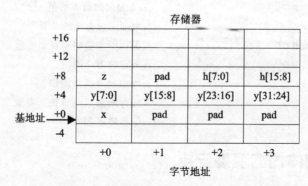

图 6.8　数据结构的存储器布置

为了提高存储器的空间利用率,如果按如下方式定义结构体,则对同一个结构体,可以节省 4 字节的 RAM 空间。其存储器布置如图 6.9 所示。

```
struct{
    char    x;
    char    z;
    short   h;
    int     y;
}
```

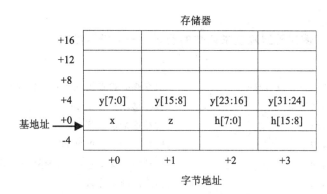

图 6.9　改进的数据结构存储器布置

从后面数据结构体的存储器可以看出,合理地安排结构体中数据成员的顺序,结构体存储时就不需要插入不必要的填充位,因而可以提高嵌入式系统宝贵的 RAM 空间的使用率。其实这个问题在 C 语言全局变量的声明中也是普遍存在的,全局变量声明的顺序对于节省RAM 空间也是同样重要的。关于这一点,参考文献[19]称为变量定义的优化问题。一般按照如下的方法来组织结构体中的数据成员或者 C 程序中的全局变量,可以获得较高的 RAM空间使用效率:

➢ 把所有 8 位大小的元素安排在前面;
➢ 依次安排 16 位、32 位和 64 位的变量或成员;
➢ 把所有数组和比较大的成员安排在最后。

6.4.7　除　法

通常微处理器指令集中都不直接带有除法指令。编译器是通过调用 C 库函数来实现除法运算的。有许多不同类型的除法程序来适应不同的除数和被除数。对于 C 库函数中的标准整数除法程序来说,根据执行情况和输入输出操作的范围,需要花费 20～100 个机器周期。由于除法和模运算("/"和"%")执行起来比较慢,所以在程序设计中应该尽量避免。但是,除数是常数的除法运算和同一个除数的重复除法,执行效率会比较高。

本节仅以环型缓冲区按一定步长增加的函数为例,来说明使用除法和不使用除法的区别。如程序清单 6.24 ~ 6.27 所示。

程序清单 6.24 使用整型除法求余数的例子——C 程序

```
int incstep_1(int offset,int increment,int const buffer_size)
{
    offset = (offset + increment) % buffer_size;
    return offset;
}
```

程序清单 6.25 使用整型除法求余数的例子——汇编程序对

```
incstep_1
    STMFD   r13!,{r4 - r6,r14}          ;保存临时寄存器和函数返回地址
    MOV     r4,r0                       ;暂存移动指针到 r4
    MOV     r5,r1                       ;暂存增量步长到 r5
    MOV     r6,r2                       ;暂存缓冲区长度到 r6
    ADD     r1,r4,r5                    ;移动指针加增量步长,为除法准备被除数
    MOV     r0,r6                       ;为除法准备除数
    BL      __rt_sdiv                   ;(r0,r1) = (r1/r0,r1 % r0)
    MOV     r4,r1
    MOV     r0,r4                       ;准备返回值
    LDMFD   r13!,{r4 - r6,r15}          ;恢复临时寄存器并返回
```

在程序清单 6.25 中的 __rt_sdiv 是函数库中有符号除法的库函数,该函数有 53 行汇编代码。该函数在调用函数中,需要准备好除数和被除数,其中,r0 是除数,r1 为被除数。调用后 r0 是商,r1 是余数。这样,每执行一次 incstep_1()函数,实际上要执行 63 行汇编代码。

程序清单 6.26 不使用整型除法求余数的例子——C 程序

```
int incstep_2(int offset,int increment,int const buffer_size)
{
    offset += increment;
    if(offset >= buffer_size)
    {
        offset -= buffer_size;
    }
    return offset;
}
```

程序清单 6.27　不使用整型除法求余数的例子——汇编程序对

```
incstep_2
    ADD    r0,r0,r1
    CMP    r0,r2
    BLT    incstep_2_ret
    SUB    r0,r0,r2
incstep_2_ret
    MOV    pc,r14
```

从两个程序的汇编代码可以看出,使用除法和不使用除法,虽然函数效果相同,但在目标微处理器上的执行效率却大不相同。

根据以上的讨论,也可以产生更多优化性能的方法。例如,如果在程序设计中,遇到一个常数被多次作为除数,就可以把该常数的倒数作为常数。然后每当遇到除以该常数的运算时,就用乘以该常数的倒数替代。因为,大多数微处理器的指令集中都带有乘法指令,这样就可以大大提高程序效率。

6.4.8　关于程序优化的讨论

优化(包括分析设计优化和程序代码的优化)是嵌入式系统实现的一个重要的主题。优化存在于嵌入式系统实现的任何阶段。

关于程序代码的优化,本节仅是以相对简单并且比较典型的一些问题为例,为读者说明了优化的必要性。其实,程序优化问题还存在基本运算的优化、汇编代码的优化、表达式表示方式的优化、中断和异常处理的优化、针对特定安全需要的优化等许多需要优化的主题。本书仅希望读者重视嵌入式系统的优化问题,并在实际建造系统中不断积累经验,因而构造出良好、稳定和高效的系统。更多的优化问题,可以参见参考文献[20,26~29,38]。

思考练习题

6.1　嵌入式系统程序都有哪些运行环境的约束?请分别说明这些约束。

6.2　嵌入式计算程序设计与通用计算程序设计有哪些区别?除了书中提到的区别你还能列举吗?

6.3　C 程序设计会存在哪些风险?请详细说明风险产生的原理。另外,除了书中提到的风险以外你还能列举吗?

6.4　请介绍一个你所熟悉的嵌入式系统开发环境。

6.5　请说明 ARM 体系的调试结构。

6.6　ARM 体系的调试结构中都有哪些调试代理?请说明调试代理的作用。

6.7　有限状态机的本质是什么?

第6章 以框架为中心的嵌入式系统程序设计

6.8 请用C语言实现图6.2所示的状态机。

6.9 层次式状态机HSM为行为描述带来了行为继承的概念,请详细说明行为继承的原理,并指出行为继承会给状态机行为实现带来哪些便利?

6.10 除了嵌套的switch语句、状态表和状态模式以外,你还能用别的方法实现图6.3所示的状态机吗?请把它实现出来。

6.11 嵌入式系统程序为什么需要优化?你知道更多优化的例子吗?

6.12 请把程序清单6.4、6.8、6.10、6.14、6.16、6.20、6.24的C语言程序在你所熟悉的微处理器上进行优化?如果该处理器不是ARM,则优化的结果会相同吗?

第7章 嵌入式系统的实现

如果说嵌入式系统的面向对象分析与设计涉及到抽象、思考和经验的话,那么嵌入式系统的实现则涉及更多的是实施细节。无论使用怎样前沿的技术方法,最终都需要把整个系统包括软件的、机械的和电子的部分聚合成一个满足应用需求的整体。系统的整体实现过程是一个综合各方面要求和技术的过程,各类检验和测试在这个过程中具有关键性的作用。

本章主要讨论如下内容:
➢ 软硬件协同设计与实现;
➢ 微处理器的选择;
➢ 外围及接口电路的确定;
➢ 硬件原理图和电路板图;
➢ 嵌入式系统驱动程序;
➢ 嵌入式系统的启动过程;
➢ 操作系统的应用;
➢ 嵌入式系统软件实现过程。

7.1 软硬件协同设计与实现

前面的章节已经讨论了嵌入式系统的分析设计过程,但嵌入式系统最终是要在特定的硬件上运行。就像一个人的精神与躯体组合在一起才能称为人一样,嵌入式软件和嵌入式硬件组合成的整体才是一个真正的嵌入式系统。也就是说嵌入式系统是硬件和软件的综合体,没有哪一方系统都不能称其为嵌入式系统。在系统分析阶段,只考虑系统需要完成哪些功能而不考虑系统的具体实现,因此分析的结果自然是建立在嵌入式系统软硬件基础上的。而在设计阶段就要进行软硬件的具体分工,并且在软件方面的任何结构和行为设计都要考虑到硬件的具体实现能力。在硬件设计时,首先是考虑实现系统功能的实际需要,然后再考虑如体积、尺寸、功耗等性能问题。

嵌入式系统设计的主要挑战或许就在于如何使互相竞争的设计指标同时达到最佳化[12]。为了迎接这个挑战,设计者必须对各种适用处理器技术和IC技术的优缺点加以取舍。因此,

第7章 嵌入式系统的实现

设计者必须熟悉并能自如地运用各种技术，才能使系统达到最佳化。从过去到现在，大多数工程师或者擅长软件设计，或者擅长硬件设计，但还较少两者都擅长。由于这种设计专长的分离，导致在设计初期就把系统划分成软件和硬件两个子系统。这两个子系统往往要分别进行设计，直到整个设计流程的末期再进行系统集成。这种早期永久性的软硬件分离显然难以做到设计指标的最优化。

在理论上，如果在设计过程的任何阶段都能选择用硬件或软件来实现功能，就可以提供更好的最佳化系统。目前，可编程硬件技术（如 PLD、FPGA、SOPC）的成熟使得软硬件设计流程统一的观点得到支持。以前，硬件和软件的实际流程截然不同，软件设计者编写顺序程序，硬件设计者连接硬件元件。但现在，综合工具已经把硬件设计者的基本任务转变成编写顺序程序，当然他们仍然需要了解硬件是如何由这些程序综合而成的。这样，硬件和软件的起点都是顺序程序，强化了系统功能可以用硬件、软件或二者的某种组合来实现的观点。因此可以说：对于某个特定的功能而言，选择硬件还是软件实现只是在不同设计指标之间进行取舍，这些指标包括性能、功率、灵活性、体积大小、一次性开发成本、每单位产品成本等，这种设计实现嵌入式系统的观点就称为软硬件协同设计（software/hardware codesign）。

从实现嵌入式系统硬件技术方面，可以有如下三种实现方案：

> 通用微处理器＋外围 IC 电路。
> 专用处理器 ASIP（如 MCU、DSP 等）＋外围 IC 电路。
> 可编程逻辑硬件（FPGA、SOPC）。

关于各种方案的利弊及取舍，超出了本书所要讨论的问题范围，有兴趣的读者可查阅参考文献[12]。就目前的硬件技术发展和国内的实际情况，完全采用可编程硬件技术设计和实现嵌入式系统还不现实。目前采用前两种方案设计实现嵌入式系统更为常见。即使是采用前两种方案，也同样存在软硬件协同设计的问题，只是硬件的取舍不如第三种方案灵活而已。下面的讨论主要针对前两种方案实现系统的情况。

在采用面向对象嵌入式系统开发时，分析模型是独立于实现的。分析模型只针对系统领域概念和系统功能，模型中只表示出需要实现功能所应具备的逻辑结构。至于每个逻辑结构是由硬件还是软件实现，系统分析人员是不必关心的。而无论由硬件实现的功能还是由软件实现的功能都是统一表示的。在设计阶段要根据分析模型首先划分硬件实现的功能和软件实现的功能（称为系统体系结构设计，见第 5 章），即确定硬件体系结构和软件体系结构，以及软硬件之间的接口。如果硬件体系结构中包括可编程部分，在硬件实现后仍然可以进行硬件功能的调整。反之，则只能在硬件设计时留有一定的余地，以便在系统进化迭代过程中分解出新的功能部件。

目前，由于存在着各类学习开发装置（如学习板、开发板、开发平台等），并且这类开发平台具有较好的可扩展性，完全可以在开发平台上完成软件系统的开发，最后确定系统所需要的硬件。而在这种情况下，软件系统无论怎样迭代或变更，都不会影响硬件系统的最后确定。使用开发平台开发系统的过程如图 7.1 所示。

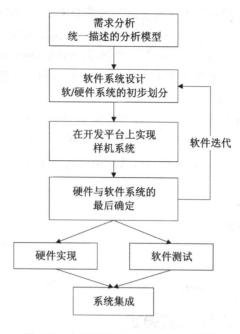

图 7.1　在开发平台上实现嵌入式系统

7.2　嵌入式系统的硬件实现

当嵌入式系统的硬件子系统确立以后,其硬件实现通常是独立进行的。如果使用开发平台开发嵌入式软件,软件实现和硬件实现两者可以独立进行。硬件子系统本身建立过程主要有以下几个步骤:
- 微处理器的选择;
- 硬件原理图的建立;
- 外围及接口电路的确定;
- PCB 图的建立;
- 电路板的组装和电路板的调试。

7.2.1　微处理器的选择

嵌入式系统设计者必须选择系统中要使用的微处理器。处理器的选择通常取决于技术和非技术两方面因素。从技术角度看,必须选择在功率、大小和成本约束下,能达到所需处理速度的微处理器;非技术方面因素有开发环境、对处理器的熟悉程度、授权等等。

第7章 嵌入式系统的实现

目前应用于嵌入式系统计算的微处理器种类繁多,从位数上有 4 位、8 位、16 位、32 位甚至是 64 位机型;在每一种处理器位上又有复杂指令集(CISC)和精简指令集(RISC)指令体系结构的区别;在存储结构上又有冯·诺依曼结构和哈佛结构的区别;在微处理器的类型上又分为嵌入式微处理器(Micoprocessor)、嵌入式微控制器(Microcontroller)、嵌入式 DSP(Digitial Signal Processor)、嵌入式片上系统 SOC(System On Chip)和可编程片上系统 SOPC(System On Programmable Chip)的区别。

除了以上与处理器本身的相关特性外,针对特定类型处理器的开发环境也是选择微处理器的一个重要参考因素。开发环境的能力、对开发环境的熟悉程度、编译器的能力等都是值得参考的因素。综上,在建立嵌入式计算制品时选择微处理器主要应考虑如下方面:

- 微处理器的位数;
- 微处理器的工作频率;
- 微处理器的指令系统结构;
- 微处理器的存储结构;
- 微处理器的类型;
- 与微处理器相关的开发环境能力。

7.2.2 外围及接口电路的确定

嵌入式外围及接口电路是指在一个嵌入式系统硬件构成中,除了核心控制部件(即嵌入式微处理器)以外的各种存储器、输入/输出接口、人机接口的显示/键盘、串行通信接口等等。根据外围设备的功能可以分为以下五类。

- 存储器类型;
- 通信接口;
- 输入/输出设备;
- 设备扩展接口;
- 电源及辅助设备。

1. 存储器类型

存储器是嵌入式系统中存储数据和程序的功能部件。目前常见的存储器按使用类型可以分为:

- 静态掉电易失性存储器(RAM、SRAM);
- 动态掉电易失性存储器(DRAM、FPM DRAM、EDO DRAM、SDRAM、DDR SDRAM);
- 非易失性线性存储器 ROM(MASK ROM、EPROM、EEPROM、NOR Flash ROM);
- 非易失性非线性存储器(NAND Flash ROM、USB 电子硬盘、硬盘、CD-ROM)。

静态掉电易失性存储器和动态掉电易失性存储器使用方法上没有区别,它们的区别主要在驱动电路上。静态存储器驱动电路简单且速度快,而动态存储器由于需要定时刷新而使得驱动电路变得相对复杂,但这类存储器单位面积上存储容量大。它们在嵌入式系统中主要用来存储运行时的对象,如活动的任务程序、数据结构、变量、堆栈、向量表等。

非易失性线性存储器主要用来存放程序或静态数据(如计算好的待查找表等),在这类存储器中存放的内容可以直接在其所在的地址空间中运行,也可以运行前装入到 RAM 中,而在 RAM 中运行其代码。这类存储器主要存放系统初始配置程序、启动程序 Bootloader、固化运行的任务程序和各类查找表等。

非易失性非线性存储器通常也称为外存,这主要是由于存在于这类存储器中的数据不能直接通过微处理器运行。这类存储器在嵌入式系统中主要用来存储需要运行时加载的程序、运行时需要加载和处理的数据、系统运行时得到的大量数据(如数码相机的照片数据、巡回采集的数据等)等。

2. 通信接口

目前在通用计算机上所有的通信接口在嵌入式系统领域中都有广泛的应用,其中包括同步串口(SDIO)、RS-232C 接口(异步串口 UART)、通用串行总线 USB 接口、红外线 IrDA 接口、串行外围设备接口 SPI、I²C 控制总线接口、I²S 音频总线接口、CAN 总线接口、无线蓝牙(Bluetooth)接口、以太网(Ethernet)接口、IEEE1394 和 JTAG 接口等。

一般在嵌入式系统开发调试期间,通过在主机运行的调试器上输入控制命令,再通过 UART 或 JTAG 接口连接到目标机上的调试代理来完成系统的各项调试功能。此外,当今以太网已经成为嵌入式系统较为常见的网络接口,它在调试过程中可以作为调试网关,而在运行中作为互连网的网络节点用于嵌入式系统中的远程数据传输。USB 接口和 IEEE1394 接口普遍用来作为数据性数字设备同嵌入式计算机数据传输的接口,如数码照相机、数码摄像机、移动数据采集器、移动 U 盘等。在无线数据传输中,常见的有 IEEE802.11 系列无线网络传输接口、蓝牙接口以及红外接口等。

需要进一步指出的是,随着嵌入式系统技术的进步,过去用单一微处理器解决所有问题的系统越来越少见,代之以多微处理器簇群式嵌入式系统。如一个手机要有 3~5 个微处理器共同工作,一部普通汽车要有 30~100 个以上微处理器分别作各类运行控制或测试。这些微处理器之间以及整个微处理器簇群与通用互联网之间都需要通信连接。因此通信接口设计已经成为嵌入式系统设计的一项必不可少的而且十分重要的设计内容。

3. 输入/输出设备

嵌入式系统的输入/输出设备种类繁多,而且十分复杂。简单的输入设备可能只有一个到几个开关或按钮,而复杂的输入设备可以是专用键盘、扫描仪、触摸屏甚至大型开关或按钮阵列。简单的输出设备可能只有一只或几只发光二极管,而复杂的输出设备可能是一个长宽数十米的超大屏幕。但就通常来说,像按钮、开关、小型组合键盘、触摸屏、发光二极管、数码管、

第 7 章 嵌入式系统的实现

液晶数码显示器、液晶点阵显示器、微型打印机等作为一般小型嵌入式系统的输入/输出设备最为常见。

嵌入式系统的输入/输出设备的选择要根据实际需要,在面向对象的开发中,可以把输入设备和输出设备进行分类并定义成统一的描述接口,在分析和设计中按组件或部件的方式使用,而在实现时再替代成最终需要的设备。

4. 设备扩展接口

简单的嵌入式系统,如具有简单的记事本、备忘录以及日程计划等功能的 PDA,所存储的数据量并不需要很大的内存。由于目前的嵌入式系统功能越来越复杂,所处理的数据量也非常庞大(如数码照相、数码摄像、数字音视频等),因此这种系统就需要有很大的存储容量。大的内存使得系统成本提高,功耗和体积加大,因此目前一些高端的嵌入式系统都会预留可扩展存储设备接口,为日后用户有特别需求时,可购买符合扩展规格的装置,直接接入系统使用。扩展设备很多,但所采用的扩展接口却大同小异,如 PDA 所使用的存储卡也可与某些规格的数码相机扩展接口通用。

随着嵌入式系统的广泛应用,对便携式设备的扩展存储功能的要求也越来越多。个人计算机存储卡国际协会 PCMCIA(personal Computer Memory Card International Association)是为了开发出低功耗、小体积、高扩展性的一个卡片型工业存储标准扩展装置所设立的协会,它负责对广泛使用的存储卡和输入/输出卡的外型规范、电气特性、信号定义进行管理。根据这些规范和定义而生产出来的外型如信用卡大小的产品叫做 PCMCIA 卡,也称为 PC-Card。按照卡的介质分为 Flash、SRAM、I/O 卡和硬盘卡;按照卡的厚度分为 I、II、III 和 IV 型卡。广泛使用的 PCMCIA 卡常被嵌入式系统当作对外的扩展装置,应用于笔记本电脑、PDA、数码相机、数字电视以及机顶盒等。

5. 电源及辅助设备

电源设计也是嵌入式系统硬件设计的一个重要环节。从系统的保险性方面考虑,电源设计的缺陷是产生系统干扰的绝大部分原因;从功耗方面考虑,电源是各类手持式系统的主要设计指标;从重量和体积上考虑,电源可能是系统重量的主要来源。因此,目前有关嵌入式系统电源提供方式、电源电压、各类省电模式等已经成为电源设计的重要设计指标。

嵌入式系统尤其是手持式系统力求外观小型化,质量轻以及电源使用寿命长,例如手机或 PDA,体积和功耗较大的机型已经逐步远离人们的视线。目前发展的目标是体积小,易携带和外观设计新颖等。在便携式嵌入式系统的应用中,功耗和电源装置等辅助设备是必须要考虑的。

7.2.3 硬件原理图的建立

当确定了系统中要使用的微处理器的数量、类型、连接方式,并选定了所需要的外围电路及输入/输出接口电路和外部设备以后,就要通过硬件原理图把所有部件连接起来。在部件连接的过程中需要注意相互连接的部件的电气特性一定要正确。例如,如图 7.2 所示,部件 A 的一路输出与部件 B 的一路输入连接,这时不仅要考虑两者之间的逻辑电平是否匹配,逻辑关系是否正确,时序关系是否合理,还要考虑输出端的高/低电平电流是否满足输入端保证其逻辑正确性的需要。如果有任何两端不匹配的地方,就需要考虑在两者之间加入一个连接驱动电路。这部分电路通常要通过匹配专用驱动电路或者是自建简单电路实现。举一个简单的例子,这是在嵌入式系统开发中初学者常犯的错误。例如图 7.2 中部件 A 的输出逻辑电平为 0~3 V,高电平输出电流为 0.4 mA,低电平输出电流为 −8 mA(逻辑电路输出低电平时实际上是倒灌电流,因此为负)。这时如果部件 B 的输入要求正好满足这些条件,两者就可以直接连接。但如果 A 的任何一方面不满足部件 B 的输入要求,如 B 的输入高电平需要保证在 4 V 以上(如 CMOS 器件),或保证输入高电平电流在 5 mA(如发光二极管保持发光),这时虽然两端逻辑关系正确,但电气关系不匹配,这时就要在两者之间加入一个驱动元器件,或者改变电路逻辑才有可能使系统正常工作。

注意: 硬件电路在任何一点不能工作,往往会造成整个系统的瘫痪。这和软件有时具有某些 bug,但系统还能照常运行是不同的。

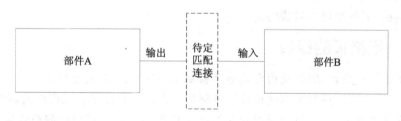

图 7.2 部件连接的电气特性匹配

有时即使逻辑和电气关系都正确,在通信连接中时序和协议关系不对也是不能达到连接目的的。在硬件连接层面,考虑的是最基本的时序和协议关系,如同步还是异步,输出波特率与输入波特率是否有共同的窗口等,而对于更高一层的链路关系,则是由基本软件链路协议保证的。

电路原理图绘制工具通常采用专用电路辅助设计软件(如 Protel 或 Tangl 等)。原理图的建立一般要包括设置原理图设计环境,放置元件,原理图布线,编辑与调整元件属性,检查原理图,生成网络表和打印输出原理图几个步骤。

7.2.4 PCB 图的建立

当系统硬件原理图设计完成以后,最终还要把所选定的电路元器件以其物理存在方式固定在印刷电路板 PCB 上。原理图是电路板图的基础,电路板图要原原本本地以物理存在方式实现所有部件的连接。在物理部件中除了因为功能需要必须出现的电子组件以外,还有大量

第 7 章 嵌入式系统的实现

因为连接需要必须安装的接插件。因此原理图的设计要充分和完整,这样由原理图转化出来的 PCB 图才能正确。

电路原理图到 PCB 图的转化过程可以有人工布线和自动布线两种方式。人工布线是十分耗时和费力的,但它可以很好地体现设计者的布局和连接意图,尤其在高频电路部分,效果会优于自动布线。另外人工布线也是画电路板的基础,它对于掌握各种对象的放置、编辑和各种命令的使用是不可或缺的。

自动布线是通过网络表进行的。因此在软件自动布线之前,要人工布置(或定义性自动布置)好各类元器件以及接插件的物理位置并提供一个完整无二义性的网络表。当自动布线完成以后,还可以进行人工调整。

通常电路板设计工具与原理图工具是相同的,因为两种设计要使用共同的网络表。当电路板图设计完成后要进行严格的检查,一般要再次退回到原理图做严格细致的检查。一般电路辅助开发工具都具备仿真功能。在电路仿真时可以使某根导线像通有电流一样被点亮。这样就可以检查电路板或原理图上的连接是否正确。较好的工具甚至还可以对电路进行如瞬态分析、噪声分析等动态特性的分析验证。

如果是实验阶段制品的设计,尚可以通过调试改正设计错误;如果是最终产品而电路板上不得不飞线的话,那将是很不愉快的。

7.2.5 电路板的组装

电路板图设计好后,一般要交由专业电路板制造商完成电路板的制作工作。当制作好的电路板拿回以后,就可以按照最初的设计往电路板上组装元器件了。元器件的焊接,尤其是对密间距表面安装部件的焊接,可以通过专业焊接工具或到专业从事焊接的商业组织进行。对于实验阶段制品或间距较大的元器件也可以自行焊接,但一般焊接技术要求较高,初学者是很难达到要求的。

7.2.6 电路板的调试

当电路板焊接完成以后,就可以单独进行硬件子系统的调试了。在调试的初级阶段一般要进行单个元器件的行为功能确认。一般要经过加电观察,通过简单的测试程序发送需要的测试向量,并通过适当的手段(示波器、逻辑分析仪、各类显示或声音输出等)观察输出。

这里要提出一个在讲授或面试时经常提出的问题:"硬件系统调试时应最先调试哪部分电路?"。对于这个问题,如果有十个初学者,基本上会有九个不能给出正确答案。其实答案很简单,就是要先调试输出部分或显示部分。因为当一个系统输出不能正常工作时,系统就真的是一个"黑匣子"了。输出不能表示系统的工作情况,即使是所有输入和控制部分都工作得很好,请问你怎么知道呢?由于任何嵌入式系统都会有或简单或复杂的显示设备,因此通常说要先调试显示部分。如果初学者仔细观察,其实通用计算的 PC 机给我们做出了很好的示例。

第 7 章 嵌入式系统的实现

在系统显示还不能确认是否正常时,首先通过其本身所具有的最简单的声音电路报告系统检测情况(通过声响的长短和数量来报告不同情况);当显示已经能正常工作后,所有的报告工作才通过显示进行,因为显示可以给用户提供更多和更详细的信息。

电路板测试一般要针对具体电路逻辑编制测试程序。在编制测试程序时要注意到硬件运行的所有情况,一般来说测试程序所能运行的硬件电路功能要大于系统运行时所实际使用的功能。其原因之一是硬件组件中通常集成了常用的接口部件(如 A/D、UART、PWM、通用并行 I/O 等),但实际的系统功能可能不能全部使用这些部件(使用中不用的部件通常被关闭);原因之二是系统设计时由于硬件的变更通常较软件困难,设计时留有余地以备系统功能扩展之用。测试程序要保证这些无论是当前使用的还是未使用的电路部件都工作正常。另外测试部件的工作性能指标范围也通常大于实际使用的范围,如某一 UART 部件测试的工作频率范围可能是 0.3~115.2 kbps,而实际使用中仅使用 19.2 kbps 一个点。

7.3 嵌入式系统硬件驱动程序

硬件电路板测试程序是系统硬件驱动程序的基础。也可以先建立各逻辑功能部件的驱动程序,然后在驱动程序的基础上建立测试程序。两者的先后顺序要根据实际情况确定。但按照软件迭代进化的原则,通常先建立测试程序,而后根据测试程序再确定驱动程序,可能会得到更完美的驱动程序。

7.3.1 嵌入式系统硬件驱动程序

从操作系统的视角看待对系统硬件功能的操纵,就称邻接操作系统并能驱动硬件的程序为硬件设备(或输入/输出设备)驱动程序。对外部设备管理是操作系统的主要功能之一,设备管理就是要对所有的输入/输出设备进行控制,从而完成数据的输入和输出操作。要实现微处理器与外设的通信,应用程序要通过操作系统将具体的 I/O 任务下达给外设,外设要将其完成任务情况报告给调用该驱动的操作系统,再由操作系统报告给应用程序。硬件驱动程序的主要功能为:
- 对设备进行初始化;
- 使设备投入运行和退出运行;
- 从设备接收数据并将其送入内核;
- 从内核将数据送到外设;
- 检测和处理设备完成任务和出错情况。

设备驱动程序的确立,使得为应用程序提供统一使用的外设界面而不必考虑外设输入/输出的实现细节成为可能,因而构成了层次式系统结构。关于层次式结构的特性已经在第 5 章做了较为详细的讨论,这里需要说明的是,在嵌入式系统实现时,对于中小型操作系统(如

eCos，μC/OS等），通常采用开放式分层体系结构，即应用程序和操作系统可以不受限制地访问硬件设备甚至是直接操作 I/O 地址。

在嵌入式系统实现中，较大型嵌入式操作系统（如 Linux，WinCE 等）通常按设备的信息交换特点把设备分为：

- 字符设备。
- 块设备。
- 网络设备。

字符设备指每次输入或输出一个字符单位的设备，如键盘、鼠标、串行通信接口、交互式终端、打印机等。字符设备通常只允许按顺序访问，一般不使用缓存技术。

块设备是指每次输入或输出以一个数据块为单位，其块的字节长度可定长或不定长（通常为 0.5～32 KB）。块设备在通用计算机中主要是存储设备，如硬盘、软盘、光盘等。大多数块设备允许随机访问，而且常常采用缓存技术。

网络设备是近期随着嵌入式系统网络技术应用的不断增加而加入到驱动程序类型中的。在较大型嵌入式操作系统中，任何网络事务处理都是通过可与其他宿主交换数据的设备实现的。这些以数据包形式与其他宿主交换数据的设备就称为网络设备。网络接口是由内核网络子系统驱动的，它负责发送和接收数据包，而且无须了解每次事务是如何映射到实际被发送的数据包的。有些应用是面向数据流的，如 telnet、ftp 或各种音视频应用，但这些应用都是在下层的网络设备上完成的。对于网络设备来说，它们只看到数据包而并没有看到任何数据流。

在嵌入式系统的开发实践过程中，由于实际实现的系统规模千差万别，有的仅可能是几千行汇编代码的固化程序，根本就没有操作系统，有的仅带有像 μC/OS 这样简单的操作系统，而有的可能带有像 μCLinux 甚至是 Linux 和 WinCE 这样大型的操作系统，因此对设备驱动程序的要求以及在输入/输出的实现上会是极其不同的。在中、低端的嵌入式系统中，系统的输入/输出通常通过固件的方式来实现的，层次结构上采用开放式分层体系结构；而高端的系统则采用规范近乎标准的驱动程序，层次结构上采用封闭式分层体系结构。下面分别介绍两类输入/输出的实现方法。

此外需要说明的一点是，在逻辑上，设备驱动程序属于操作系统。因此，大型操作系统中自带绝大部分标准设备驱动程序。即使是操作系统不认识的"新"设备，也是需要把新的设备驱动程序加载到操作系统内核，然后一切由内核管理设备的所有活动。但是，这一点在嵌入式系统中可能会有所不同。这首先是因为嵌入式系统中通常遇到的大都是非标准的硬件设备，因此操作系统商家无法为这些非标准的，有些甚至是编写操作系统的当时还没出现的硬件设备编写驱动程序；另外，即使能够把大部分硬件设备驱动程序编写进入操作系统（像 Windows 那样），在安装操作系统时把所有（至少是大部分）硬件驱动都安装在系统中，这也不符合嵌入式系统"裁剪"的原则。在资源有限的嵌入式系统中，这肯定不是一个明智的选择。基于这些原因，嵌入式系统中硬件设备驱动程序的所属是模糊的。它们既可以属于操作系统，如在具有大型操作系统的应用中,也可以不属于操作系统,如在小型操作系统甚至没有操作系统的应用中。通常可以把介于硬件和操作系统之间的这一部分称为硬件抽象层 HAL。

由于嵌入式系统中所使用的硬件通常都是针对特定应用而选择的,因此极少存在标准驱动程序的情况。在系统开发中要针对特定的硬件,并根据特定的应用而开发硬件驱动程序。如果硬件设备具有 10 个功能,而在系统实现中仅使用其中两个功能,这时,可以开发 10 个功能的全部驱动并定义符合某项标准的应用接口;也可以仅开发两个功能的应用而关闭掉其他 8 个在特定系统中没有使用的功能。这两种策略各有优缺点,若所有功能驱动全部开发,这有利于标准化,可以避免二次开发。对于长期在不同制品上经常使用该硬件的企业组织有提高生产效率的积极作用,因为驱动程序可以复用。它的缺点是,如果该硬件仅一次性应用到特定产品,并且若该产品存储资源有限,则会浪费宝贵的存储资源,因为所有功能的驱动需要代码的支持。采用第二种策略的情况正好与第一种策略的优缺点相反。

7.3.2 嵌入式系统的启动过程

固件(Fireware)是底层的嵌入式软件,它提供硬件和应用程序/操作系统层软件之间的接口。固件存储在 ROM 里,嵌入式硬件系统一上电就立即执行。在完成系统初始化以后,固件可以继续保持活动状态,以提供某些基本的系统操作支持。在实现中,选择什么样的固件取决于特定的应用:可以是装载并执行一个复杂的操作系统,也可以只是简单地将控制权交给一个较小的微内核。因此,固件实现的需求会因不同规模的嵌入式系统具有很大的不同。固件的一个基本作用是提供启动程序。启动程序(Bootloader)是一个用来引导操作系统或应用程序到硬件目标平台上的小应用程序,它在操作系统或应用程序执行后便立即退出。

通常固件的执行流程如表 7.1 所列,其中资料主要取材于参考文献[20]。

表 7.1　固件执行流程

执行阶段	主要行为特征
设置目标平台	编程硬件系统寄存器 平台识别 系统诊断 调试接口 命令行解释器
硬件抽象	硬件抽象层 设备驱动
装载可引导的映像文件	基本文件系统
交出控制权	改变 PC 指针,使之指向新的映像文件

第7章 嵌入式系统的实现

1. 设置目标平台

第1阶段为设置目标平台阶段，主要是为操作系统引导准备所需要的环境。这一阶段包括正确地初始化平台，例如，要保证某个特定的微处理器的控制寄存器（如 PC、SP）已经被赋予恰当的地址，或者通过改变存储器的映射（如 ARM 的存储器控制寄存器、中断向量映射等）而得到一个期望的存储器结构。

同一段可执行代码经常需要在不同的内核和平台上运行，在这种情况下，固件必须能够识别它正运行在哪种内核和平台上。内核的识别通常是通过特定的标志寄存器进行的，例如，在 ARM 平台是通过读取协处理器 cp15 的寄存器 r0 进行的。也可以通过检查一组特定的外设是否存在，或读取一个可编程芯片的固定单元内容等方法来识别平台。

系统诊断过程提供一种有效的方法来快速检测出一些基本的硬件故障，如内存、监控输入/输出等。通常，这时的诊断内容主要是针对操作系统运行紧要的部分进行的，当一个操作系统能够基本运行时，其他应用问题可以在操作系统支持下完成。由于这部分软件是用来检测硬件的，因此它是与特定硬件相关的。

调试功能是以模块和监视窗口的形式提供给高层用户的，它为调试运行在硬件目标平台上的代码提供软件支持。这些支持包括：

➢ 在运行程序中间建立断点，断点允许中断程序和查看处理器内核状态；
➢ 列出、修改存储器或变量的值；
➢ 显示当前处理器寄存器的内容；
➢ 将存储器内容反汇编成相应处理器的汇编指令。

交互功能：可以通过命令行解释器 CLI(Command Line Interpreter)或者与目标平台相连接的专用主机调试器来向目标系统发送调试命令。通常固件只能调试在 RAM 中的映像文件，或者说只能设置软件端点。硬件端点是通过嵌入到微处理器内部的调试电路（如 ARM EmbededICE）实现的，通常低端微处理器不具备设置硬件断点的功能。命令行解释器通常在较高级的固件实现中才具备 CLI 功能。一般高级嵌入式系统开发平台（如博创公司 UP‐NE‐TARM 系列、英蓓特公司 S3CEV40 等）都具备。可以通过在命令行提示符后面键入命令来更改默认配置，从而改变将要引导的操作系统。对于嵌入式系统，命令行解释器通常要通过主机终端应用程序（如 Windows 超级终端）来控制。主机与目标平台之间的通信一般通过串口或网络接口进行。

系统的调试功能是一种服务支持功能，一般在功能较全的开发平台上提供。或者说，这些功能不是系统必需的，在低端的开发板、学习板或目标系统中不是必备的。

2. 硬件抽象

第2阶段为硬件抽象阶段。硬件抽象层 HAL(Hardware Abstraction Layer)是一个软件层，它向上通过提供一组已定义的编程接口来隐藏下层的硬件。当移植到一个新的目标平台时,这些编程接口保持不变,但下层的实现却要根据具体硬件发生改变。例如,两个目标平台可能使用不同的 A/D 转换接口,每个接口电路的初始化和配置都需要新的参数和配置代码。即使硬件和软件在实现上有很大不同,HAL 编程接口都将保持不变。

HAL 中与特定硬件通信的程序函数称为设备驱动(device driver)程序。每个设备驱动程序提供一个标准的应用程序接口(API)来对待特定硬件进行初始化和读/写。注意:HAL 仅是设计时存在的逻辑事物,不代表物理实现也是分层的。实际上,在具体实现中 HAL 与系统其他程序(如操作系统或应用程序)通常是按平板式布置的。有的开发板或学习平台提供板级支持包 BSP(Board Supported Package)在逻辑上属于 HAL。BSP 提供符合一定标准 API 的所在电路板上所有硬件驱动程序,在 RTOS 运行期间是处于活动状态的。

3. 装载可引导的印象文件

第 3 阶段是装载一个可引导的映像文件。是否实现这个功能取决于系统规模和可执行程序的存储介质。如果是简单系统,可执行代码(包括操作系统,如 $\mu C/OS-II$)可以直接固化在 ROM 中直接运行。如果可执行代码存储在非线性存储介质(如磁盘、光盘、NAND Flash ROM 等)中,则在运行前需要加载到系统 RAM 中才能运行。在非线性存储介质上,通常需要一个或简单或复杂的文件系统,如在嵌入式系统中常用的 TFS、JFFS、yaffs 等。在具有文件系统的嵌入式系统中,需要固件中包含能够访问该存储介质的设备驱动。在访问该硬件时,固件需要知道底层文件系统的格式,这样固件才能访问文件系统找到需要加载的可执行映像文件,然后将其通过转换或直接复制到内存。类似地,如果映像文件在网络上,固件就需要知道网络协议和以太网硬件。

可执行映像文件具有不同的格式。最基本的映像文件格式是普通的二进制格式(bin),这种格式的映像文件不包含任何头部或调试信息。在基于 ARM 的系统中,一种常用的映像格式文件是可执行和连接格式 ELF(Executable and Linking Format)。装载一个 ELF 映像文件包括要解释标准的 ELF 头部信息(执行地址、类型、文件大小等)。映像文件也可以经过加密或压缩,这样的话,加载过程还应包括执行解密或解压过程。

当可执行映像文件正确加载到系统内存后,就进入最后的第 4 阶段。这个阶段,固件通常是将平台的控制权交给操作系统或应用程序。如果固件将控制权交给操作系统,则操作系统取得控制权后,固件一般都处于非活动状态。但硬件抽象层 HAL 可以继续保持为活动的。上层软件通过软件中断 SWI 的方式访问特定的硬件设备驱动。

4. 交出控制权

在 ARM 系统中,交出控制权就是更新向量表和修改 pc 指针。更新向量表包括修改特定的异常和中断向量,使其指向操作系统中用来处理该异常或中断的处理程序。pc 指针必须被修改为指向操作系统入口地址。

在一些大型、比较成熟的操作系统中,比如 Linux,转交控制权需要传递给操作系统内核一个标准的数据结构,这个数据结构说明了操作系统内核运行的环境。例如,数据结构中可能有一个域包含目标平台的可用 RAM 的大小,另一个域则包含所用的存储管理单元 MMU(Memory Management Unit)的类型。

7.3.3 嵌入式系统分层设备驱动

嵌入式系统的软件在逻辑上是层次式的。在对待设备驱动的问题上可以有封闭式分层设备驱动和开放式分层设备驱动两种形式。

封闭式分层设备驱动通常把设备驱动程序看成是内核的一部分(如 Linux 设备管理)。但由于设备种类繁多,相应地,设备驱动程序的代码也就会数量庞大,而且设备驱动程序往往由很多人来开发,如业余编程高手、设备生产厂商等。为了能协调设备程序和内核之间的开发,就必须有一个严格定义和管理的接口。因此,SVR4 提出了设备-驱动程序接口/设备驱动程序-内核接口 DDI/DKI(Device – Driver Interface/Driver – Kernel Interface)规范。通过 DDI/DKI 可以来规范设备驱动程序与内核之间的接口。

开放式分层设备驱动在前面的章节有所讨论,它主要是不把硬件设备驱动程序看成是操作系统的一部分。操作系统仅提供内核任务调度和必要的系统服务(如信号量、任务间通信等),在操作系统需要硬件设备支持时,仅提供函数编写规范或要求(如 μC/OS – II 要求函数具有可重入性)。这时把硬件设备驱动程序统一安排在 HAL 层中,而 HAL 层实际上是作为独立于操作系统层而独立存在的。在应用程序访问硬件设备时,也不像封闭式模式那样需要通过操作系统进行;在开放式模式中,应用程序可以直接访问任何设备驱动程序。

7.4 实时操作系统在嵌入式系统实现中的应用

嵌入式操作系统是嵌入式应用软件的基础和应用软件的运行平台,它是一段嵌入在目标代码中的软件,用户的应用程序在其框架下运行。嵌入式操作系统大部分是实时操作系统 RTOS。

虽然嵌入式系统中使用实时操作系统,但该操作系统与通用操作系统有较大的区别。实际上,它通常仅仅是一个操作系统内核,仅有进程或任务调度、时间管理、任务间通信管理和简单的内存管理等与任务调度有关的服务函数。前文已经讨论过,像设备驱动程序、文件系统、复杂的内存管理、通信管理、图形用户界面等通用操作系统必须具备的功能在嵌入式操作系统中并不是必备的。按照通常操作系统的定义,这些功能都是计算机操作系统不可缺少的。但在嵌入式系统中,由于其千差万别的系统资源和所配备的外部设备,操作系统开发商不能像通用操作系统开发商那样在标准化的系统资源和外部设备上开发。因此,在笔者看来,嵌入式操作系统使操作系统回归到它"给计算机里的程序分配其系统资源[13]"的本义。而其他的附加功能(如设备驱动程序、文件系统、复杂的内存管理、通信管理、图形用户界面等)可以根据目标系统的实际配置情况加以选择。其实,这也正体现了嵌入式系统按需要"裁剪"的基本原则。

由于嵌入式操作系统不能像通用操作系统那样在标准的资源上安装,因此在实际应用它们到一个具体的目标系统上时需要进行移植。所谓移植,就是要针对特定的微处理器开发一些底层的,尤其是与微处理器内部寄存器操作相关的部分代码。这部分针对目标 CPU 新开发的代码同商品化的实时操作系统内核一起,在经过下一节要介绍的编译连接过程后,下载到目标微处理器上才能使用。按照面向对象的观点,实时操作系统仅是嵌入式系统软件的一个组件,而其他的附加功能部件则是一些可选的组件。如图 7.3 所示。

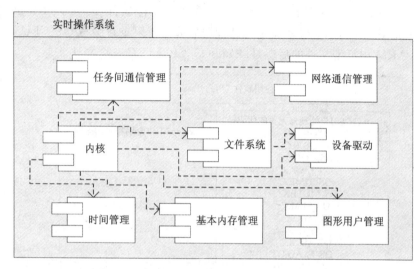

图 7.3　实时操作系统组件

由于具体的实时操作系统移植到特定类型的微处理器的具体做法会有所不同,这里仅以 μC/OS-II 移植到 ARM 微处理器为例来说明实时操作系统在特定应用系统中的应用原理。

7.4.1　移植的条件

为了方便移植,大部分 μC/OS-II 的代码是用 C 语言编写的,但在把它具体应用到某种微处理器为核心的目标机上时,仍然需要用 C 语言和汇编语言编写一些与处理器相关的代码。这首先是因为 μC/OS-II 在事先并不能知道所使用的微处理器内部寄存器的位数和数量,并且 C 语言不具备直接操作 CPU 寄存器的能力。因此它没有办法把这些寄存器压入堆栈和从堆栈取出再还原给它们。而这些也恰恰是操作系统内核进行任务调度和中断管理的必需的操作。其次也因为以上原因,μC/OS-II 并不能知道目标系统的堆栈如何进行初始化(堆栈宽度、需要保存的 CPU 寄存器数量)。由于 μC/OS-II 在设计之前就已经充分考虑了可移植性,所以 μC/OS-II 的移植相对来说是比较容易的。

要使 μC/OS-II 正常运行,必须满足以下条件:

第7章 嵌入式系统的实现

- 处理器的C编译器能产生可重入代码；
- 在程序中可以打开或者关闭中断；
- 处理器支持中断，并且能产生定时中断（通常为10～100 Hz）；
- 处理器支持能够容纳一定量数据的硬件堆栈（可能达几KB）；
- 处理器有将堆栈指针和其他CPU寄存器存储和读出到堆栈（或者内存）的指令。

条件的第一条是针对编译器的，关于什么是可重入代码在第2章中已经给出了说明，这里不再重复。后边的4个条件是针对微处理器的，从这些条件可以看出，任何微处理器都很容易满足这些条件。因此，可以说还没有看到哪种微处理器不能运行μC/OS-Ⅱ。μC/OS-Ⅱ的软件组件结构如图7.4所示。针对特定微处理器的移植需要重新编写OS_CPU.H、OS_CPU_A.ASM（在ARM中汇编文件的后缀是.S）和OS_CPU_C.C三个文件。

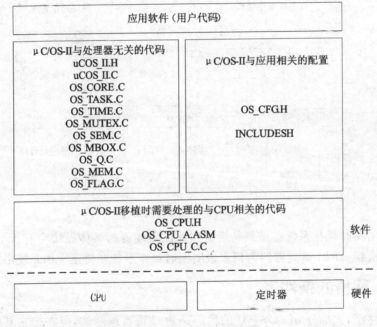

图7.4 μC/OS-Ⅱ软件组件结构

7.4.2 移植的内容

1. 基本配置和定义——定义OS_CPU.H文件

μC/OS-Ⅱ移植所需要完成的基本配置和定义全部集中在OS_CPU.H文件中。在该文件中需要做的事情如下：

① 定义与编译器相关的数据类型。为了保证可移植性，程序中没有直接使用int、short、

第 7 章 嵌入式系统的实现

char 及 long 等 C 语言常用的数据类型。这是因为 C 语言编译器在不同字长的 CPU 上定义的常用数据类型宽度是不同的。因为 μC/OS-II 需要在各种不同字长的 CPU 构成的嵌入式系统上运行,因而它使用显式数据类型(如 INT32U、INT32S)以保证程序变量和数据结构所要求的宽度在任何系统上保持一致。这些数据类型在 μC/OS-II 被应用到实际系统之前要有明确的定义。这些定义请参见程序清单 7.1 的第 1~11 行。

② 定义打开和关闭中断的宏。由于 μC/OS-II 需要在 C 语言环境下打开和关闭系统中断,这通过 C 语言本身是没有能力实现的。但由于 ADS 开发编译环境可以方便地进行 C 语言函数与汇编语言函数之间的相互调用,仅需要对汇编语言函数进行 extern 的外部声明即可。μC/OS-II 通过两个调用汇编函数的宏实现了在 C 语言中打开和关闭中断。该宏定义请参见序清单 7.1 的第 14 和第 15 行,汇编函数联接声明请参见程序清单 7.1 的第 12 和第 13 行。

③ 定义堆栈增长方向。绝大多数的微处理器和微控制器的堆栈是从上往下增长的。但是某些处理器是用另外一种方式工作的。μC/OS-II 被设计成两种情况都可以处理,只要在结构常量 OS_STK_GROWTH 中指定堆栈的增长方式就可以了。置 OS_STK_GROWTH 为 0 表示堆栈从下往上增长;置 OS_STK_GROWTH 为 1 则表示堆栈从上往下增长。定义请参见程序清单 7.1 的第 16 行。

程序清单 7.1　在 ARM 微处理器上移植的 OS_CPU.H 文件

```
1  typedef unsigned char    BOOLEAN;        /* 重新定义数据类型 */
2  typedef unsigned char    INT8U;
3  typedef signed   char    INT8S;
4  typedef unsigned int     INT16U;
5  typedef signed   int     INT16S;
6  typedef unsigned long    INT32U;
7  typedef signed   long    INT32S;
8  typedef float            FP32;           /* 单精度浮点数 */
9  typedef double           FP64;           /* 双精度浮点数 */
10 typedef unsignedint      OS_STK;         /* 堆栈入口宽度为 32 位 */
11 typedef unsignedlong     OS_CPU_SR;      /* 定义 CPU 状态为 32 位 */
12 extern int INTS_OFF(void);
13 extern void INTS_ON(void);
14 #define OS_ENTER_CRITICAL() { cpu_sr = INTS_OFF(); }
15 #define OS_EXIT_CRITICAL()  { if(cpu_sr == 0) INTS_ON(); }
16 #define OS_STK_GROWTH       1             /* 从高向低 */
```

其中,打开和关闭中断的两个汇编函数 INTS_OFF() 和 INTS_ON() 是在汇编程序模块中定义的。由于 ARM 微处理器的中断总开关安排在 CPU 状态字寄存器 CPSR 中,并且没有安排直接操作状态字的任何指令,因此开关中断的汇编代码相对繁琐。即,它必须把状态字先传送到一个通用寄存器,并在通用寄存器中设置好对应位后再传回到状态字才能完成。其具体实现见程序清单 7.2。

程序清单 7.2　打开和关闭 ARM 普通中断

```
        EXPORT INTS_OFF
        EXPORT INTS_ON
INTS_OFF
        MRS     r0,CPSR             ;状态字 CPSR 首先传送到通用寄存器 r0
        MOV     r1, r0              ;在通用寄存器 r1 中操作,保存状态字备份在 r0
        ORR     r1, r1, #0xC0       ;设置普通中断和快速中断控制位均为 1
        MSR     CPSR_cxsf, r1       ;把处理结果再传回 CPU 状态字
        AND     r0, r0, #0x80       ;处理函数返回值,当进入函数前普通中断是打开的 r0 为 0,否则
                                    ;r0 不为 0(参见 ATPCS)
        MOV     pc,lr               ;函数返回
INTS_ON
        MRS     r0,CPSR             ;状态字 CPSR 首先传送到通用寄存器 r0
        BIC     r0, r0, #0x80       ;设置普通中断中断控制位为 0
        MSR     CPSR_cxsf, r0       ;把处理结果再传回 CPU 状态字
        MOV     pc,lr               ;函数返回
```

2. 在 OS_CPU_C.C 中编写相关 C 语言函数

在 OS_CPU_C.C 模块中有一个 OSTaskStkInit()函数,这是一个任务堆栈初始化函数,是需要在移植时必须编写的。因为基于不同类型的 CPU 的嵌入式系统的任务上下文是不同的,所以 μC/OS-II 没有办法事先编写堆栈初始化函数。任务上下文就是在任务需要切换时所要保存到堆栈和任务控制块中的所有 CPU 寄存器,有时也称为任务状态。另外堆栈初始化函数也与系统设计中任务栈的结构有关。当任务栈结构确定好后,初始化函数把一个任务的第一条语句的上下文存入对应的任务栈。其含义就是,该任务在第一条语句就被占先(因为任务还没有执行),当轮到该任务运行时,就从被占先处(第一条语句)开始执行。本例所给出的堆栈结构如图 7.5 所示。

OSTaskStkInit()函数的第一个参数是 1 个函数指针,指向任务程序代码的首行地址。函数的第 2 个参数 pdata 是一个空指针,它可以指向任何类型的变量或数据结构,可以利用这个参数来传递任务函数开始运行时的数据(例如,如果任务函数是被 WatchDog 所唤醒,可能就需要函数被破坏前的环境数据)。函数的第 3 个参数是任务栈指针,任务在开始运行前要分配给每个任务一个独立的堆栈。函数的第 4 个参数是优化选项,在程序中没有使用该参数。但通常 C 编译器把函数参数与局部变量同样对待,在 CPU 内部寄存器较少时会十分珍贵。因此,当一个局部变量定义完并没有使用时,编译器会发出警告(Warning)。为了防止不必要的

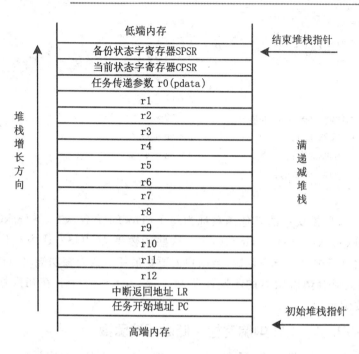

图 7.5 μC/OS-II 移植例子堆栈结构

这些警告,函数中简单地采用给变量本身赋值。OSTaskStkInit()函数的 C 代码请参见程序清单 7.3。

程序清单 7.3　OSTaskStkInit( )函数

```
OS_STK * OSTaskStkInit (void ( * task)(void * pd), void * pdata, OS_STK * ptos, INT16U opt)
{
    OS_STK * stk;                       /* 定义局部堆栈指针变量 */
    stk = (unsigned int *)ptos;         /* 取得堆栈指针 */
    opt = opt;                          /* 由于没有使用 OPT 参数,以免编译器警告 */
    * -- stk = (unsigned int) task;     /* pc */
    * -- stk = (unsigned int) task;     /* lr */
    * -- stk = 12;                      /* r12 */
    * -- stk = 11;                      /* r11 */
    * -- stk = 10;                      /* r10 */
    * -- stk = 9;                       /* r9 */
    * -- stk = 8;                       /* r8 */
    * -- stk = 7;                       /* r7 */
    * -- stk = 6;                       /* r6 */
```

```
*   -- stk = 5;                          /* r5 */
*   -- stk = 4;                          /* r4 */
*   -- stk = 3;                          /* r3 */
*   -- stk = 2;                          /* r2 */
*   -- stk = 1;                          /* r1 */
*   -- stk = (unsigned int) pdata;       /* r0 */
*   -- stk = (SUPMODE);                  /* cpsr */
*   -- stk = (SUPMODE);                  /* spsr */
    return ((OS_STK *)stk);
}
```

在OS_CPU_C.C模块中的其他函数称为钩子(Hook)函数,如,OSTaskCreateHook()、OSTaskStatHook()、OSTimeTickHook()等。这些函数是μC/OS-II内核代码的一个功能扩展,它们开始时已经被设计成空函数,当用户需要扩展相应的内核功能时可以为它们编写代码。这些函数的数量会随着版本的不同而不同,一般为5~15个。在初次移植μC/OS-II时,它们是不需要编码的。

3. 在OS_CPU_A.ASM中编写相关低层汇编函数

在OS_CPU_A.ASM模块中,通常有4个汇编函数:OSStartHighRdy()、OSCtxSw()、OSIntCtxSw()和OSTickISR()。下面分别简单介绍它们的作用机制。

① OSStartHighRdy()。当μC/OS-II初始化完成并在就绪表中建立了系统需要运行的任务后,就要调用OSStart()来启动多任务的运行。OSStart()函数在就绪表中找到一个优先级最高的任务,然后就调用OSStartHighRdy()汇编函数。OSStartHighRdy()负责把最高优先级任务的上下文从其任务堆栈中恢复到CPU内部寄存器中,然后开始运行该任务。这个函数仅在多任务启动时被执行一次。

② OSCtxSw()。该函数由OS_TASK_SW()宏调用,OS_TASK_SW()宏由OSSched()函数调用。当系统需要任务切换时,调用OSSched()函数。OSSched()函数为函数级任务调度程序。它首先判断系统是否具备任务切换的条件(是否任务切换被加锁,是否被中断服务程序调用),如果当前可以进行任务切换,则负责在就绪表中找到优先级最高的任务,然后调用OS_TASK_SW()宏,即调用OSCtxSw()函数。OSCtxSw()函数负责把当前任务的上下文保存到它自己的任务栈中并保存任务堆栈指针到任务TCB,然后在新任务TCB中恢复新任务的堆栈指针再恢复新任务的上下文。当新的任务程序计数器PC恢复到原来被占先(或挂起)处的地址时,该函数就完成了一次任务切换。

③ OSIntCtxSw()。该函数被OSIntExit()函数调用。由于中断可能会使更高优先级任务进入到就绪状态,在占先式内核中应该让就绪的更高优先级任务在中断服务结束后立即运行。由于不同的CPU类型任务栈和中断栈的关系不同,因此由中断引起的任务切换与正常

任务切换具体操作会有所不同。μC/OS-II 为了适应这一区别,单独设立了 OSIntCtxSw() 函数来完成中断服务所引起的任务切换操作。在 μC/OS-II 中,所有的中断服务程序(ISR)结束以后,都要调用 OSIntExit() 函数,给函数判断本次中断是否引起更高优先级任务就绪,并且判断系统是否满足任务切换条件。若两项都满足,则调用 OSIntCtxSw() 完成一次中断级任务切换。一般当任务堆栈与中断堆栈共用时,这种切换比较简单。因为在进入中断服务之前任务的上下文已经被保存到自己的堆栈,这时只要找到任务栈中所保存的上下文所在,并把该指针交给任务 TCB 就可以了。因此比任务级切换少了一个保存被占先任务上下文的过程。当以上事情做完后,只要恢复更高优先级任务上下文就可以了。但当系统的任务栈和中断栈各自独立时,问题就比较复杂。在这种情况下需要知道进入中断服务程序时被中断任务的上下文所在,然后在实施任务切换前把该任务的上下文保存回到该任务自己的任务栈和 TCB 中。其他操作与前者相同。

④ OSTickISR()。该函数称为时钟节拍中断服务函数。时钟节拍是特定的周期性中断,是由一同定时器硬件自动产生的。这个中断可以看成是系统心脏的脉动。时钟的节拍式中断使得内核可以将任务挂起延时若干个整数节拍的时间,以及当任务等待事件发生时,提供等待超时的依据。OSTickISR() 首先将 CPU 寄存器保存到中断堆栈中,然后调用 OSIntEnter() 通知内核系统进入中断。随后,OSTickISR() 调用 OSTimeTick() 函数,检查所有处于延时等待状态的任务并调整它们的延时时间,并把延时时间到,或超时时间到的任务放回到就绪表中。OSTickISR() 结束前调用 OSIntExit() 函数。如果本次节拍有更高优先级任务就绪,则完成一次前边描述过的中断级任务切换。

4. 移植后的测试

当以上移植编码工作完成后,应该编写一个简单的多任务应用程序,按照 μC/OS-II 的 main() 函数结构要求建立这些简单的任务。经过编译后运行该测试程序。当简单的多任务程序运行成功时,才能证明移植工作的完成。以后的编码主要是应用程序的编码和确立如何使用 μC/OS-II 中的相关函数建立多任务之间的通信或同步关系。

7.5 嵌入式系统的软件实现

由于嵌入式系统是一个受资源限制系统,因此直接在嵌入式系统硬件上进行编程会有很多局限,如仅能进行机器代码的编程。即使进行汇编代码的编程通常都是不可能的,因为汇编代码程序需要汇编器的支持,通常的目标硬件是不具有汇编器资源的。当前,嵌入式系统应用软件的开发调试通常都在开发主机(一般为通用 PC 机)上进行。开发主机上运行的是系统开发和调试环境。在纯粹软件实现过程上,通用计算程序设计与嵌入式系统程序设计没有多大的区别,区别主要在内容和实现细节上(参见 6.1 节)。嵌入式系统的整个开发工作大部分在

第7章 嵌入式系统的实现

开发主机上进行,也有一部分需要在目标板上完成(如某些调试、硬件检查等)。嵌入式系统程序开发过程如图 7.6 所示。关于调试问题将在下一节介绍。

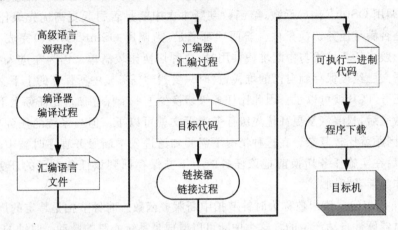

图 7.6 嵌入式软件实现过程

1. 开发环境的建立

在进入实际开发程序之前,要先建立交叉开发环境(Cross-Development Enviroment)。交叉开发环境原理比较简单,就是在一种微处理器环境下为另一种微处理器开发目标程序。例如,目前的开发主机上通常是以 x86 为微处理器的 PC 机,开发语言通常是 C 语言,而目标微处理器则是如 ARM、Intel8031、Msp430 等微处理器。

按照发布的形式,交叉开发环境主要分为开放和商用两种情况。开放式交叉开发环境如 gcc,它可以支持多种交叉平台的编译器,由 http://www.gnu.org 负责维护。使用 gcc 作为开发平台,要遵守 GPL(General Public License)的规定。商用的交叉开发环境主要有 Metroworks Codewarror、ARM Developer Suite、SDS Cross Compiler、WorkBeenck 等。

按照使用方式,交叉开发工具主要分为使用 Makefile 和集成开发环境 IDE 两种。使用 Makefile 开发环境需要编辑 Makefile 来管理和控制项目的开发。集成开发环境 IDE 一般有一个用户友好的 GUI 界面,非常方便管理和控制项目的开发,如 ARM Developer Suite、WorkBeenck 等。有些开发环境既可用 Makefile 管理项目,又可使用 IDE,如 Torand II,给使用者留有很大余地和开发的灵活性。

对开发环境有了必要的了解后,就可以根据要开发的目标(如存储器的位置和配置、编译器的编译要求、链接器生成的目标代码要求等)配置开发环境并建立项目。项目配置完成后就可以开发程序了。编写程序是计算机学科的必备技能,在任何地方都是相同的。

当嵌入式系统升级时,要考虑到跨平台问题,因为升级到的目标系统的微处理器经常会与原来的系统不同。要使原来的程序拿到不同的微处理器上运行并不是轻而易举的事情。这属于软件复用,这是面向对象技术的基本优点之一。一般来说,如果能做到升级时不用修改太多的代码就可以了。若为了不同的硬件平台而让程序做出大量修改,就会变得低效率,在当今更新换代极为迅速的时代,这无疑是不理智的。关于增加可移植性的方法,如尽量使用高级语言,把需要改变的部分集中到一起,采用面向对象技术等,这里就不再叙述了。

2. 源文件编辑

在系统源程序开发中,需要注意的是,一个具有一定规模的嵌入式系统项目程序往往是多模块的源程序。这些代码中有些模块需要自己开发,有些则是别人开发甚至是商用组件(如RTOS)。另外,每个模块的开发语言也是不同的,如C++、C和汇编语言等。开发时要注意模块之间的接口定义和相互调用连接关系。否则,这些所有模块就不能最后组合成一个统一且一致的目标程序在目标系统上运行。

启动代码、硬件初始化代码通常要用汇编语言编写。因为这样可以发挥汇编语言短小精悍的优势,可以提高代码的执行效率。在汇编语言执行完所要进行的微处理器配置、系统基本硬件的连接和初始化后,代码转向C语言程序入口点(main()函数),开始运行C代码。C语言在开发大型嵌入式系统软件时具有可读性强、模块化、易调试、易维护和可移植性好等诸多优点,所以被广泛应用于嵌入式系统软件开发中。

3. 交叉编译

在前边的章节中已经讨论过,深入了解编译器是开发优秀嵌入式系统制品的必要条件。编译器的重要工作是将用高级语言(如C、C++或Java)编写成的源代码翻译成在特定类型微处理器上的可执行代码。编译器通常只针对一个源程序文件进行语法检查和翻译。因此在一个模块中调用其他模块的函数,使用其他模块的数据结构和全局变量之前都必须声明。编译结合了翻译和优化两个环节,翻译是将高级语言翻译为低级指令形式(或汇编语言形式);而优化一方面是产生更好的指令顺序,另一方面从整体上考虑程序效率。在编译过程中,高级语言会经过词法分析、语法分析过程而拆分成语句和表达式,然后用编译器认为最安全和正确的方式把语句和表达式对应成目标机器的汇编语言语句。

通常目标代码是不能执行的,不过可以通过目标代码提供的有用信息转化成可执行代码(如 ADS 中的 Post-linker:From ELE)。现在的目标代码通常有两类:COFF(Common Object File Format)与 ELF(Extended Linker Format)。在目标文件中规定了信息的组织格式,即目标文件格式。有了标准的目标文件格式,不同的开发商提供的开发工具(如编译器、汇编器、链接器和调试器等)就可以实现相互连接和操作。

4. 汇 编

汇编器的任务是将符号级的汇编语言翻译成称为目标代码的指令位级表示。汇编完成汇编语言到二进制代码的转换。汇编过程通常要经过两次扫描过程:第一次扫描代码以决定每个标号的地址；第二次用第一次中的标记值汇编指令，产生二进制代码。在第一次扫描中，使用程序位置计数器（PLC）检查每一条指令的位置，扫描整个模块程序并标记每个标号的PLC的值。在第二次扫描中，把所有汇编代码中的相对地址加入到指令的相对偏移量位域。因此，每一条机器指令的地址是在汇编阶段产生的，而不是在程序执行阶段产生的。需要说明的是，在绝大部分类型的微处理器汇编器中，都是一条汇编指令产生一条机器指令。但在ARM中会有所例外，这主要是ARM的ADS编译器中除了定义ARM机器的汇编指令外，还定义了一些伪指令，在伪指令（如LDR、ADRL等）转换成机器代码时，有时是一条机器指令，有时可能会是两条。

5. 链 接

链接器通常包括定位器。链接器是用来将不同的模块（编译或汇编过的文件）链接成目标文件；定位器则允许将代码和数据放置在目标处理器的指定内存空间。

链接程序分为两个阶段：第一阶段，决定每一个目标文件开始的绝对地址，目标文件装载的顺序由用户给定，给出文件装载顺序和每一个目标文件的长度后，容易计算出每个文件的起始地址；第二阶段，装载程序把所有目标文件符号表合并为单独的一个大表，然后把相对地址变为绝对地址。当一个模块中使用没有定义过的函数或全局变量时，编译器会标记出所有这样的函数和全局变量。链接时要到其他模块中去查找这些函数和全局变量的定义，如果没有找到合适的定义或者找到的定义不唯一，链接的符号解析就无法正常完成，并给出错误报告。

定位时，要根据目标系统中实际存在的存储器地址（由项目配置给出），根据输入的目标文件顺序以段为单位将它们一个接一个地拼装起来。除了按目标地址拼装以外，在定位过程中还完成了两个任务：一是生成最终的符号表；二是对代码段中的某些位域进行修改，所有需要修改的地方都由编译器生成的重定位表给出。重定位表中标记在文件中被定义的地方称为入口点，标记在文件中被引用的地方称为外部引用。

链接器将所有目标代码及函数库中被调用的函数合并，并将所有函数及变量调用对应起来。

6. 下 载

下载就是把链接得到的二进制文件装载到目标系统指定的内存中的过程。如果目标系统的内存是RAM，则直接把文件拷贝到项目指定的代码段中；如果目标系统的内存是ROM（如NOR Flash ROM、EEPROM、EPROM），则需要一定的机制把该二进制文件烧写进去。

也有一些系统需要下载的是映像文件而不是二进制文件，或下载前使用某种工具将映像文件转换成二进制文件，如Elf to Bin、ARM fromELF等。现在也有一些开发平台提供了方便的方法来加载映像文件，如DragonBall特别提供一种称为Bootstrap的方式，就可以通过RS-232端口将可执行的映像文件下载到目标板的内存中，通过运行这个程序，将可执行映像文件从内存烧写到Flash ROM里[19]。不过在烧写之前，应该将BootLoader与待烧写的可执行映像文件一起烧写到 ROM 中。这样,当烧写成功并重新启动系统时,BootLoader 就可以管理系统操作,完成前文所述功能。

7. 调 试

当可执行的程序映像文件下载完成后,就可以进入系统调试阶段。

7.6 嵌入式系统的测试与调试

目前嵌入式系统的绝大部分软件分析、设计和开发工作是在集成开发环境下完成的。这主要是指系统的软件方面,系统软件代码必须在目标机上运行。通常目标机的微处理器与主机的微处理器是不同的。因此,把可以在一种处理器上运行却为另一种处理器生成目标代码的编译程序称为交叉编译程序[13]。在主机上开发并编译完成的可执行目标代码,经过主机与目标机之间的某种(串行接口、网络接口、USB 接口、JTAG 接口等)下载方式下载到嵌入式系统中,或者固化在嵌入式系统只读存储器(ROM、EPROM、EEPROM、NOR FlashROM)中。在目前的系统调试技术中,经常使用主机-目标机调试程序。在这种调试方法中,用于调试的基本程序分支由目标机提供,而更复杂的用户界面由主机完成。

通用计算机如 PC 机或工作站提供了比较典型的嵌入式系统编程开发环境。但在调试目标代码时,由于目标代码不能直接在开发机上运行,因而要做到在开发机上调试目标代码就会带来一些问题。

首先,如何在主机上控制目标机上的程序运行。这个问题可以通过在目标机上运行调试代理的方式解决。调试代理负责与主机上的调试程序通信,解释调试命令并控制目标程序的运行(继续运行、单步运行、断点设置等等)。

其次,如何模拟目标系统的输入/输出。由于在不同应用条件下,嵌入式目标系统具有种类繁多的非标准输入/输出设备,这些设备要想在具有标准输入/输出设备的通用计算机上模拟或仿真并不是一件容易的事情。当前各类调试软件在这方面都进行了大量的工作,也取得了一定的进展(如各类在线仿真模拟技术或软件)。但系统最终要在嵌入式目标上完成,目标上的输入/输出真正与在主机上的调试程序联接运行才能达成最终目的。在许多情况下,调试程序能够帮助调试嵌入式目标代码,它可以生成输入来模拟输入设备的动作;它也可以接受输出值并把这些值与其期望值进行比较,提供有价值的早期调试帮助。

7.6.1 调试工具和方法

在 PC 机或工作站上,大量软件调试都可以通过编译并模拟执行代码来完成。但在某些情况下系统最终不可避免地要求直接在嵌入式目标硬件上运行代码。

在大多数评测主板上,串行端口是最重要的调试工具之一。实际上,在嵌入式系统上设计

第7章 嵌入式系统的实现

一个串行端口是个非常好的主意，即使它最终不会应用在目标制品中也是如此。串行端口不仅可用于开发调试，而且还可以用来诊断现场中出现的各类问题。

另一重要的调试工具是断点。断点最简单的形式是用户指定一个程序代码地址，程序执行到该地址会自动中止。在程序到达断点时，调试器会自动进入到监控状态。在监控状态，用户可以观察或修改 CPU 寄存器、程序变量值、存储器单元值甚至输入/输出寄存器。在断点处所要进行的活动完成后，程序可以继续运行直到下一个断点。

目前嵌入式系统断点有硬件断点和软件断点两种形式。硬件断点是指在微处理器内部配置硬件比较器（如 ARM EmbeddedICE 的嵌入式跟踪宏单元）。比较器根据在其寄存器中预先设置的程序地址或数据内容，与 CPU 内部总线进行比较，当比较结果相同时，进入断点状态。软件断点是通过代码替换来完成的。当程序在某处需要断点时，调试器将该处的代码替换成中断处理子程序的调用。如程序清单 7.4 所示，程序在地址为 0x0c08040c 处设置断点，调试器则把该地址原来的指令 B loop 替换成 BL bkpoint。这样当程序执行到这一点时，就自动跳转到 bkpoint 子程序，去处理断点处应该处理的事情。当程序继续执行时，调试器再把原来的指令还原到 0x0c08040c 处，并从那里继续执行程序。

程序清单 7.4　设置软件断点

```
0x0c080400    MUL r4,r4,r6          0x0c080400    MUL r4,r4,r6
0x0c080404    ADD r2,r2,r4          0x0c080404    ADD r2,r2,r4
0x0c080408    ADD r0,r0,#1          0x0c080408    ADD r0,r0,#1
0x0c08040c    B loop                0x0c08040c    BL bkpoint
```

硬件断点和软件断点各有优缺点，这也符合嵌入式系统认识论的一贯原则。硬件断点可以在 ROM 或 RAM 中随意设置，但数量有限。硬件断点的数量取决于 CPU 内部硬件比较器的寄存器数量，例如 ARM 中只能设置 2 个硬件断点。软件断点的数量不受限制，但必须在 RAM 中进行。因为 ROM 内的程序代码不能被替换。

下面仅就调试中常用的技术、方法和工具进行简要介绍。

1. LED 作为调试设备

千万不要低估 LED（发光二极管）在调试中的重要性。前面已经讨论过，在调试系统时首先调试输出部分。那么我们再问：在具有多个输出回路的系统中最先调试哪些输出呢？回答是最简单的输出。LED 通常就是嵌入式系统中最简单的输出。因为与 LED 显示相关的电路实在太少了，通常只有一个电阻和一个 LED。这个仅有 2 个元件的输出回路发生故障的机会太少了。即使这 2 个元件出现问题，也非常容易确定和更换。通常可以通过使用 LED 不同频率和不同次数的闪烁，来表现系统的多种运行情况。例如，针对串行端口，用一些 LED 来指示系统状态通常是一个好主意，即使它们在使用中不是正常地被看见也是值得的。可以利用 LED 在代码进入特定程序显示错误状态，或显示空闲时的活动等等。

2. 电路内部仿真

当软件工具不足以调试系统时，硬件辅助可以帮助查看系统运行时到底发生了什么。微处理器内部仿真也称为嵌入式仿真（EmbeddedICE），它是一种专用的硬件工具。电路内部仿真器的心脏是微处理器的一个特殊版本，当它停止时，其内部寄存器的内容可以被读出。电路内部仿真通过附加的逻辑加在该专用微处理器周围，允许用户指定断点、检测和修改 CPU 状态。电路内部仿真提供像监控程序中的调试器所提供的那样多的调试功能，但不占用任何内存。

下面以 ARM EmbeddedICE 为例来具体说明电路内部仿真的功能和工作原理。

ARM 的 ARM EmbeddedICE 是一种基于 JTAG 的 ARM 内核调试通道，提供了传统的在线仿真系统的大部分功能，可以调试一个复杂系统中的 ARM 核。它是基于 JTAG 测试端口的扩展，引入了附加的断点和观测点寄存器，这些数据寄存器可通过专用的 JTAG 指令来访问，一个跟踪缓冲器也可以用相似的方法访问。ARM 周围的扫描路径可将指令加入 ARM 流水线，并且不会干扰系统的其他部分。这些指令可以访问及修改 ARM 和系统状态。ARM 的 ARM EmbeddedICE 具有典型的 ICE 功能，如条件断点、单步运行。由于这些功能的实现是基于片上 JTAG 测试访问端口进行调试，芯片不需要增加额外的引脚，同时也避免使用笨重的、不可靠的探针接插设备完成调试，而芯片中的调试模块与外部的系统时序分开，它可以按芯片内部独立的时钟速度直接运行。

EmbeddedICE 模块内部包括两个观察点寄存器可控寄存器。当地址、数据和控制信号与观察点寄存器的编程数据相匹配时，也就是触发条件满足时，观察点寄存器可以中止处理器。由于比较是在屏蔽控制下进行的，因此当程序中任何一条指令执行时，任何一个观察点寄存器均可配置为能够中止处理器的断点寄存器。

3. 逻辑分析仪

逻辑分析仪或数字示波器是嵌入式系统开发者的又一主要调试工具。可以把逻辑分析仪看作是大批便宜的示波器并行工作，因为分析仪能够同时采样许多不同的信号，不过只能显示逻辑 0、逻辑 1、由逻辑 0 变到逻辑 1 或由逻辑 1 变到逻辑 0。所有这些逻辑分析信道能连接到系统上同时记录许多信道信号的活动。一旦内存满或运行异常中止，逻辑分析仪便把信号值记录到自己的内存中，然后可以在显示器上显示并分析结果。逻辑分析仪在这些信道中能捕获上千甚至上万个数据样本，为机器操作提供一个比传统示波器更大的时间窗口。

典型的逻辑分析仪能够以两种模式获取数据：状态模式和定时模式。每个信号的测量分辨率在电压维度和时间维度上简化。简化的电压分辨率不是通过模拟电压而是通过测试逻辑值（0,1,x）来实现的。简化的时间分辨率不是通过在示波器上获得连续波形，而是通过采样信号时标来实现的。状态和定时模式代表两种不同的采取样值的方法。在定时模式中，采样使用一个内部时钟，这个时钟足够快地在每个被测系统时钟阶段抽取几个样本。状态模式则利用被测系统时钟控制采样,所以它每个时钟周期采样一个信号。结果,定时模式需要更多的内存来存储给定数目的系统时钟周期。另一方面,它在信号中提供更好的检测小故障的分辨率。定时模式典型地用作面向小故障的调试,而状态模式则用于面向问题的调试。

逻辑分析仪的测试原理如图 7.7 所示。系统的数据信号在逻辑分析仪内的锁存器上采样,根据逻辑分析仪是状态模式还是定时模式,锁存器由被测系统时钟或内部时钟信号生成器时钟来控制采样。每个时钟周期采样一个样本,在同步时钟控制下,这个样本被复制到存储器向量中。因为定时模式在每个系统时钟周期需要几个样本,所以锁存器、定时电路、样本存储器和控制器必须设计成高速运行状态。在采样结束后,逻辑分析仪中的嵌入式微处理器接管对在样本存储器中捕获的数据显示控制。

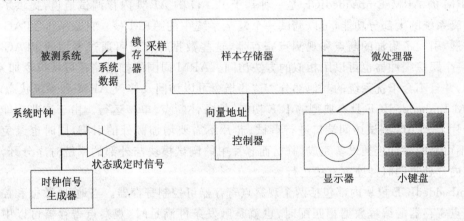

图 7.7　逻辑分析仪测试原理

逻辑分析仪提供大量的数据格式来观察数据。其中一种常用的格式是时序图。许多逻辑分析仪不仅允许自定义显示,如为信号起名,还有大量先进的显示选项。比如,反汇编能把向量值变成微处理器指令。逻辑分析仪不能提供对硬件组件内部状态的访问,但它提供对外部可见信号的记录和分析信息。这些信息可以应用在功能调试和定时调试中。

一个普遍的问题是测试一段代码执行的确切时间,这可以用许多不同的方法实现。如果系统有可确定的定时器,那么可用定时器测量代码段执行时间。测量的方法是先要修改代码段的头部,使其能够重置定时器,并在代码段结束时停止定时器。一个逻辑分析仪能够通过监视总线上开始地址和结束地址来测量程序段的执行时间。逻辑分析仪也擅长分析高速缓存的行为。这是因为对内部高速缓存的引用不会产生外部总线活动。如果高速缓存未命中,就会产生外部总线活动。因此通过观察外部总线的活动就可以给出高速缓存策略的实际实现效率。

4. CPU 模拟

在嵌入式系统开发中,经常会遇到软件已经开发完成,但硬件还没有准备好的情况。不过目前有了开发平台、开发板或学习板,情况有所改变。但无论如何,完全脱离硬件而在开发主机上的软件调试是极为有用的。这种完全脱离硬件的开发主机上的软件调试称为 CPU 模拟,如 ARM 的 ARMulator。一个代码级的模拟器把代码的执行模拟到程序模块的细节层次上。大部分 CPU 模拟器不能报告执行一段代码所使用的机器周期数,也不对总线和 I/O 设备的活动模拟。通常 CPU 模拟能够模拟目标系统 CPU 的核心代码计算,也提供较强的可视性调试界面。利用 CPU 模拟通常都可以进行设置断点、单步执行、执行到断点、查看变量值、查看存储器的内容等绝大部分程序代码调试工作。

5. 软/硬件协同认证

软/硬件协同认证现在最常用的形式是协同仿真。如图 7.8 所示,协同仿真器把硬件和软件仿真分类,各负责仿真设计的不同部分。通过为目标机仿真编译代码或为仿真主机编译代码来执行被调试程序。协同仿真的难点是仿真过程中对时间的控制,因为硬件和软件仿真运行在不同的时间间隔里。比如,当仿真接到 CPU 上的 I/O 设备时,指令级 CPU 仿真中的一步需要逻辑级仿真的许多步。

图 7.8 软/硬件协同仿真通信

实现协同仿真有多种方法:一种是应用仿真总线在软件仿真器和硬件仿真器之间传输数据和定时信息;另一种用硬件仿真器运行 CPU 的一个模块。硬件仿真器与微处理器内部的仿真器(EmbededICE)是不同的。比如,硬件仿真器可以用 FPGA 实现一个硬件逻辑网络部件,该部件可以以几百 kHz 的速率运行,也可以把它插入到现有系统中运行。如果把 CPU 的硬件描述装载到仿真器中,就可以在仿真器上运行全部软件。这类仿真器虽然昂贵,但对于现代 SOC 上的协同认证却是十分有效的方法。

7.6.2 制造测试

保证设计正确并不够,还必须保证系统被无误地制造出来。制造测试的目的是确保在系统生产时的错误不会被带入到产品中来。即使设计是完美的,在系统每个副本的制造中也有潜在性的错误而使之被剔出流水线。硬件设计的任务之一是开发制造测试模型,这些制造测试保证从生产线中得到所要求的产品质量水平。设计出一个完美的系统之后再去解决在生产中怎样测试它们,这通常不会是一个好主意。当制造复杂系统时,有必要在设计中考虑制造测试。可测试性设计保证了设计不至于变得太过复杂以至于难以测试。

实现测试和制造测试是完全不同的两个概念。实现测试的目的是标记系统工作的规格说

第 7 章 嵌入式系统的实现

明和实现结果的差异。制造测试是为寻找流水线上生产出的副本间不同之处的所有措施。举例说,假定设计是正确的,由于加工过程能引发系统故障,制造出来的产品也不能保证都是合格的。

制造出来的所有副本中,可工作的副本所占有的比率称为成品率。来自装配线的每个制品必须经过测试。因此,减少一个产品用于测试所需要的时间是非常重要的。坏的产品送给客户,又被送回,会浪费时间、金钱并破坏企业组织的信誉。商品社会实质上是信誉社会,失去信誉在商品社会中的代价是巨大的。

制造一个被快速、彻底地测试过的系统,通常需要仔细的设计,以确保系统能用许多显示制造错误结果的方式进行检查。

1. 故障模型

制造测试与软件测试不同。在软件测试过程中通常并不能确切地知道所要找的潜在的软件错误的所在或方式,而在制造测试中造成系统故障的问题或作用方式是确定的。这种确定的故障类型称为故障模型。在生成产品故障测试时,通常能够列举出怎样的故障模型造成怎样的系统故障。在制造测试中的一个主要挑战是开发一个较短的测试来决定特殊故障是否产生。用于测试芯片和主板的设备通常都非常昂贵。因为测试必须在生产线下来的每个产品上进行,测试花费成为嵌入式系统总成本中很可观的一部分。因此,测试的效率对产品的成本有重要影响。

可能的制造故障有许多类型,有一些类型常决定制造过程的总体产量。一旦知道目标的故障类型,就能在特定的设计中列举出该故障所产生的所有可能的情况。在一个产品测试中给定需要测试的所有可能的故障情况,就能生成一系列测试来检查每个故障对应的那些故障结果。当测试系统时,应该能够区别正确和错误的不同行为。理想情况下,可以覆盖特定类型故障的所有呈现。如果说,用系统中实际可以被检测到的故障和系统中可能存在的故障的比率为故障覆盖率,则理想情况下的故障覆盖率为 100%。

数字化硬件的典型故障模型是固定 0/1 模型。在这个模型中,逻辑门产生的故障会导致它的输出是个常量,即它不会随着输入值的变化而改变。图 7.9 显示了固定 0/1 故障的两个例子。对于左端的反向器逻辑,正常情况下输出与输入逻辑相反。但在出现固定 0 模式错误时,无论它的输入是 0 还是 1,它的输出总是 0。对于右端的与非门逻辑,正常情况下输出与两个输入逻辑"与"后相反。但在出现固定 1 模式错误时,无论它的两个输入怎样变化,它的输出总是 1。当电路的某一点确定为以上两种故障模型之一时,它对于电路其他部分的影响是不难估计的。

2. 组合网络检测

当逻辑电路的输出仅取决于当时的输入时,称这类电路为组合逻辑电路。检测一个组合网络有令人惊讶的挑战性。在逻辑电路中,列举所有可能的故障是容易的,比如列出每个门都

图 7.9 逻辑门固定 0/1 故障

有可能是"固定 1"或"固定 0"故障模式。但真正找到检测所有这些可能故障的测试就具有挑战性了。因为这些门是嵌入在一个大型逻辑网络中的,控制某一个门的输入并不是那么容易的,而且直接观察它的输出也是不可能的。如图 7.10 所示,每个测试需要找到一组值作为网络基本输入值,它允许在某一个门被测试时能调整输入值。通常一组测试数据称为测试向量。通过输入一组测试向量,并检测对比每一个向量的输出向量,通常可以有效地检测逻辑网络中的故障。

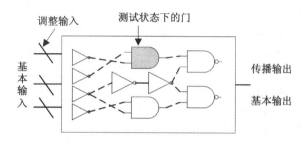

图 7.10 在组合逻辑网络中测试错误

3. 时序电路的测试

当逻辑电路的输出不仅依赖于当时的输入而且也依赖于过去的历史时,称这类电路为时序逻辑电路。通常寄存器、触发器和存储器都是典型的时序逻辑电路。检测一个嵌入式寄存器的时序网络比检测组合逻辑网络更加困难。这种组件中的寄存器提供到组合逻辑的输入,再从其接收输出,但它们不能直接从外部观察或控制。正如图 7.11 所示的,寄存器一个时钟周期到下一个时钟周期地传播值。这可以通过及时展开机器来想象:每一个时钟周期组合逻辑电路获得自己的拷贝,并且一个周期的输出被连接到下一个周期的输入。及时地展开时序机可以清楚地看见测试时序机所增加的复杂性,因为展开的机器比原来的组合逻辑要大许多倍。

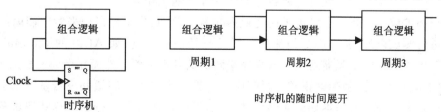

图 7.11 时序机的及时展开

第7章 嵌入式系统的实现

4. 电路模块的扫描链

降低顺序测试的复杂性的一个方法是使用扫描链。扫描链是一种能在扫描和非扫描两个模式中操作的特定类型的寄存器。在非扫描模式中，它作为一个普通的寄存器；在扫描模式中，它像一个允许寄存器的目前状态移出并且新状态被移入的移位寄存器。通过停止机器并用扫描模式，能够检测机器的状态，必要时还可以改变该状态。扫描状态的进出需要一些时间，因为它们是串行操作的，但相对于观察和控制系统所需要的高昂费用而言是一个很小的代价。电路模块的边界扫描链如图7.12所示。

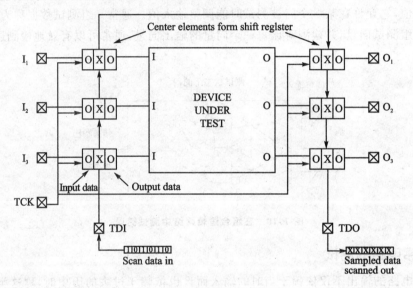

图 7.12 电路模块的扫描链

5. 边界扫描

边界扫描是芯片的标准接口，它被称为 JTAG(Joint Test Action Group)。JTAG 标准为加入到芯片引脚的扫描链描述了配置和控制顺序。如图 7.13 所示，印刷电路板上每个芯片上边界扫描寄存器组织成链。在测试一个系统时，边界扫描主要有两个好处：第一，允许观测和控制电路板内的引脚；第二，允许电路板上的芯片独立地工作。

边界扫描的应用在当今电气电子制造业内非常广泛，它除了可以用来对印刷电路板 PCB 上的芯片进行测试以外，还被广泛地应用于微处理器内部仿真（如 ARM 的 EmbeddedICE）。嵌入式系统可以通过微处理器运行测试程序来测试其外围电路。然而在微处理器用于测试之前，它自身的基本部分必须能够正常运行程序。边界扫描对于检测微处理器基本部分是非常有用的。一旦微处理器的基本部分能够正常工作，就可以通过它运行各类诊断测试程序来检查系统的外围电路。这种方法不仅可以用来进行制造测试，也可以用来进行现场测试和维护。

第 7 章 嵌入式系统的实现

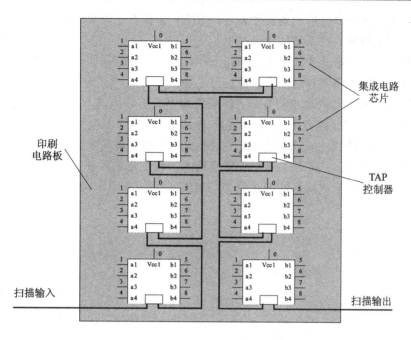

图 7.13 边界扫描的组织结构

思考练习题

7.1 嵌入式系统的软硬件协同设计具有哪些优缺点？

7.2 通常有几种方案可以实现嵌入式系统硬件？

7.3 简述在开发平台上实现嵌入式系统的过程。

7.4 在嵌入式系统实现中，应如何选择微处理器？

7.5 嵌入式系统通常都会遇到哪些种类的外围接口，各种接口都起什么作用？

7.6 嵌入式系统实现中通常都会遇到哪些种类的存储器，各种存储器都在系统中起什么作用？

7.7 嵌入式系统实现中通常都会遇到哪些种类的输入/输出设备，各种输入/输出设备都在系统中起什么作用？

7.8 为什么说通信接口对嵌入式系统越来越重要了？在目前的嵌入式系统实现中常用的都有哪些通信接口？

7.9 你认为在嵌入式系统设计中留有设备扩展接口有什么意义？

7.10 在嵌入式系统中，电源及辅助设备的重要性有哪些？

7.12 电路原理图和印刷电路板 PCB 图是如何得到的？

7.13 嵌入式系统的硬件设备驱动程序有哪些作用？

第7章 嵌入式系统的实现

7.14 嵌入式系统的分层设备驱动有几种方式？每种方式是基于什么思想？
7.15 详细说明嵌入式系统的启动过程？
7.16 如何在一个新开发的嵌入式系统上使用嵌入式操作系统？
7.17 嵌入式操作系统移植主要需要进行哪些工作？
7.18 如何实现在C语言中打开和关闭系统的中断？
7.19 如何实现在C语言中访问硬件接口电路的寄存器？
7.20 嵌入式系统软件实现要经过哪些过程？每个过程都需要完成哪些事情？
7.21 为什么说嵌入式系统调试对保证系统的正确性是非常重要的？
7.22 在实际开发嵌入式系统的过程中，都有哪些调试工具和调试方法？

附　录

词汇索引

A

Abstraction 抽象
Action 动作
active class 主动类
activity 活动
activity diagram 活动图
ADP(Angel Debug Protocol) Angel 调试协议
ADW/ADU(Application Debugger Windows/Unix) Windows 和 Unix 调试器
aggregation 聚合
alias 别名
and-state 与状态
annotational thing 注释事物
API(Application Programming Interface) 应用程序接口
architecture 构架
ARM(Advanced RISC Machine) 英国先进 RISC 机器公司
armsd(ARM Symbolic Debugger) ARM 符号调试器
ARMulator ARM 仿阵调试代理
artifact 工件
ASIC(Application-Specific Integrated Circuit) 专用集成电路
ASIP(Application-Specific Instruction-set Processor) 专用指令集处理器
association 关联
asynchronous pattern 异步模式
ATPCS(ARM-Thumb Produce Call Standard) ARM——Thumb 过程调用标准
AXD(ARM eXtended Debugger) ARM 扩展调试器

附 录

B

behavioral feature 行为特征
behavior inheritance 行为继承
behavioral pattern 行为模式
behavioral thing 行为事物
BIOS(Basic Input /Output System)基本输入/输出系统
big-endian 大端对齐
binding 绑定
Bluetooth 无线蓝牙
Bootloader 启动程序
boundary class 边界类
BSP(board supported package)板级支持包
bursty 突发

C

call 调用
Call Event 调用事件
call synchronization 调用同步
CAN bus 控制器局域网总线,是一种用于实时应用的串行通信协议
CDE(Cross-Development Enviroment)交叉开发环境
CD - ROM 光盘驱动器
Change Event 改变事件
choice 选择
CISC(Complex Instruction Set Computer)复杂指令集
class 类
class diagram 类图
classifier 类元
classification 分类
client-server 客户—服务器
client-server relationship 客户/服务器关系
CLI(Command Line Interpreter)命令行解释器
closed layered architecture 封闭式分层体系结构
cohesion 聚合度
collaboration 协作
collaboration diagram 协作图
communication diagram 通信图

component 组件，构件
component diagram 组件图
composite state 复合状态，组合状态
composition 组合
concurrency 并发
coupling 耦合度
constraint 约束
controller 控制器

D

datagram throughput time 数据包吞吐率
DDI/DKI(device-drive interface/driver-kernel interface)设备-驱动程序接口/设备驱动程序-内核接口
DDR SDRAM(Double Date Rate Synchronous Dynamic Random Access Memory)双面速率同步动态随机存取存储器
deadlock breaking time 死锁解除时间
debugger 调试器
debug agent 调试代理
dependency 依赖
depoloyment diagram 实施图
design 设计
design pattern 设计模式
DRAM(Dynamic Random Access Memory)动态随机存取存储器
DSP(Digitial Signal Processor)数字信号处理器

E

EDF(earliest deadline first)期限最近优先
EDO DRAM(Extended Data Output Dynamic Random Access Memory)扩展数据输出动态随机存取存储器
EEPROM(Electrical Erasable Programmable Read Only Memory)电可擦除可编程只读存储器
ELF(Executable and Linking Format)可执行和连接格式
encapsulation 封装
entry point 入口点
EPROM(Erasable Programmable Read Only Memory)可擦除可编程只读存储器
event-driven system 事件驱动系统
Ethernet 以太网
exit point 出口点

F

Fireware 固件

附 录

Flat 平板式
foreground/background system 前/后台系统
fork 分叉
FPGA(Field Programmable Gate Array)现场可编程门阵列
framework 框架
FPM DRAM(Fast Page Mode Dynamic Random Access Memory)快速页模式随机存储器
FSM(Finite State Machine)有限状态机
functional requirement 功能需求

G

garbage collection 垃圾收集
generalization 泛化
grouping thing 分组事物
guard condition 监护条件
GUI(Graphic User Interface)图形用户界面

H

hard deadline 硬期限
HAL(Hardware Abstraction Layer)硬件抽象层
history state 历史状态
HSM(hierarchical state machine) 层次式状态机

I

IC(Integrated Circuit)集成电路
IDE(Integrated Development Environment)集成开发环境
information hiding 信息隐藏
I^2C bus I^2C 总线,是一种二线串行总线协议
inheritance 继承
initial state 初始状态
interaction 交互
nteraction behavior 交互行为
interaction diagram 交互图
interface 接口
internal transition 内部转换
Interrupt latency time 中断延迟
inter task communication 任务间通信
IrDA 红外线数据协会

iteration approach 迭代式开发

J

join 结合
jitter 抖动
JTAG(Joint Test Action Group)标准测试联合行动小组

L

LSP Liskov 替换准则
little-endian 小端对齐
loop overhead 循环开销

M

MASK ROM(Mask Read Only Memory)掩膜只读存储器
MCU(Microcontroller Unit)嵌入式微控制器
message 消息
message mail box 消息邮箱
method 方法
Micoprocessor 微处理器
Microcontroller 微控制器
missed deadline 时限
MMU(memory management unit)存储管理单元
MPU(Microprocessor Unit)嵌入式微处理器
MTBF(Mean Time Between Failure)平均无故障时间
mutual exclusion 互斥条件

N

NAND Flash ROM 非线性闪速只读存储器
model 模型
model-driven 模型驱动
node 节点
non-preemptive 不可剥夺型
NOR Flash ROM 线性闪速只读存储器
note 注解

O

object diagram 对象图

OCL(Object Constraint Language)对象约束语言
OCP(Open Closed Principle)开闭准则
OMG(Object Management Grup)对象管理组
open layered architecture 开放式分层体系结构
or-state 或状态
orthogonal region 正交区

P

package 包
pattern 模式
pattern hatching 模式孵化
pattern mining 模式挖掘
PCB(Printed Circuit Board)印刷电路板
PCMCIA(personal Computer Memory Card International Association)个人计算机存储卡国际协会
PDA(Personal Daily Assistant)个人事物助理
peer-to-peer 对等
peer-to-peer relationship 对等关系
PLD(Programmable logic device)可编程逻辑器件
polymorphism 多态
preemptive 占先式
preemption Time 抢占时间
procedure-driven system 过程驱动系统
pseudo state 伪状态

Q

QoS(Quality Of Service requirement)服务质量需求
qualified association 限定关联
qualifier 限定符

R

RAM(Random Access Memory)随机存取存储器
RMS(rate-monotonic scheduling)单一速率调度
RDP(Remote Debug Protocol)远程调试协议
reactive 反应式的
reactive system 反应式系统
realization 实现
real-time system 实时系统

recurring cost 重现成本
relationship 关系
reliability 可靠性
reuse 复用，重用
RISC(Reduced Instruction Set Computer)精简指令集
ROM(Read Only Memory)只读存储器
RPC(Remote Procedure Call)远程过程调用
RTOS(Real Time Operating System)实时操作系统

S

scenario 场景
scheduling policy 调度策略
SDRAM(Synchronous Dynamic Random Access Memory)同步动态随机存取存储器
semantics 语义
semaphore shuffling time 信号量混洗时间
sequence diagram 顺序图，序列图
signal 信号
Signal Event 信号事件
SOC(System On Chip)片上系统
soft deadline 软期限
software/hardware co-design 软硬件协同设计
SOPC(System On Programmable Chip)可编程片上系统
specialization 特化
SPI(Serial Peripheral Interface)串行外围设备接口
SRAM(Static Random Access Memory)同步动态随机存取存储器
state behavior 状态行为
state machine 状态机
statechart diagram 状态图
static view 静态视图
stereotype 构造型
structural feature 结构特征
structural pattern 结构模式
structural thing 结构事物
stub state 桩状态
subclass 子类
substate 子状态
superclass 父类

superstate 超状态
synch state 同步状态

T

tagged value 标记值
task 任务
task switching time 任务切换时间
Terminal State 终止状态
Thumb ARM 微处理器的一种 16 位压缩指令运行状态
time complexity 时间复杂度
time-driven system 时间驱动系统
time event 时间事件
transition 转换

U

UART(Universal Asynchronous Receiver Transmitter) 异步串口
UML(Unified Modeling Language)统一建模语言
USB(Universal Serial Bus)通用串行总线
use-case 用例
use case diagram 用例图
use-case driven 用例驱动

V

view 视图
viewpoint 视角
visibility 可见性

W

waiting synchronization 等待同步
watchdog timer 看门狗定时器
waterfall approch 瀑布式开发
well formed 良构的

参考文献

[1] Bruce Powel Douglass. 嵌入式与实时系统开发——使用 UML、对象技术、框架与模式[M]. 柳翔等译. 北京:机械工业出版社,2005.

[2] Bruce Powel Douglass. 实时 UML——开发嵌入式系统高效对象(第 2 版)[M]. 尹浩琼,欧阳宇译. 北京:中国电力出版社,2003.

[3] Bruce Powel Douglass. 实时设计模式——实时系统强壮的、可扩展的体系结构[M]. 麦中凡,陶伟译. 北京:北京航空航天大学出版社,2004.

[4] Grady Booch, James Rumbaugh, Ivar Jacobson. UML 用户指南[M]. 邵维忠,麻志毅等译. 北京:机械工业出版社,2001.

[5] James Rumbaugh, Ivar Jacobson, Grady Booch. UML 参考手册(第 2 版)[M]. UML China 译. 北京:机械工业出版社,2005.

[6] Ivar Jacobson, Grady Booch, James Rumbaugh. 统一软件开发过程[M]. 周伯生,冯学民,樊东平译. 北京:机械工业出版社,2002.

[7] Michael Blaha,James Rumbaugh. UML 面向对象建模与设计[M]. 车皓阳,杨眉译. 北京:人民邮电出版社,2006.

[8] Grady Booch. 面向对象分析与设计(第 2 版)[M]. 冯博琴,冯岚等译. 北京:机械工业出版社,2003.

[9] Craig Larman. UML 和模式应用——面向对象分析与设计导论[M]. 姚淑珍,李虎译. 北京:机械工业出版社,2002.

[10] Joseph Schmuller. UML 基础、案例与应用[M]. 李虎,王美英,万里威译. 北京:人民邮电出版社,2002.

[11] Sinan Si Alhir. UML 高级应用[M]. 韩宏志译. 北京:清华大学出版社,2004.

[12] Frank Vahid. 嵌入式系统设计[M]. 骆丽译. 北京:北京航空航天大学出版社,2004.

[13] Wayne Wolf. 嵌入式计算系统设计原理[M]. 孙玉芳,梁彬译. 北京:机械工业出版社,2002.

[14] Jean J Labrossse. 嵌入式实时操作系统 $\mu C/OS-II$(第 2 版)[M]. 邵贝贝等译. 北京:北京航空航天大学出版社,2004.

参考文献

[15] 王田苗. 嵌入式系统设计与实例开发[M]. 北京:清华大学出版社,2003.

[16] 杜春雷. ARM 体系结构与编程[M]. 北京:清华大学出版社,2003.

[17] 李驹光,聂雪媛,江泽明等. ARM 应用系统开发详解——基于 S3C4510B 的系统设计[M]. 北京:清华大学出版社,2003.

[18] 李岩,荣盘祥. 基于 S3C44B0 嵌入式 μClinux 系统原理及应用[M]. 北京:清华大学出版社,2005.

[19] 田泽. 嵌入式系统开发与应用[M]. 北京:北京航空航天大学出版社,2005.

[20] Andrew N Sloss. ARM 嵌入式系统开发——软件设计与优化[M]. 沈建华译. 北京:北京航空航天大学出版社,2005.

[21] 贾智平,张瑞华. 嵌入式系统原理与接口技术[M]. 北京:清华大学出版社,2005.

[22] Miro Samek. 嵌入式系统的微模块化程序设计——实用状态图 C/C++实现[M]. 敬万均,陈丽蓉译. 北京:北京航空航天大学出版社,2004.

[23] Martin Robert. The Open-Closed Principle[R]. C++Report8, no.1,1996.

[24] Liskov Barbara. Data Abstraction and Hierarchy[C]. SIGPLAN Notice 23,No.5,May 1998.

[25] 朱成果,于淑玲. 面向对象的嵌入式系统设计方法[J]. 单片机与嵌入式系统应用,2004(5).

[26] 陈萌萌,邵贝贝."安全第一"的 C 语言编程规范[J]. 单片机与嵌入式系统应用,2006(1).

[27] 张乐平,邵贝贝. 跨越数据类型的重重陷阱[J]. 单片机与嵌入式系统应用,2006(2).

[28] 张乐平,邵贝贝. 指针、结构体、联合体的安全规范[J]. 单片机与嵌入式系统应用,2006(3).

[29] 桌开阔,邵贝贝. 防范表达式的失控[J]. 单片机与嵌入式系统应用,2006(4).

[30] Todd D. Morton. Embedded Microcontrollers[M]. PRENTICE HALL,INC.2003.

[31] Leveson Nancy. Safeware:system safety and computers[M]. Reading Mass,Addison-Wesley,1995.

[32] 孙增圻等. 智能控制理论与技术[M]. 北京:清华大学出版社,2000.

[33] 周之英. 现代软件工程(上)—管理技术篇[M]. 北京:科学出版社,1999.

[34] 周之英. 现代软件工程(中)—基本方法篇[M]. 北京:科学出版社,2000.

[35] 周之英. 现代软件工程(下)—新技术篇[M]. 北京:科学出版社,2000.

[36] 齐治昌,潭庆平,宁洪. 软件工程[M]. 北京:高等教育出版社,2001.

[37] 郑人杰,殷人昆,陶永雷. 实用软件工程[M]. 北京:清华大学出版社,1999.

[38] 陈萌萌,邵贝贝.单片机系统的低功耗设计策略[J]. 单片机与嵌入式系统应用,2006(3).

[39] 何加铭. 嵌入式 32 位微处理器系统设计与应用[M]. 北京:电子工业出版社,2006.

[40] Edward Yourdon,Cal Argila.实用面向对象软件工程教程[M]. 殷人困,田金兰,马晓勤译. 北京:电子工业出版社,1999.

[41] Andrew Haign. 面向对象的分析与设计[M]. 贾爱霞译. 北京:机械工业出版社,2003.

[42] Abbott R. Program Design by Informal English Descriptions[J]. Communications of the ACM vol. 26(11),1983.

[43] Erich Gamma, Richard Helm, Ralph Johnson, John Vlissides. 设计模式可复用面向对象软件的基础[M]. 李英军,马晓星,蔡敏等译. 北京:机械工业出版社,2006.

[44] M. H. Alsuwaiyel. Algorithms Design Techniques and Analysis[M]. World Scientific Publishing,1999.

[45] 张首钊,邵贝贝. 准确的程序流控制[J]. 单片机与嵌入式系统应用,2006(5).

[46] 陈萌萌,邵贝贝. 构建安全的编译环境[J]. 单片机与嵌入式系统应用,2006(5).

[47] 夏路易,石宗义. 电路图与电路板设计教程 Protel 99Sc[M]. 北京:北京希望电子出版社,2002.

[48] 汤子瀛,哲凤屏,汤小丹. 计算机操作系统[M]. 西安:西安电子科技大学出版社,2001.

[49] 马季兰,彭新光. Linux 操作系统[M]. 北京:电子工业出版社,2005.

[50] 张载鸿. 局部网络操作系统 DOS 高级技术分析[M]. 北京:国防科技出版社,1988.

[51] 吴化程,张新政,袁从贵. ECos 驱动程序分析[J]. 单片机与嵌入式系统应用,2006(4).

[52] 周立功,陈明计,陈渝. ARM 嵌入式 Linux 系统构建与驱动程序开发范例[M]. 北京:北京希望电子出版社,2006.

[53] 胥静. 嵌入式系统设计与开发实例详解基于 ARM 的应用[M]. 北京:北京希望电子出版社,2005.

[54] 郑孝洋,沈安文,陈光东. 用 UML 建模开发嵌入式软件[J]. 单片机与嵌入式系统应用,2006(8).

[55] 魏庆福. STD 总线工业控制机的设计与应用[M]. 北京:科学出版社,1991.

[56] 王力生,仇志付,唐军敏. 嵌入式操作系统的通用硬件抽象层设计[J]. 单片机与嵌入式系统应用,2006(10).

[57] 窦振中,宋鹏,李凯. 嵌入式系统设计的新发展及其挑战[J]. 单片机与嵌入式系统应用,2004(12).

[58] 李向蔚,桑楠,熊光泽. 嵌入式操作系统定制的通用性研究[J]. 单片机与嵌入式系统应用,2005(3).

[59] 李庆诚,顾健. 嵌入式实时操作系统性能测试方法研究[J]. 单片机与嵌入式系统应用,2005(8).

[60] 刘锋,张晓林. 浅析嵌入式程序设计中的优化问题[J]. 单片机与嵌入式系统应用,2006(12).

北京航空航天大学出版社单片机与嵌入式系统图书推荐

(2006年7月后出版图书)

嵌入式系统教材

书 名	作者	定价	出版日期
ARM9 嵌入式系统设计技术——基于 S3C2410 和 Linux	徐英慧	36.0	2007.08
嵌入式操作系统原理及应用开发	吴国伟	25.0	2007.03
嵌入式系统原理	李庆诚	29.5	2007.03
汇编语言程序设计——基于 ARM 体系结构(含光盘)	文全刚	35.0	2007.03
计算机组成与嵌入式系统	何为民	20.0	2007.01
Nios II 嵌入式软核 SOPC 设计原理及应用	李兰英	45.0	2006.11
SOPC 嵌入式系统基础教程	周立功	29.5	2006.11
SOPC 嵌入式系统实验教程(一)	周立功	29.0	2006.11
ARM7 嵌入式开发基础教程	刘天时	28.0	2007.03
ARM7 μClinux 开发实验与实践(含光盘)	田泽	28.0	2006.11
ARM9 嵌入式 Linux 开发实验与实践(含光盘)	田泽	29.5	2006.11
ARM7 嵌入式开发实验与实践(含光盘)	田泽	29.5	2006.10
ARM9 嵌入式开发实验与实践(含光盘)	田泽	42.0	2006.10
嵌入式原理与应用——基于 XScale 处理器与 Linux 操作系统	石秀民	36.0	2007.08
ARM 嵌入式技术原理与应用——基于 XScale 处理器及 VxWorks 操作系统	刘尚军	39.0	2007.09
嵌入式系统设计与开发实验——基于 XScale 平台	石秀民	26.0	2006.10
嵌入式系统基础 μC/OS-II 及 Linux	任哲	35.0	2006.08
Windows CE 嵌入式系统	何宗键	32.0	2006.08

ARM、SoC 设计、IC 设计及其他嵌入式系统综合类

书 名	作者	定价	出版日期
面向对象的嵌入式系统开发	朱成果	28.0	2007.09
NiosII 系统开发设计与应用实例	孔恺	32.0	2007.08
ARM & WinCE 实验与实践——基于 S3C2410	周立功	32.0	2007.07
嵌入式系统硬件体系设计	怯肇乾	58.0	2007.06
ARM 嵌入式处理器结构与应用基础(第2版)(含光盘)	马忠梅	34.0	2007.03
ARM & Linux 嵌入式系统开发详解	锐极电子	33.0	2007.03
ARM 嵌入式系统基础与实践	胡伟	32.0	2007.03
基于 PROTEUS 的 ARM 虚拟开发技术(含光盘)	周润景	29.0	2007.01
基于嵌入式实时操作系统的程序设计技术	周航慈	19.5	2006.11
SRT71x 系列 ARM 微控制器原理与实践	沈建华	42.0	2006.09
C++GUI Qt3 编程(含光盘)	齐亮译	49.0	2006.08
嵌入式系统中的模拟设计	李喻奎译	32.0	2006.07
ARM 嵌入式软件开发实例(二)	周立功	53.0	2006.07
ARM 9 嵌入式 Linux 系统构建与应用	潘巨龙	29.5	2006.07
ARM SoC 设计的软硬件协同验证(含光盘)	周立功	25.0	2006.07

DSP

书 名	作者	定价	出版日期
TMS320C54x DSP 结构、原理及应用(第2版)	戴明帧	28.0	2007.09
TMS320X240x DSP 原理及应用开发指南	赵世廉	38.0	2007.07
DSP 原理及电机控制系统应用	冬雷	36.0	2007.06
dsPIC 通用数字信号控制器原理及应用——基于 dsPIC30F 系列(含光盘)	刘和平	49.0	2007.07
TMS320F281x DSP 原理及应用实例	万山明	29.0	2007.07
dsPIC30F 电机与电源系列数字信号控制器原理与应用	何礼高	56.0	2007.03
DSP 基础知识及系列芯片	曾义芳	76.0	2006.11
DSP 原理及电机控制应用——基于 TMS320LF240x 系列(含光盘)	刘和平	42.0	2006.11
DSP 原理与开发应用	支长义	36.0	2006.08
TMS320X281x DSP 原理与应用	徐科军	45.0	2006.08

单片机

教材与教辅

书 名	作者	定价	出版日期
单片机原理与应用设计	蒋辉平	23.0	2007.09
单片机基础(第3版)	李广弟	24.0	2007.06
SoC 单片机原理与应用——基于 C8051F 系列	张俊谟	32.0	2007.05
单片机的 C 语言应用程序设计(第4版)	马忠梅	29.0	2007.02
单片机认识与实践	邵贝贝	32.0	2006.08
MC68 单片机入门与实践(含光盘)	熊慧	27.0	2006.08
标准 80C51 单片机基础教程——原理篇	李学海	29.0	2006.08
高职高专通用教材——凌阳单片机理论与实践	彭传正	22.0	2006.12
高职高专通用教材——单片机原理与应用教程	袁秀英	28.0	2006.08
高职高专通用教材——单片机实训教程	李雅轩	14.0	2006.08
高职高专规划教材——单片机测控技术	童一帆	16.0	2007.08
高职高专通用教材——单片机习题与实验教程	李珍	15.0	2006.08
高职高专规划教材——单片机原理与接口技术	刘焕平	26.0	2007.07
单片机高级教程——应用与设计(第2版)	何立民	29.0	2007.01
单片机中级教程——原理与应用(第2版)	张俊谟	24.0	2006.10
单片机初级教程——单片机基础(第2版)	张迎新	26.0	2006.09
练中学单片机教程	李刚	28.0	2006.07

51 系列单片机其他图书

书名	作者	定价	出版日期
手把手教你学单片机 C 程序设计（含光盘）	周兴华	36.0	2007.09
单片机基础与最小系统实践	刘同法	32.0	2007.06
电动机的单片机控制（第 2 版）	王晓明	26.0	2007.08
单片机课程设计指导（含光盘）	楼然苗	39.0	2007.07
手把手教你学单片机（第 2 版）（含光盘）	周兴华	29.0	2007.06
单片机与 PC 机网络通信技术	李朝青	26.0	2007.03
单片机轻松入门（第 2 版）（含光盘）	周坚	28.0	2007.02
单片机控制实习与专题制作	蔡朝洋	59.0	2006.11
单片机 C 语言轻松入门（含光盘）	周坚	29.0	2006.07

PIC 单片机

书名	作者	定价	出版日期
PIC 系列单片机程序设计与开发应用（含光盘）	陈新建	46.0	2007.05
单片机 C 语言编译器及其应用——基于 PIC18F 系列	刘和平	32.0	2007.01
PIC 单片机原理及应用（第 3 版）	李荣正	29.5	2006.10
PIC 单片机实用教程——提高篇（第 2 版）	李学海	35.0	2007.02
PIC 单片机实用教程——基础篇（第 2 版）	李学海	29.5	2007.02

其他公司单片机

书名	作者	定价	出版日期
MSP430 单片机 C 语言程序设计与实践	曹磊	29.0	2007.07
凌阳 16 位电机控制单片机——SPMC75 系列原理与开发	凌阳科技	25.0	2007.07
凌阳单片机课程设计指导	黄智伟	26.0	2007.06
凌阳 16 位单片机 C 语言开发（含光盘）	李晓白	35.0	2006.09
16 位单片机原理与应用	彭宣戈	25.0	2006.09

总线技术

书名	作者	定价	出版日期
现场总线 CAN 原理与应用技术（第 2 版）	饶运涛	42.0	2007.08
8051 单片机 USB 接口 VB 程序设计	许永和	49.0	2007.09
iCAN 现场总线原理与应用	周立功	38.0	2007.05

其它

书名	作者	定价	出版日期
高职高专规则教材——传感器与测试技术	李娟	22.0	2007.08
EDA 技术与可编程器件的应用	包明		2007.09
传感器技术大全（上）、（中）、（下）	张洪润		2007.07
基于 MCU/FPGA/RTOS 的电子系统设计方法与实例	欧伟明	39.0	2007.04
无线发射与接收电路设计（第 2 版）	黄智伟	68.0	2007.07
学做智能车——挑战"飞思卡尔"杯	卓晴	34.0	2007.03
单片机与 PC 机网络通信技术	李朝青	26.0	2007.02

书名	作者	定价	出版日期
数字系统与逻辑设计	马金明	39.0	2007.02
电子技术动手实践	崔瑞雪	29.0	2007.06
数字电子技术	靳孝峰	38.0	2007.09
应用型本科教材——模拟电子技术基础与应用实例	戈素贞	28.0	2007.02
电子系统设计——基础篇	林凡强	32.0	2007.03
无线单片机技术丛书——CC1010 无线 SoC 高级应用	李文仲	41.0	2007.07
无线单片机技术丛书——ZigBece 无线网络技术入门与实战	李文仲	25.0	2007.04
无线单片机技术丛书——C8051F 系列单片机与短距离无线数据通信	李文仲	27.0	2007.03
无线单片机技术丛书——短距离无线数据通信入门与实战（含光盘）	李文仲	30.0	2006.12
Q2406 无线 CPU 嵌入式技术	洪利	25.0	2007.01
智能技术——系统设计与开发	张洪润	48.0	2007.02
自动控制原理考研试题分析与解答技巧	张苏英	22.0	2006.12
电子设计竞赛实训教程	张华林	33.0	2007.07
电工电子实习教程	陈世和	20.0	2007.08
全国大学生电子设计竞赛制作实训	黄智伟	25.0	2007.07
全国大学生电子设计竞赛技能训练	黄智伟	36.0	2007.02
全国大学生电子设计竞赛电路设计	黄智伟	33.0	2006.12
全国大学生电子设计竞赛系统设计	黄智伟	32.0	2006.12
计算机硬件类课程设计难点辅导	张瑜	25.0	2006.08
单片机应用设计 200 例（上册）	张洪润	60.0	2006.07
单片机应用设计 200 例（下册）	张洪润	55.0	2006.07
零起点学单片机与 CPID/FPGA	杨恒	32.0	2007.04
SystemVerilog 验证方法学	夏宇闻译	58.0	2007.05
Verilog FPGA 芯片设计	林灶生	35.0	2006.09
基于 Proteus 的单片机可视化软硬件仿真（含光盘）	林志琦	25.0	2006.09
基于 PROTEUS 的 AVR 单片机设计与仿真（含光盘）	周润景	55.0	2007.07
2006 年上海市嵌入式系统创新设计竞赛获奖作品论文集	竞赛评审委员会	27.0	2006.10
第五届全国高校嵌入式系统教学研讨会论文集 第三届博创杯全国大学生嵌入式设计大赛《单片机与嵌入式系统应用》杂志 2007 年增刊	嵌入式专委会	50.0	2007.07
全国第七届嵌入式系统与单片机学术交流会论文集《单片机与嵌入式系统应用》杂志社 2007 年增刊		60.0	2007.09

注：表中加底纹者为 2007 年出版的图书。

以上图书可在各地书店选购，或直接向北航出版社书店邮购（另加 3 元挂号费）邮购电话：010 - 82315213
地址：北京市海淀区学院路 37 号北航出版社书店 5 分箱　邮购部收　邮编：100083　邮购 Email：bhcbssd@126.com
投稿联系电路：010 - 82317022、82317035、82317044　传真：010 - 82317022　投稿 Email：bhpress@mesnet.com.cn